智能制造系列教材

机械工程导论
——基于智能制造

李勇峰　陈　芳　主　编

王艳红　王占奎　副主编

张亚奇　郑立爽　参　编

电子工业出版社

Publishing House of Electronics Industry

北京·BEIJING

内 容 简 介

本书以满足高等学校机械工程类专业学生的专业素质教育需要为目的，以智能制造和新工科建设为背景，主要面向大学一、二年级学生，系统而深入浅出地阐述机械工程的相关基础知识、机械设计与现代设计方法、机械制造工艺技术、机电一体化与机械制造自动化技术及机械工程技术的新发展，使读者了解当前工业化与信息化高度融合产物的智能制造的发展态势，同时，结合目前工程教育认证的大环境，特别增加现代机械工程教育章节，介绍机械工程人才创新能力的培养和创新型人才培养的具体实践方案。本书提供配套电子课件、习题参考答案等。

本书可作为高等学校机械类专业一、二年级学生或非机械类专业学生开展机械工程通识教育的教学用书，也可以作为近机类专业教师的教学参考书及从事机械工程类相关工作的工程技术人员的参考书，还可以作为其他人员的读物。

图书在版编目（CIP）数据

机械工程导论：基于智能制造 / 李勇峰，陈芳主编. — 北京：电子工业出版社，2018.8

ISBN 978-7-121-34365-0

I. ①机… II. ①李… ②陈… III. ①机械工程－高等学校－教材 IV. ①TH

中国版本图书馆 CIP 数据核字（2018）第 122934 号

策划编辑：王晓庆

责任编辑：王晓庆

印　　刷：涿州市京南印刷厂

装　　订：涿州市京南印刷厂

出版发行：电子工业出版社

　　　　　北京市海淀区万寿路 173 信箱　　邮编：100036

开　　本：787×1 092　1/16　印张：13.25　字数：339 千字

版　　次：2018 年 8 月第 1 版

印　　次：2022 年 5 月第 11 次印刷

定　　价：36.00 元

凡所购买电子工业出版社图书有缺损问题，请向购买书店调换。若书店售缺，请与本社发行部联系，联系及邮购电话：（010）88254888，88258888。

质量投诉请发邮件至 zlts@phei.com.cn，盗版侵权举报请发邮件至 dbqq@phei.com.cn。

本书咨询联系方式：（010）88254113，wangxq@phei.com.cn。

前　　言

　　本书以满足高等学校机械工程类专业学生的专业素质教育需要为目的，以智能制造和新工科建设为背景，系统而深入浅出地阐述机械工程的相关基础知识、机械设计与现代设计方法、机械制造工艺技术、机电一体化与机械制造自动化技术及机械工程技术的新发展，同时，结合目前工程教育认证的大环境，特别增加现代机械工程教育章节，介绍机械工程人才创新能力的培养及创新型人才培养的具体实践方案。本书部分内容为"2017 年河南省高等教育教学改革研究与实践重点项目（2017SJGLX098）"的研究成果。

　　近年来，工业领域和信息技术领域发生了深刻变革，工业机器人、智能机床、3D 打印、大数据、网络信息化及移动互联等技术的快速发展，使得工业化与信息化高度融合产物的智能制造得到长足的发展。通过本课程的学习，学生可了解机械工程学科对人类社会发展与进步的重要推动作用和机械工程技术的新发展，通晓机械工程类技术人员所需掌握的专业知识和技能，展望机械工程领域的美好前景，培养学生的专业意识，提高学生的专业兴趣，激发学生的专业学习热情，促使学生能够更加自主地投入到后续学习与生活中，也为后续课程的学习奠定坚实的基础。

　　全书共 7 章。第 1 章介绍机械工程的基本概念、服务领域、机械工程的发展等；第 2 章介绍工程制图、工程材料、工程力学等相关机械工程基础知识；第 3 章介绍机械设计与现代设计的基本方法和步骤；第 4 章介绍成形加工、去除加工、添加加工等机械制造工艺技术及先进制造工艺；第 5 章介绍机电一体化技术与机械制造自动化技术；第 6 章介绍机械工程技术的新发展及工业 4.0 发展战略；第 7 章介绍现代机械工程教育体系及机械工程人才创新能力的培养，并结合创新型人才培养的改革与实践进行概述。

　　本书由李勇峰、陈芳任主编，由王艳红、王占奎任副主编。具体编写分工如下：第 1、7章由李勇峰编写；2.3 节、第 3 章由陈芳编写；2.1 节、2.2 节由张亚奇编写；4.3 节、4.4 节、4.5 节由王艳红编写；第 5 章由郑立爽编写；4.1 节、4.2 节及第 6 章由王占奎编写。

　　本书可作为高等学校机械类专业一、二年级学生或非机械类专业学生开展机械工程通识教育的教学用书，也可以作为近机类专业教师的教学参考书及从事机械工程类相关工作的工程技术人员了解机械工程的参考书，也可作为其他人员的课外读物。本书涵盖内容丰富，读者可以根据需要有选择地进行阅读学习。

　　本书提供配套电子课件、习题参考答案等，请登录华信教育资源网（http://www.hxedu.com.cn）注册下载，也可联系本书编辑（wangxq@phei.com.cn，010-88254113）索取。

　　郑州大学刘德平教授针对本书提出了许多宝贵意见和建议，在此表示感谢。

　　本书在编写过程中得到了许多专家、同仁的大力支持和帮助，书中参考并借鉴了许多专家、学者的优秀研究成果，马利杰教授在本书编写前期也付出了很多，在此谨向他们表示衷心的感谢。

在编写过程中，作者力求使本书简单易懂、易教、易学，但鉴于本书涉及的知识面较广泛及专业发展的日新月异，加之编者水平所限，书中不足或错误之处在所难免，恳请广大读者批评指正，以便后期修正。

编　者

2018 年 8 月

目　　录

第1章 绪 论

1.1 机械与机械工程

制造工具和使用工具是人类进化为"现代人"的标志。石器时代的各种石斧、石锤及木质、皮质等粗糙工具的制造、使用是后来机械出现发展的先驱。从简单工具的制造发展到制造由多个复杂零部件组成的现代机械，经历了漫长的过程。

人类社会发展历史证明，社会生产创造了人类社会的物质文明，推动了人类社会的进步发展。据统计，制造业生产的产品占发达国家财富来源的 60%~70%，而制造业的主要支柱是机械。

1.1.1 机械有关的基本概念

1. 机器与机构

1）机器

现代人的生活，时刻都在与机器打交道：纺织机器如织布机、食品机器如面粉机、建筑机器如混凝土搅拌机、运输机器如火车、包装机器如粉末包装机、农业机器如联合收割机、矿山机器如破碎机、战争机器如装甲车等。信息时代的电子设备、通信设备、计算机等，从广义上讲，也都属于机器，这里暂且不过多讨论信息类设备。那些带有动力、能够减轻或者替代人类劳动的机器，对人类的贡献有目共睹。因此，如何概括地给各种机器下一个共同的定义呢？

对此，马克思早在欧洲工业革命时期就已经进行了定义。马克思指出，所有机器都是由三部分组成的：一是原动机，如汽车的发动机、机床的电机；二是工作部分，如汽车的车轮、转向器，机床的主轴、刀具等；三是传动部分，如汽车的变速箱、传动轴，机床的床头变速箱、丝杠等。尽管机器种类成百上千，但其组成必然包括这三部分，包含这个三部分才可以构成机器，三者缺一不可。然而，对于现代机器的组成还应加上一部分，就是控制部分。随着机器自动化程度的不断提高，控制部分的重要性也日益增大，因此，现代的机器应该由原动机（动力部分）、工作部分、传动部分和控制部分四部分组成。显然传统机器中也有控制部分，只不过由机械式的控制机构组成，所以不能作为重要的组成部分。相比之下，现代机器中的控制部分，如飞机的自动驾驶仪、数控机床中的控制系统则起着决定性的作用，因此成为机器中一个不可或缺的重要组成部分。

除此之外，机器的运动不是任意的，而是确定的，由控制部分完成实现，其组成部分应是人为制造的，以畜力、人力等为动力的机器，严格意义上讲不应算是完整的机器。完整的机器应伴随能量的转换，即由热能、电能、化学能、太阳能等"低级"能量转换为机械能，如果不存在能量的转换，即使运动是确定的，也不能算是机器，而只能算是机构，因为机构中没有原动机。

2）机构

机构是指各组成部分间具有一定的相对运动，能够传递动力或实现某种特定运动的装置。机构通常由刚体组成，也可以由气体、液体及特定条件下的可变形体和挠性体组成，直接参与运动的变换。根据其组成部分的不同，可将机构分为纯机械式机构、液动机构和气动机构等。

图 1-1 所示为液压千斤顶的工作原理图。工作时向上提起杠杆 1，小活塞 3 被带动上升，油腔 4 密封容积增大，从而导致油箱 6 中的油液在大气压力的作用下，推开单向阀 5（钢球）并沿着吸油管道进入油腔 4。当给杠杆 1 一个向下的压力时，小活塞 3 下移，油腔 4 的油压迫使单向阀 5 关闭，并使单向阀 7 打开，压力油进入油腔 10，推动活塞 11 连同重物 G 一起上升。反复提压杠杆 1，将会不断地将油液压入油腔 10，使活塞 11 与重物 G 不断上升，达到举起重物的目的。做完功，扭转放油阀 8，压力油流回至油箱 6，活塞 11 回到原位置。由此可见，液压千斤顶以油为介质，依靠压力油实现运动和动力的传递。

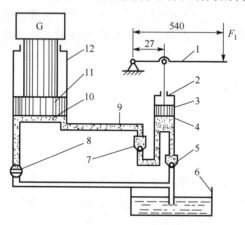

图 1-1　液压千斤顶的工作原理图

1—杠杆；2—泵体；3—小活塞；4、10—油腔；5—单向阀；6—油箱；7—单向阀；8—放油阀；9—油管；11—活塞；12—缸体

3）机器与机构的关系

图 1-2 所示为活塞式发动机简图，这个可作为机器的发动机，是由活塞（滑块）2、连杆 3 和曲轴（曲柄）4 组成的曲柄滑块机构，由主动轮 5、从动轮 6 组成的齿轮机构，以及由凸轮轴 7 和顶杆 8 组成的凸轮机构三个机构组成的。而机构中的运动单元（构件），如曲柄滑块机构中的连杆 3，虽然作为一个运动单元，但却由多个制造单元——零件组成，因此可以这样理解：机器是由机构组成的，机构是由构件组成的，而构件是由零件组成的。

2．机械

1）机械的定义

机械是机器和机构的统称，是将已有的机械能或非机械能转换成便于利用的机械能，将机械能转换为某种非机械能或通过机械能来完成特定工作的装备和器具。第一类机械包括风力机、水轮机、汽轮机、内燃机、电动机、气动马达、液压马达等，统称为动力机械；第二类机械包括发电机、热泵、液压泵、压缩机等，统称为能量变换机械；第三类机械是利用动力机械所提供的机械能来改变工作对象（原料、工件或工作介质）的物理状态、性质、结构、形状、位置等，如制冷装置、造纸装置、粉碎机械、物料搬运机械等，这些统称为工作机械。

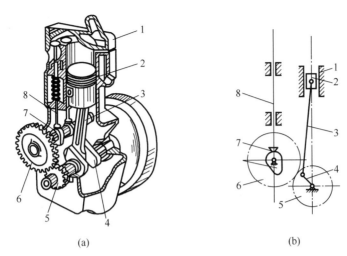

图 1-2 活塞式发动机简图

1—缸体；2—活塞；3—连杆；4—曲轴；5—主动轮；6—从动轮；7—齿轮轴；8—顶杆

2）机械的特征

各种机械的共同特征是：①均为人类制造的实体组合；②其组成件之间有确定的运动和力的传递，如图 1-2 所示单缸内燃机中活塞 2 相对缸体 1 作往复运动，曲轴 4 相对缸体 1 作相对旋转运动；③进行机械能的转换或机械能的利用，如内燃机把热能转换为机械能、起重机提升重物将能量转换为势能等。

还有一些装置或器械，如蒸汽发生器、凝汽器、换热器、反应塔、精馏塔、压力容器等，其组成件之间不存在相对运动，或者不存在机械能的转换与利用，但由于它们是通过机械加工而制成的产品，因此也属于机械范畴。

机械是现代社会进行生产和服务的五大要素（人、资金、能量、材料和机械）之一，并且能量和材料的生产离不开机械的参与。

3．机械工程

机械工程是以相关的自然科学和技术科学为理论基础，结合生产实践中积累的技术经验，研究和解决开发、设计、制造、安装、运用、修理各种机械过程中遇到的理论与实际问题的一门应用学科。

1.1.2 机械工程的服务领域及工作内容

1．机械工程的服务领域

机械工程的服务领域广阔而多面，凡是使用机械、工具及能源和材料生产的部门，都离不开机械工程的服务；概括地说，现代机械工程包含五大服务领域。

（1）研制和提供能量转换机械，包括将热能、化学能、原子能、电能、流体压力能和天然机械能转换为适合于应用的机械能的各种动力机械，以及将机械能转换为所需要的其他能量（电能、热能、流体压力能、势能等）的能量转换机械。

（2）研制和提供用于生产各种产品的机械，包括应用于第一产业的农、林、牧、渔业机械和矿山机械，以及应用于第二产业的各种重工业机械和轻工业机械。

（3）研制和提供从事各种服务的机械，包括交通运输机械，物料搬运机械，办公机械，医疗器械，通风、采暖和空调设备，除尘、净化、消声等环境保护设备等。

（4）研制和提供家庭与个人生活中应用的机械，如洗衣机、冰箱、钟表、照相机、运动器械等。

（5）研制和提供各种机械武器。

2. 机械工程的工作内容

1）建立和发展机械工程设计的新理论和新方法

制造任何机器首先都要进行设计和计算，机械设计理论和机械设计方法是极其重要的，如同理论来源于实践，同时又指导实践一样，机械工程中的新理论和新方法是大力发展机械工程的坚实基础。随着机械产品能够代替人工作、能生产及能上天、能入地要求的日益增长，新理论和新方法的研究显得更加迫切。因此，开展机械动力学、流体动力学、热力学与传热学、空气动力学、摩擦学、纳米技术、微制造理论与技术等专业理论和机械创新设计、并行设计、虚拟设计、反求设计、模糊设计、稳健设计、可靠性设计等现代设计方法研究是非常重要的。

2）研究、设计新产品

不断改进现有产品和大力研制开发新产品，才能确保机械工程永远向前发展。例如，要想实现登月计划，就必须包含发射装置、太空飞行装置、着陆装置、月球行走装置及信号采集和处理装置等；远距离作战则要求有强大的武器发射、瞄准或跟踪装置，同时具备反侦察能力和杀伤力。社会各行各业的需求，如农业、工业、日常生活及国防领域等，促使机械工程领域不断涌现大量的新产品，特别是高智能化程度的机电一体化新产品。

3）研究新材料

组成机械的各种零件都是由各种工程材料制造而成的，机械科学与材料科学密切相关，材料科学的发展促进了机械工程的进步。轻质高强度的耐高温材料加速了航空航天机械的发展；复合材料代替了很多传统的金属材料，不但节约了地球有限的矿物资源，而且增加了机械可靠性和使用寿命。大力研究和发展新型金属材料、非金属材料、复合材料及纳米材料，对发展国民经济和加强国防具有特殊意义。

4）升级传统制造技术，发展新型制造技术，提高制造水平

设计性能优良的机械产品必须经过制造、组装后才能进入使用阶段。科学技术的发展对机械产品的质量、精度、性能、工作效率等提出了更高更严格的要求，这就促使制造技术也必须不断地改进和优化。因此，铸造、锻压、焊接、切削加工等传统制造技术的升级改造优化及特种加工、3D打印等新型制造技术的创新发明也成为机械工程领域重要的工作内容。

5）研究机械产品的制造过程，提高制造精度和生产效率

机械产品生产的全过程，从产品设计、工艺规划、组织加工、装配、检验到销售，需要科学严谨的操作过程，而这一过程一般是在工厂中开展的。工厂中有技术科、生产科、工艺科、质量检查科等众多部门科室，负责工厂的管理和运行，体现机械科学与管理科学的结合。现代企业管理是产品质量和经济效益的保障，在如今高速发展的机械工程领域中发挥了重要的作用。

6）加强机械产品的使用、维护与管理

机械产品的合理使用、及时维护和严格管理，不仅可以增加机械产品的使用寿命，而且可以显著降低诸多机械运行事故发生的概率。如汽车交通事故中，除人为因素外，大都与操作使用、维护保养及管理不当有关。因此，不同的机械产品对使用方法、维护时间、产品寿命都有严格而明确的要求。

7）研究机械产品的人机工程学

机械产品的使用、保养和维修离不开人，机械产品满足人机工程学的要求是社会进步发展的又一个显著的标志。改善和提高人类操作机械产品的舒适度不仅可以提高生产效率，而且还能降低事故发生的概率。

8）研究机械产品与能源及环境保护的关系

机械产品在运行工作的过程中需要消耗能源，并且有可能对环境造成一定的污染，这些因素已成为阻碍工业化社会发展的桎梏。以内燃机为动力的各种运载装置在工作的过程中需要消耗大量的油气资源，排出的废气对大气环境又造成严重的污染，矿山、冶金、纺织、造纸印刷、食品加工等行业产生排放的废液废水对水资源也造成了污染，各类加工机械的废渣污染了周边环境。因此，研究开发节能型、少污染、无公害的新型绿色机械是摆在我们面前的重要课题。太阳能汽车的问世就是绿色机械产品发展的一个典型实例。

1.2 机械工程发展与社会发展

当人们回顾几千年来社会与经济的发展历程时，会明显地发现机械工业始终马不停蹄地发展着，一刻也未曾停止。从远古到现代社会，从猿到人，人类生存、生活的需求、社会发展的需要，以及探索科学技术的要求，甚至是战争的需要，都促进了机械产品由粗糙到精密、由简单到复杂、由低级幼稚到高级智能的不断进步与发展；从人类最早使用的石斧、石矛，到现在的汽车、火箭、航天飞机，其间经历了悠久而漫长的发展过程。

在近代历史发展的各个阶段，机械工程的不断发展带动了其他行业（如电子、电气、化工、交通、航空、农业、医药、纺织、食品、军事等领域）的进步。可以说没有机械工程的发展，就不可能有其他工业和科技的存在与发展，进而也就不会有人类社会的进步和现代文明的建立。

1.2.1 世界机械发展简史

机械发展史是人类社会发展史的重要组成部分，本章分几个历史阶段回顾人类社会发展历程中有关机械发展的有趣而又具有重大意义的史实。

1. 最初的石器与简单机械的出现（60 万年前—1300 年）

这一历史时期约从 60 万年前至公元 1300 年。早在 60 万年前的石器时代，我们的祖先就已经懂得打造石矛、石斧等工具，用于砍削和狩猎。大约又过了 50 多万年，原始人发明了钻木取火的器械，如图 1-3 所示。火的使用和保存，使原始人不但可以保证自己在寒冷的环境中得以生存，而且能够借助火把免受野兽的侵袭，结束了茹毛饮血的历史，使人类的大脑和身体得到了迅猛的进化和发展。

图 1-3 弓形取火钻及其应用示例

一万年前土耳其人对纯度较高的铜矿石进行打磨制成了刀剑，开创了人类金属加工的先河；而公元前七千年前出现的纺纱杆（锤），被公认是纺织机械的鼻祖。从古巴比伦的《汗穆拉比法典》上的记载可知，早在公元前 1800 年，人类就已经能够使用医疗器械了，尽管只不过是一种粗糙的铜刀片。到了公元前 100 年，医疗器械的发展已经达到了很高的水平，在埃及克姆·奥姆博神庙中的浮雕图像和印度古代医学著作《妙闻集》中，都有对近 20 种医疗器械的记载和描述。而公元前 1190 年希腊人制造的著名的能行走的特洛伊木马，实际上就是一个复杂的机械。

公元前 236 年前后，希腊著名科学家阿基米德在他所著的书中提到一种螺旋式升水泵，用于抽水灌田，如图 1-4 所示。这种水泵主要由一根螺旋管子组成，其底部浸在低处的河水中，转动此螺旋管就可以将低处的水抽到高处，这就是最初的水利机械，其工作原理一直沿用至今。

在悠久的历史长河中，希腊人发明的水轮磨坊是最早的取代人力的机械装置，他们利用水的动能推动机械的运动，虽然构造比较简单而且只能在水流湍急的地方使用，但它成为第一台把人类从繁重的体力劳动中解放出来的机械装置。以风力作为动力来代替人力的机械装置——风车，最早可追溯到公元前 650 年古波斯奴隶发明制造的风车，如图 1-5 所示。古希腊人也曾经使用风车来碾磨粮食及抽水。通过绑在一起的芦苇捆做成相互垂直的桨，然后使其能够围绕一个中心轴进行旋转。小心地放置外墙，从而确保风力能驱动潜在双向系统向预期的方向移动。此外，在风车发明之前，在航海中就已经使用风力发电，这些风车都是已知最早使用风力替代人力进行日常劳动的装置。

图 1-4 阿基米德螺旋式升水泵　　　　　　图 1-5 古波斯风车

2. 印刷术与思想的传播时期（1301—1780 年）

追溯到公元 13 世纪之前，对于当时的人类，文化的交流比较困难，因为没有印刷机，书是手写的，图是手绘的，不可能大量复制。因此，在此以前，思想和文化的传播非常不便。后来通过印刷机的发明与创造，人类文化思想的交流得到了极大的促进作用，它将人类的文明更快、更广地传播开来，因此，这一发明是对人类社会发展的巨大贡献。

在隋代时期，约公元 700 年，世界上最早的印刷术在中国诞生，即在木板上雕字的雕版印刷。这一发明与前期手抄式书写相比大大提高了效率，但是在雕版印刷的过程中，所需的木板太多，而且雕版很容易被毁坏。因此为了对其改进，在宋代时期，一位雕版印刷工名为毕昇发明了活字印刷术。最初用木活字，相比于用整块雕版而言已经是一种进步和突破了，但是后来发现在油墨作用下，木活字会膨胀，造成了所印的字迹模糊，影响了印刷的整体质量。毕昇经过不断的研究和改善，运用烧制的胶泥活字，取得了非常大的成功。活字印刷既经济，又省力，而且在很大程度上加快了印刷速度，是人类社会发展史上的一次重大革命。到了公元 15 世纪中叶，在地处欧洲中心地带的德国，最初的印刷机（如图 1-6 所示），即将中国早已发明的活字印刷术、纸张，加上油墨和压榨机的机构结合起来，被一位五金匠登堡成功地发明。早期印刷机所用的活字是由金属熔化后浇注出来的。印刷机的发明使文化思想的传播速度明显加快，将人类文明的步伐向前推进了一大步。

图 1-6　欧洲早期的活字印刷机

早在欧洲的时钟问世数百年之前，中国就已经发明并制造了机械时钟，最初制造时钟的目的仅为记载皇位继承人的出生时刻，后来的几个世纪中，经过中国人不断的发明与制造，较为精确的水钟问世。17 世纪以前的机械时钟虽然已经是一大突破，但精确程度却很难令人满意，其误差可达每天 1 小时多。到 1656 年，第一台有实用价值的摆钟被荷兰数学家和天文学家惠更斯设计并制造出来，极大地提高了机械计时器的精度，其误差仅为每天 5 分钟，这在当时已经是相当精确的计时器了。

在武器方面，由于科技的进步，特别是机械设计与制造的发展，使更先进、杀伤力更大的武器相继出现，这无疑给人类增添了灾难和痛苦。1550 年德国人发明了转轮扳机枪支，如图 1-7 所示，其有三个转轮，可以连续发射三发子弹，为以后机关枪的发明设计打下了基础。在武器方面对于机械制造的工艺有更高的要求，特别是用于战争的武器并不是简单的纯机械，而是机械与化工等其他学科的综合，可见，各种学科综合应用的机械已经开始问世了。

图 1-7　转轮扳机枪支

纺织机械是机械工业中非常重要的组成部分之一。人类经过漫长的"纺锤"捻纱的历史之后，发明并应用纺车织布。考古发现，在中国山东临沂金雀山西汉帛画和汉画石像上出现了最早的纺车图，这证明了中国是最早应用简单纺织机械的国家。黄道婆，我国宋末元初的伟大发明家，经她改革的棉纺车的纺纱锭子就多达 32 枚，成为当时世界上最先进的纺织机械，至今有的地区依然沿用基本上没有多大变化的纺车纺纱。直到 14 世纪这种纺车才传入欧洲，到了 18 世纪，由于社会的需求，以及机械的设计制造水平发展迅猛，纺织机械得到迅速发展。1764 年，纺织机械在英国人哈格里夫斯的发明创造下取得了前所未有的进步，一种自动纺纱机——珍妮纺纱机问世，如图 1-8 所示，相比于以前只能纺出一个纱锭的手纺机，该纺纱机可使一个工人同时纺出 8 个卷轴的线。4 年后，英国发明家阿克莱在珍妮纺纱机的基础上，加上了通过水利转化为动力的装置，这台机器于 1771 年在德比郡一条河边的磨坊里得到安装。阿克莱的水利纺纱机让生产方式得到了很大的改变，使从前传统的一家一户变为工人集中在一个车间进行生产，标志着社会大生产的开始。

3. 蒸汽机与欧洲工业革命（1781—1869 年）

18 世纪中叶以前，机械动力的方式几乎都是人力、畜力、风力和水力，以此作为驱动力，使各种机械进行运转，这种方式无疑会受到地域等各方面的限制。尽管在前期蒸汽机已经出现，但大多为常压蒸汽机，不可能广泛应用于各种装置，其原因为速度慢、动力小、效率低。显而易见，动力机械是当时历史发展的关键环节，这一切的改变源于瓦特旋转式蒸汽机（如图 1-9 所示）的问世。用蒸汽机推动的机器的诞生，竟然使人类历史发生如此翻天覆地的变化，使人类在缓慢的进化与发展中突然进入高速发展、如同神话般的境地，通过不到百年时间的创造与改善，生产和科技发展竟然赶超了过去千万年的总和。

图 1-8　珍妮纺纱机

图 1-9　瓦特旋转式蒸汽机

英国人斯蒂芬逊成功地将蒸汽机应用于交通运输领域，经过大量的试验和研究，在 1814

年实用的机车被制造出来（如图 1-10 所示），此后经过他不断的完善，机车结构大为简化，动力大为提高。1830 年 9 月 15 日，名为"火箭号"的机车由斯蒂芬逊驾驶，正式用于载客运输，具体路线为英国利物浦到曼彻斯特，每次载客 130 人，只需 1 小时。铁路运输的发展在很大程度上促进了其他工业的发展，而其他工业的发展反过来又促进了铁路运输的发展。

在斯蒂芬逊的蒸汽火车用于实际运输并得到高速发展的同时，第一辆依靠人的自身力量驱动的自行车在 1839 年由苏格兰铁匠麦克米伦发明并制造，在初期用脚直接蹬地而行的自行车的基础上，加上了直连于驱动轮（当时为前轮）上的一幅脚蹬，这种改造使骑车人不必再费力蹬地前行，可以通过直接踩动脚蹬的方式使车轮前进，如图 1-11 所示。

图 1-10　斯蒂芬逊的"火箭号"蒸汽机车

图 1-11　早期的自行车

人们一直梦想的、追求的生产方式是机械制衣。英国人逊德在 1790 年制造了第一台供缝纫鞋用的单线链式线迹手摇缝纫机，如图 1-12 所示，成为最早使用机器代替手工缝纫的人。这时世界上诞生了"缝纫机"这个名称。该台缝纫机是用木材作为机体，具体活动的零部件是用金属制造的，机臂的前端固定有能上下垂直运动的机针，并配有能水平送料的工作台。在此后的近百年间，通过几代人的不懈努力，缝纫机逐步得到了很大的改善，各种类型的缝纫机在欧洲各国被相继发明。从此制衣业得到突飞猛进的发展，这在人类文明史上独树一帜。

图 1-12　早期的单线链式线迹手摇缝纫机

农业机械也是机械类中的重要组成部分之一。在 18 世纪到 19 世纪期间，许多发明家都沉浸于设计出理想的农业机械。直到 1826 年，可以代替人劳动的机械收割机问世，该机型收割机由苏格兰人贝尔发明制造。同时在相距于千里之外的美国农场主之子麦可密克也制造出一种不同形式的收割机，如图 1-13 所示。虽然他的专利比贝尔晚了 5 年，但在实际的农业生产加工中带来了新的改革，为农业机械化奠定了基础。

　　畜牧业机械化在机械工业迅猛发展的工业革命时期，自然被推到日程上来。1830 年英国人巴丁成功地设计并制造了第一台割草机（如图 1-14 所示），它的切口很宽，达 48 厘米，取代了以前园丁们的长柄大镰刀，将他们从繁重的劳动中解放出来，大大提高了割草的效率。在欧、美、澳洲等国家和地区，巴丁的割草机被很快推广开来，使畜牧业得以更快的发展。

图 1-13　麦可密克制造的收割机　　　　　　　图 1-14　巴丁的割草机

　　起重机械也是机械类的一个重要分支，特别是载人升降机，对安全要求相当严格。所以在 18 世纪初，虽有升降机，但由于存在安全隐患很少有人敢乘坐。直到 1853 年，一个可以在缆绳断裂的一瞬间快速通过齿条将电梯卡住的装置，被美国人奥迪斯在升降机（电梯）的

滑道上安装，并在纽约的世博会上当众表演砍断缆绳后升降机并无危险，这才使升降机（电梯）被广泛接受，如图 1-15 所示。自此在较高的建筑物中安装安全的电梯便逐渐成为顺理成章的事。

　　在欧洲的工业革命时期，几乎各种类型的机械在人们的努力研究下都有发明，当人类的活动不再仅仅局限于陆地时，便将身影扩展到了天空。1852年，足以承载一个人的滑翔机在英国问世，它是由飞行先驱凯莱发明制造的。此后凯莱命令他的马夫代他试飞，在无人指挥的情况下安全地飞过了一个山谷，但这位不情愿的试飞员一着地就溜之大吉了。

图 1-15　奥迪斯当众表演砍断升降机缆绳

直到 1891 年德国人利林塔尔制造出了一架可控制的滑翔机，也称为悬挂式滑翔机。机翼通过帆布制成蝙蝠形状。做了几百次试飞，最高飞到 350 米，此次创造为以后的滑翔机和动力飞机开创了良好的开端。不幸的是，利林塔尔在一次飞行中失事牺牲。

　　在 1903 年，即利林塔尔的可控式滑翔机问世 12 年后，美国奥维尔·莱特和威尔伯·莱特兄弟的动力飞机被成功地制造出来。其中飞机升空、驾驶和动力三大问题在莱特兄弟设计的飞机中得到解决，其主要采用了机械传动中常用的链传动形式，将发动机的动力传到两个螺旋桨推进器，双层机翼可增加浮力。虽然它的第一次试飞只在空中停留了 57 秒，但为动力飞行的发展开辟了先河。在动力飞机上，包括机械传动、机械连接和空气动力学等各方面的内容，随着机械工程中各类专业技术和制造技术的不断改善和提高，飞机的性能得以迅速优化，为人类历史开辟了新天地。

　　1859 年，在法国人勒努瓦的努力设计与制造中，第一台内燃机问世，如图 1-16 所示。这台机器主要由煤气和空气的混合气作为燃料，虽然因耗费太高而难以推广，但相比于蒸汽机，其结构更为简单、紧凑，使其成本大为降低，特别适合用做交通工具上的动力装置。1884

年，德国人戴姆勒制造了在道路运输机械中作为动力装置的内燃机，并于 1885 年 11 月将这种内燃机安装在"骑式双轮车"上，制成了世界上"第一辆内燃机摩托车"，如图 1-17 所示。戴姆勒的内燃机以汽油为原料，其结构更紧凑、效率更高。

图 1-16　世界上第一台内燃机　　　　图 1-17　世界上第一辆内燃机摩托车

德国人本茨是第一个将汽油机成功地应用在汽车上的人。在 1885 年，他成功地设计并制造了以汽油机为动力的三轮汽车，其速度为 13 千米/小时。此后，他又设计制造了四轮汽车，如图 1-18 所示。至此，对汽车制造感兴趣的发明家们携手前进，使汽车制造业得以飞速发展，汽车性能得到不断改善，而所有汽车的基本结构都是以机械为主，从汽车的心脏（发动机）到变速机构、转向机构、传动机构，可谓机械之大全。

4．电与现代机械工业时期（1870—1946 年）

当人类经过漫长的几十万年历史后，偶然在丝绸与琥珀的摩擦中产生的电火花中发现了电——这个看不见的新奇事物。只不过摩擦产生的静电仅供人观赏消遣，没有实际运用。

图 1-18　本茨最早的四轮汽车

1800 年在一次生物解剖课上，伏特发现那只用于解剖中已死的青蛙竟然抽搐了一下。好奇心的驱动下，他经过反复的实验发现了在钢制的解剖刀与锌制的工作台之间构建了一个简单的电的回路，产生了电流，就是在这一电流的刺激下，青蛙的肌肉发生收缩而抽搐。于是早期的电池——伏特电池应运而生。伏特将钢板和锌板组合在一起，中间填充浸泡过盐水的布，构成了人类历史上第一个可以产生电流的电池。伏特电池虽然不是一种机械，但却为新的一类机械——电力机械奠定了基础。

在伏特发明电池 21 年之后，英国科学家法拉第借助于电池这一直流电源，演示了一种简单的装置，一根通有电流导线能够围绕一块磁铁转动，这种现象作为发动机原理为以后的电动机、发电机的发明奠定了基础。

1879 年，在柏林举行的一次工业博览会上首次出现了将电力作为动力的交通运输机械，那是一辆在椭圆形轨道上灵活行驶的电气列车。电气车辆具有无噪声、干净、易于操纵等优点，在后来的发展中逐渐取代了蒸汽机车。

在这一历史时期，机械产品在各个方面都得到运用，尤其是开始生产了机电结合的产品，从大到小，从军事领域到民间生活各个领域。航空器、建筑机械、通信设备、交通机械、光学机械等都有了飞速发展，电和机的结合越来越紧密。

5．晶体管、集成电路、数字化技术与信息时代（1947 年—）

人类文明和科技进步在 1780 年以后的两个时期经历了飞速的发展。在 1947 年一个更加伟大的发明——晶体管产生了。在从那以后的 40 年间，经过不断改进完善，具有各种功能的晶体管几乎完全代替了原先的玻璃电子管，大大缩小了电子产品的体积，可靠性显著提高，在晶体管占据市场 40 年后，它被功能更强大、体积更小的集成电路逐步替代，一块如拇指大的集成电路可包含几百万只晶体管。集成电路为制造功能强大的各种机电产品，如家用电器、计算机、微型计算器、各种控制系统和控制元器件打下了基础。特别是 20 世纪 80 年代末期的数字化压缩技术应用于实际生活以后，信息技术如神话般飞速地发展，信息时代终于到来了。而这一切都离不开机械，都是以机械工程和电子技术相结合的机电一体化技术为基础的。

人类动力的使用历经了畜力、水力、风力、蒸汽与电力之后，进入了核能时代。虽然首次应用核能是用于战场上以分裂为反应形式的原子弹，但却也是将以聚合为反应形式的核能应用于和平建设事业的开端。这一动力形式现已成功地应用于发电、核潜艇等工程领域及相关产品中。我国先后建立了秦山核电站、大亚湾及它附近的两座核电站。我国的核潜艇已在海底游弋多年，显著地增强了我国的国防力量。而这一切的基础，尤其是制造基础，依然是机械设计与制造这一古老而又不断焕发青春的行业。

在机械设计与制造范围内的汽车制造业，一直是世界各国经济的支柱行业，对汽车架体的千万个焊点过去一直采用的都是手工焊接，而在 20 世纪 70 年代以后，越来越多的机器人走上了汽车制造生产线承担焊接任务。当你步入这样的车间时，看到的不是工人，而是忙碌的机器人或机械手在准确地永不疲倦地焊接装配工作。同样在诸如彩电、计算机等大型电器或电子设备的生产制造车间里，也是这样勤劳的机械手、机器人取代了人工劳动，它们动作精准，误差不超过 0.01mm，而且可以轻而易举地举起重达几吨重的零件，也可以小心翼翼地拿起一只灯泡。到 20 世纪末，日本率先制造出能跳舞、带表情的双足行走的智能机器人。这种双足行走的机器人在我国最先在国防科技大学被研制出来，尽管它只能蹒跚而行，但毕竟在这方面朝着国际前沿水平跨出了一大步。

20 世纪 90 年代新崛起的虚拟现实技术，使人可以看到虚拟的（或真实的）立体图像，这种立体图像是用双眼观察的"真实"的立体视觉，而不是以尺寸形状判断的"假"立体，这为研究各门科学提供了一种更方便、更真实的手段。将虚拟现实技术用于机械设计与制造中，真可谓"如虎添翼"，可以使设计者在产品的设计阶段就能够从各个方向直观地观察到产品的外观，甚至还可以虚拟地操作使用这个产品。图 1-19 所示为虚拟现实技术在机械工程领域的典型应用。

(a)机械设计中的应用　　　　　　　　　　　　　(b)机械传动中的应用

图 1-19　虚拟现实技术在机械工程领域的典型应用

国际空间站是国际机械发展史上的又一大壮举，1998 年 11 月国际空间站的第一个组件——曙光号功能货舱顺利进入预定轨道，同年 12 月，由美国研发的团结号节点舱升空并与曙光号实现成功对接，2000 年 7 月星辰号服务舱与空间站连接。2000 年 11 月 2 日首批宇航员登上国际空间站，给这个庞大的国际空间站送去了 72 米的太阳能电池，从而使地球上的人们用肉眼即可看到它的光芒。

随着工业材料的不断发展与进步，人们发现了一种对电磁波只吸收而不反射的高分子材料，用这种材料制造的"隐形"战机不会被敌方雷达观察到，从而提高了实际战斗力。第一架隐形飞机是 1981 年生产的洛克希德 F—117A 型战斗机。如图 1-20 所示，这种飞机的形状也有助于避开雷达电磁波的探察。

基于数字技术和压缩技术的宽带通信技术为人类的全球通信提供了可能。人们不但可以听到千万里之外友人亲切的声音，而且能真切地看到对方的形象。当这样的通信机器体积越做越小、成本也越来越低时，大多数人都有应用这种通信机器的可能。现在可视手机几乎完全代替了普通手机。

图 1-20　F—117A 隐形战斗机

当人们使用一些奇妙的电信器件时，可能只欣赏其漂亮的外观，并不注意它的制造工艺和流程，但当人们深入了解之后，便能认识到在这些高科技产品中，机械加工是多么重要，至少它们外壳所需要的模具对机械加工的要求是相当高的，对于各种模具的设计与制造，随着机电产品的飞跃式发展，必将有更高的要求。

1.2.2　中国机械发展简史

回顾中国机械工程的发展历程，我们了解到在某一段时间中国在某些方面的发展曾远远地走在世界的前列，这使我们感到自豪，但自豪之余也不得不感到一些遗憾，因为，我国本来曾领先的一些地方到现在反而落后了。

1. 石器、骨器、铁器时代

1950 年，我国的考古专家贾兰坡先生等人在山西省芮城县风陵渡镇匼河村一带发现了大量大型的砍伐器和尖状的石器，连同此前在周口店地区发掘的两面石器，可以证明中国猿人早在四五十万年前就已经能够打造并使用石器了。在周口店山洞里不仅发掘出约几万年前的人骨化石，而且在骨器中还出土了做工比较精美的骨针，这便是人类能够缝制衣物的最早证据。在五六千年前的新石器时代，各种石器、骨器的制造更加精致，这从西安半坡遗址出土的各种重要的石器、骨器可以得到印证。

到了公元前 4 千年，我们的祖先发明了铜器与铁器，历史进入了开始使用金属工具的重要阶段。这是一个历史的飞跃，为以后机械工业的出现和发展开创了良好的开端。出土的那个时期的文物主要有青铜刀和如铁刀、铁斧、铁锄、铁铲及铁铧等铁器，说明当时已经开始将铜、铁这些沿用至今的金属材料用于农业、狩猎、生产、生活等各个方面了。

2. 简单机械的发明和创造

与世界机械发展史大致相同，经历了漫长的石器、铜器和铁器时代后，出现了最初的机械工业。简单机械是人类发明最早的机械，主要有杠杆、滑车、斜面、螺旋等几大类。

杠杆是人类发明最早、最简单的一类机械。我国利用杠杆原理制造度量衡器的时代可以追溯到公元前 2698 年—公元前 2599 年之间，这可以从吕氏春秋的记载中得到证实。后来将杠杆用于灌溉和扬水。图 1-21 所示为《天工开物》中记载的用于汲水的桔槔。我国古代应用杠杆原理制作的工具还有剪刀、铡刀、抛石机等。在最早的织布机上使用的脚踏板也是利用了杠杆把力放大的原理。

滑车与辘轳同样也是一类把力放大的简单机械。公元前 1100 年左右，周代初年的史官史佚发明了辘轳，普遍地应用于汲水，如图 1-22 所示。后来又出现了经过优化和改良的双向辘轳，能够同时带动两个载物工具，一个上升时另一个下降，这样就缩短了一半的工作时间，提高了工作效率。这种机械构思巧妙，省力且高效，足见我国古代机械发展的水平之高。公元前 500 年的《墨经》还有关于对滑车与斜面所做的力学实验，以及用滑车制造战争用的云梯和用于打井的记载。

图 1-21　桔槔　　　　　　　　　　图 1-22　辘轳

在元代王桢农书里记载的榨油机，成功地利用尖劈能够产生巨大压力这一力学原理用于榨油。在图 1-23 所示的元代前后生活的手工业发展示意图中，可以看到各种作坊中已开始使用各种简单的机械装置了。

3. 简单机械的发展和提高

在人们初步地掌握了一些简单的力学原理后，便以较快的速度运用这些理论知识，推动了机械工程的快速发展历程。与此同时，大量结构较为复杂的机械产品不断出现，并得到了实际的应用。

机械原理课程将要讲到平面杆机构的知识，而其中的曲柄滑块机构早在 1 千年前（在元代王桢农书上已有记载）就已应用在当时的轧棉机上，如图 1-24 所示。当踏动杠杆 3 时，通过连杆 2 带动曲柄，使十字形木架 1 作回转运动，完成轧棉，十字形木架在运动中又起到惯性轮的作用。

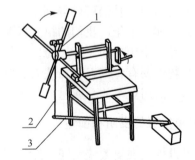

图 1-23　元代前后的榨油机　　　　图 1-24　古代的轧棉机

车辆的发明对人类的意义极其重大。世界上最早记载的车是我国在轩辕黄帝时代（公元前 2698 年—公元前 2499 年）发明的，当时用畜力作为车辆的动力。在元史卷四十八、天文志第一记、郭守敬造简仪法上明确记载了我国在 1276 年所制天文仪器上已成功地应用滚动轴承，而欧洲人则在其 200 多年后才开始应用滚动轴承。中国的车辆发明之后，又巧妙地将车轮传上来的运动用做其他机械产品的动力，以达到预期的目的，如后来的指南车（如图 1-25 所示）、计里鼓、磨车等。车辆和滚动轴承的发明是中国在机械设计与制造方面的突出贡献，它们一直有效地应用至今。

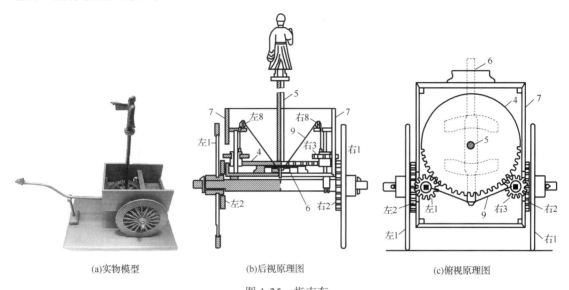

(a)实物模型　　　　(b)后视原理图　　　　(c)俯视原理图

图 1-25　指南车

1—足轮；2—立轮；3—小平轮；4—中心大平轮；5—贯心立轴；6—车辕；7—车厢；8—滑轮；9—拉索

我国早在公元前后就发明了水力回转轮，该机械可带动面筛进行运动，以水的流动带动回转轮产生回转运动，再通过图 1-26 中卧式水轮的曲柄滑块机构，将转轮的回转运动变为面筛的前后运动。由我国南北朝时期伟大的数学家祖冲之（429—500 年）设计并制造的"车船"，改变了之前由人力间断划桨的直桨，将划船的桨替换为轮子圆周插有多个桨叶，轮子转动可以驱动桨叶连续划桨，进而将船速提高到原来的几倍以上。图 1-27 所示为一种带有轮桨、直桨和风帆多种方式驱动的战船。

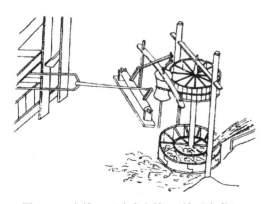

图 1-26　水排——卧式水轮 王祯《农书》　　　图 1-27　带有多种驱动方式的战船

齿轮传动是机械传动中最为重要的部分之一。据考证，我国最早的齿轮应用在公元前 221 年—公元前 207 年的秦朝。1954 年在山西省永济县薛家崖出土了青铜棘齿轮。参考同坑出土器物，可断定为秦代（公元前 221—公元前 207 年）或西汉初年遗物，轮 40 齿，直径约 25 毫米。关于棘齿轮的用途，迄今未发现文字记载，推测可能用于制动，以防止轮轴倒转。早在公元前中国人就已经应用即使在近现代也十分先进的人字齿轮及相应的复杂齿轮传动方式，这是中国乃至世界机械发展史上的重要篇章。在图 1-28 所示利用畜力和水力的机构中，使用了与锥齿轮相似的传动机构，可以在相互垂直的两轴之间传递力和运动。由此可见我国在元朝前后已经开始应用锥齿轮传动了。

更复杂的齿轮传动系统——由一系列轮子组成的轮系是由晋代杜预发明的，使用畜力作为动力带动一个主轴的转动，再使用多组齿轮传动，带动相应的 8 个连接磨盘的大齿轮，使 8 个磨同时运动，后来改用更方便的水力驱动。如图 1-29 所示，使用一个巨大的水轮，经齿轮传动系统将 9 个磨盘同时转动，这样的复杂轮系的应用证明了中国古代的机械传动的水平非常高，比西方使用轮系的历史早了 1000 多年。

图 1-28　畜力筒车（天工开物）

图 1-29　水转连磨

我国早在 2200 年以前就发现、发明了一些现代机械传动的齿轮机构的原理及相关应用（起始于公元前 200 年的西汉初年），古代的先人成功地将轮系传动的一些优点，如组合传动比精准、可降速传动以增大扭矩、可以在复杂轴间传动、可作分解与合成运动（一轮带多轮）、可以随意离合齿轮、可改变齿轮的转动方向（变向）等，到元末明初（14 世纪），我国对传动理论的研究和应用已具有相当高的水平，大大超过了同期西方在这方面的研究和发展。虽然因后来的封建思想的束缚，没能进一步得到发展，但可见我国人民自古以来就有不断创新的聪明才智和巧妙的逻辑设计思维。

机械传动中至关重要的齿轮传动、链传动的最早创造者及应用在中国，带传动的最早应用也在中国。从汉代壁画上的纺车图（如图 1-30 所示），可以完全确定用于纺车上最初的"带"传动的模式是始于汉朝（约两千年以前），那时虽然使用的不是如今的橡胶条带，但以绳索等为"带"的传动原理确实是最早的带传动应用。到南北朝时期（约公元 4、5 世纪）又出现了更省力快捷的脚踏三锭纺车。宋末元初（约公元 13 世纪）的纺织女工黄道婆改进后的纺车已经达到非常先进的水平。宋代更是有以水力驱动的纺车，在这些纺车上所应用动力的传动模式，大多为"带"传动，据考证对带传动的相关文字描述和记载可以追溯到西汉时期（约公元前 100 年），而西方最早应用的带传动是在 1430 年，那是一个由带传动水平旋转驱动的石磨。

图 1-30　纺车（汉代壁画）

4．古代机械工业的衰退

中国有五千年的辉煌文明史，古代人民创造了伟大的机械文明，在各个行业使用了先进的机械，解放了生产力，提高了生产效率，对推动和发展人类社会的进步做出了杰出的贡献。明初（约公元 14 世纪）以前，我国发明创造的机械在数量、质量及发明应用的时间上都是领先于世界的，也曾是机械强国。但是，由于我国古代研究机械、发明创造的人还是极少数，缺少相应的理论研究的总结和绘制图形的标准，迟迟没有形成有效的文字书面积累，导致大多数机械产品失传，这就是中国古代相关机械发展研究缓慢甚至是停滞的原因。

明朝（约公元 14 世纪）之后，中国依旧处于封建文明之中，中国古代科学技术的发展受制于长期的闭关锁国政策和重文轻工的科举制度等社会背景，而在同时期西方，以英国、法国为代表的国家已经开始发展自然科学，兴办理工科大学、培养专业人才。到公元 15 世纪前后，西方的机械科学研究及使用已超过中国。尤其是在英国工业革命（公元 17 世纪）后，西方各国的机械工业已大大领先中国，因此出现了 1840 年鸦片战争期间的冷兵器对热兵器、大刀长矛对洋枪洋炮的巨大武器落后，直接使得清末民初各种丧权辱国等行为的产生。

5．现代机械工业的振兴

1949 年新中国成立以后，在一五计划大力发展重工业的背景下，我国开始了振兴相关机械产业的艰苦工作。早期在苏联的援助下建立了汽车厂（长春汽车制造厂，后来的一汽）、钢铁厂（鞍山钢铁厂，北满特钢）、机床厂（富拉尔基机床厂、沈阳机床厂、北京机床厂、大连机床厂和上海机床厂）、第一重型机器厂，在这些基础项目有了初步发展后才逐渐推动了其他方向的发展，之后建立了 112 厂和 132 厂（沈阳和成都飞机制造厂，虽然最初只是飞机部件制造）、中国第一拖拉机制造厂（洛阳拖拉机制造厂）等一大批大中型国有企业。在相关的机械工业技术及产业具备了一定规模后，先后在北京（首钢）和上海（宝钢）、马鞍山（马钢）等地建起了大型钢铁厂，为机械行业的再次发展提供了更多更好的原材料等相关行业的基础，制造的机器形成了一系列产业链，推动了其他产业的发展，使得新中国有条件和能力发展轻工业、食品工业等。

尤其是改革开放之后，我国调整了机械工业的发展方针，相关企业进行了改革及转型，引进了先进的技术和雄厚的资金，高等教育和科研部门的投入迅速扩大，渐渐建设起独立自主的设计研究平台，机械工业得以快速发展，与世界发达国家的距离逐渐减小，甚至个别领域已经达到世界领先水平。其中，在大型装备制造领域主要表现如下。

（1）电力设备方面，已经可以基本满足国内发展需求，相关技术水平和产品产量及质量已经达到世界前列。哈电、东方和上电可批量生产 60 万及 100 万千瓦级超临界、超超临界火力发电机组（应用于上海外高桥发电厂等），每度电煤耗比当前国际平均水平低 16.3%；水电设备最大单机容量已由 30 万千瓦升级到 70 万千瓦，哈电在 2017 年 8 月单机容量达到 100 万千瓦的机组在白鹤滩水电站正式投建，标志着我国水电机组效率达到世界先进水平；核电方面已具备自主独立生产二代百万千瓦级改进型压水堆核电站成套设备的能力，三代核电站装备建设项目于 2014 年底正式落户在福清，该项目命名为华龙一号，已经通过国际原子能机构的审批，完全独立自主研发及生产，标志着我国核电的实力已经达到了与国际同行竞争的水平，接近世界一流；兆瓦级风电机组已批量生产，6 兆瓦海上风电机组已研制成功，上海海装已经开始 10 兆瓦机组的研究，我国已进入风电设备生产世界大国行列；在电能运输方面，±800 千伏直流输电成套设备和 1000 千伏特高压交流输变电设备的研制成功，综合自主化率分别达到 60%以上和 90%以上，标志着我国成为世界上首个特高压输变电设备投入工业化生产运营的国家。

（2）矿山冶金设备方面，可独立设计提供年产 1000 万吨级钢铁企业使用常规流程的全套设备、年产 60 万～70 万吨级金属矿、年产 600 万吨级井下煤矿、年产 2000 万吨级露天矿、年处理 400 万吨级选煤厂、年处理 300 万吨级选矿厂、日产 4000～10000 吨级熟料干法工艺水泥厂成套装备。

（3）石化通用设备方面，30 万吨/年合成氨设备已实现国产化；百万吨等级乙烯"三机"（裂解气、乙烯、丙烯压缩机）、高速撬装往复式压缩机组、大型往复式压缩机、超高压乙烯压缩机、大型多列迷宫压缩机、大型工艺螺杆压缩机，年产 50 万吨以上合成氨配套压缩机组投入研究，部分已研制成功；6 万立方米/时等级大型空分设备已实现国产化并出口，目前开始研制 8.5 万立方米/时空分设备；石油钻机已由 9000 米升级到 12000 米，并开始研发 13000 米技术，已经达到了世界领先水平，并由陆上钻机向海上钻机领域拓展。

（4）汽车行业方面，2016 年中国汽车产销量分别达到 2811.9 万辆和 2802.8 万辆，稳居世界第一。2016 年中国品牌乘用车销售同比增长 20.5%，占乘用车销售总量的 43.2%，与此同时，中国新能源汽车生产 51.7 万辆，销售 50.7 万辆。

（5）大型施工机械方面，4000 吨级履带式起重机、7500 吨大型全回转起重机、500 吨全路面起重机、72 米臂架混凝土输送泵车、直径 11.22 米的泥水平衡盾构机等特大型工程机械研制完成，目前已投入开发 100～1000 吨液压挖掘机、100～400 吨矿车（含铰接）、900～1000马力履带推土机、7～22 吨装载机及 750 马力以上传动件和驱动桥等大型、超大型施工机械。

（6）农业机械方面，国产农机已基本能满足国内农业的需求，只有极少数行业的高端机械需进口。180 马力大型拖拉机已研制成功，开始研发 200 马力以上动力换挡拖拉机，配套动力 100 马力以上稻麦、玉米、大豆等变量施肥播种机，大型高地隙、轻型水田自走式喷杆喷雾机等精量保值机械，谷物联合收割机已经普及并开始向 10 千克/秒的大喂入量机型发展，玉米、水稻、油菜、牧草和甘蔗等收获灌溉相关作业机具研究也都取得重大进展。

（7）工作母机方面，大型多轴、高精度、快速数控机床及与之配套的数控操作系统和多功能配件发展极快，数控机床自给率已达到 60%，开发出了超精密加工机床、柔性制造系统及大型冲压自动生产线、五轴联动龙门加工机床、叶片加工中心、五轴落地式数控镗铣床、七轴联动重型立式车铣复合加工机床；自主研发的数控操作系统可靠性显著提高，平均无故障时间达到 2 万小时以上，在"高档数控机床与基础制造装备"国家重大科技专项（04 专项）的支持下，成功地研制出一批国家急需、长期受制于国外的高档数控机床与基础制造装备。

（8）大型铸锻件方面，基础制造工艺取得明显进步。关键铸件制造水平得到进一步提升，一些铸件的尺寸精度、表面质量及内在品质等指标达到了国际一流水平；冷精锻、温精锻、特种锻造等精密锻造工艺取得突破性进展；模具设计制造水平大幅提升；内高压成形、激光拼焊板等冲压技术得到广泛应用；AP1000 核岛主设备大锻件、100 万千瓦发电机超超临界转子及 6 米轧机支撑辊等国产重大装备关键零件的热处理工艺取得重大突破。

我国机械工业规模已连续多年稳居世界第一，但大而不强，还存在自主创新能力薄弱、共性技术支撑体系不健全、核心技术与关键零部件对外依存度高、服务型制造发展滞后、产能过剩矛盾凸显、市场环境不优等问题。虽然我国在高端装备自主化方面取得了一系列突破，但部分产品核心技术仍然缺失，产品品种规格单一，高附加值大型成套设备的研制能力有待提高。国内企业目前尚未掌握重型燃气轮机组设计技术和主要部件试验技术等核心技术。部分高端装备的进口依赖性依旧很强，80%的集成电路芯片制造装备、70%的汽车制造关键设备、40%的大型石化装备及绝大部分高端、精密的试验检测设备和数控机床控制系统仍依靠进口。虽然"十二五"期间我国机械工业对产业基础能力的重要性认识进一步提高，但核心零部件滞后于主机发展的局面并没有出现明显改观，核心零部件、关键基础材料严重制约主机向高端升级的问题没有得到解决。高端装备所需材料中，有 25%的材料完全空白，部分材料虽然关键技术已取得突破，但仍存在质量和稳定性较差、可靠性和合格率较低等问题，不能完全满足发展需求。高档数控系统、机器人用精密减速器 95%以上依赖进口，高档汽车自动变速器、200km/h 以上高铁齿轮箱、高档传感器几乎 100%依赖进口。轴承钢、模具钢标准水平、实物质量、品种满足度均与国际先进水平和行业发展的需求有很大差距。发电设备用大型铸锻件、关键零部件及材料，输变电设备用高档绝缘材料、关键部件及有些大功率电力电子器件研制有了一定的突破，但在产品质量稳定性和产量等方面尚未满足电器工业需求。目前行业发展协作不够，跨界融合推进缓慢，产能过剩矛盾突出，竞争环境有待改善。

1.2.3 机械工程发展展望

机械工程相关领域的发展在促进人类社会进步、提升人类物质文明和生活质量的同时，也会对我们赖以生存的自然资源和环境产生巨大的破坏作用。以内燃机、火力发电机等为代表的动力机械碳、硫等排放污染大气，机器漏油和废液对水源的污染，解决工厂汽车等尾气超标问题不能根治，因此，发展低碳绿色，甚至是无污染的动力机械一直是 21 世纪的重要发展目标。地球的煤炭、石油、天然气等资源也是极为有限的，不可再生能源的过度开采导致资源的殆尽，必将影响到我们及我们子孙后代、破坏整个地球的本来的自然环境，发展绿色能源，已成为全世界国家和人民的共同目标。2012 年 8 月～9 月在巴西里约热内卢召开的地球峰会上，108 位国家元首就保护地球环境、化工废料的处理，新能源的使用等相关议题展开了深入的讨论，各国领袖普遍认为可持续发展已经成为全人类需要解决的大问题。

随着飞速发展的科学技术，减少能耗、降低碳排放、保护环境、超精密、性能优异的各类机械产品不断涌现。机械工程在 21 世纪的发展趋势将体现在以下几个主要方面。

（1）机械加工制造业将摆脱以往设计、加工的理念。设计制定机械产品的性能目标参数后，从选择设计方案、力学与动力学计算分析，到各个零部件设计及精度需求、加工设计将达到真正的智能化。超精密、高效率的数控机床、多轴加工中心会更加普及，CAD/CAE/CAPP/CAM 等计算机辅助软件更加智能完善，达到无图纸设计加工。结合智能化设计理念与先进加工制造工艺，将使未来机械制品更加完美。

（2）以绿色能源（包括核能、太阳能、风能、地热能、氢气等可再生能源，甚至可以使用废弃物作为能源）为代表的绿色动力机械将会出现并使用。可以预见的将来，使用氢燃料发动机的汽车将会出现在公路上。如果车载电池技术得到突破，电池的二次污染能得到有效控制及改变，电动汽车的发展将迎来新的高峰。

（3）载人航空航天技术将进一步成熟，人类将乘坐速度更快、能耗更低的宇宙飞船登陆地外星球，甚至实现电影中的太空旅行甚至是在其他星球居住。机械产业还会推动大量先进武器的发明和制造，像数字化、信息化的武器将改变以往的战争模式，超远距离的雷达和精密制导武器在以后的战争中将发挥关键作用。

（4）目前，无人技术不断发展，以前的无人加工车间，近些年的无人机和无人驾驶汽车都已面市。随着社会发展需求的不断加深、人力成本和条件的制约，无人操纵的智能机器还会更多更全面，将在特定场合大量应用，并且操作手段更加简单先进，智能自动化程度更加突出。

（5）为民用服务的机械技术将更加先进，可远程操作、高智能化控制的智能机械家电将替代现有的洗衣机、食品加工机等家用产品，引发家庭生活方式新的革命。

（6）微型机械将会在航空航天、医疗、军事等领域获得广泛应用，毫米级的仿生昆虫机器人可以使敌人指挥系统瘫痪，或者作为间谍刺探情报；微纳米机器人可以在人体内部疏导血栓、探测脑细胞信号；甚至出现微小型卫星和飞行器用于特殊的场合。

（7）绿色环保可回收再利用、具有不同优异性能、能够满足各种需求的新型材料将大量出现，并在机械领域中广泛应用。能耗低、污染少、强度高、可回收的绿色新型机械将会取代以往机械。

最后，随着工业4.0、中国制造2025计划的推动，未来的机械在材料、设计、加工、使用等方面将会产生巨大的变化，机械的种类多种多样，加工制造性能更加优异，人类的明天会更好。

1.3　本课程的基本内容、学习要求与方法

1.3.1　机械工程学科简介

机械工程学科是一门涉及利用物理定律为机械系统做分析、设计、生产及维修的工程学科。该学科包括机械设计与理论、机械制造及自动化和机械电子工程三个分学科。

机械设计与理论是对机械进行综合介绍并定量描述及控制其性能的基础技术科学。它的主要内容是把各种知识、信息注入设计，将其加工成机械系统能够接收的信息并传输给机械制造系统。机械制造及其自动化是指接收设计输出的指令和信息，并加工出满足设计要求的产品的过程，它是研究机械制造系统、机械制造过程和制造手段的科学。机械电子工程是20世纪70年代由日本提出来的用于描述机械工程和电子工程有机结合的一个术语。时至今日，机械电子工程已经发展成为一门集机械、电子、控制、信息、计算机技术为一体的工程技术学科。该学科涉及的技术是现代机械工业最主要的基础技术和核心技术之一，是衡量一个国家机械装备发展水平的重要标志。图1-31所示为机械工程学科的构成。

机械系统从构思到实现，要经历设计和制造两个不同性质的阶段。在机械工程学科中，设计与制造是两个不可分割的统一体，两者互相联系，相互依赖。忽视了这一点就有可能出现以下问题：若轻制造，用先进的设计技术，就可能出现"质量不高的先进产品"；反之，若轻设计，用先进制造技术，有可能出现"落后的高质量产品"。只有用先进设计技术设计出适应社会需求的产品，再以先进制造技术制造，才能形成对市场的快速响应。

机械设计与理论学科包含的研究学科分支如图1-32所示，它的研究对象包括：机械工程中图形的表示原理与方法；机械运动中运动和力的变换与传递规律；机械零件与构件中的应力、应变和机械的失效；机械中的摩擦行为；设计过程中的思维活动规律及设计方法；机械系统与人、环境的相互影响等内容。所以它应用的相关学科相当广泛，包括数学、物理、化学、微电子、计算机、系统论、信息论、控制论、现代管理学等学科的基础知识及最新成就。

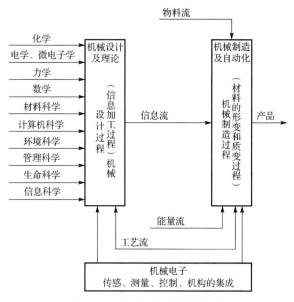

图 1-31 机械工程学科的构成

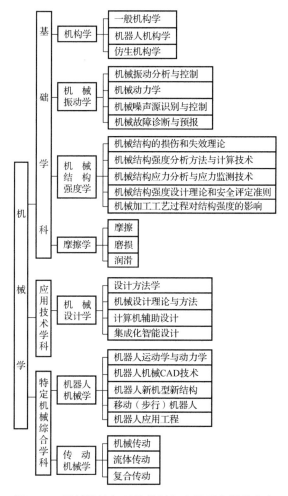

图 1-32 机械设计与理论学科包含的研究学科分支

　　机械制造发展至今，正逐步由一门技艺成长为一门科学。机械加工的根本目的是以一定的生产率和成本在毛坯上形成满足一定要求的形面。为此正在逐步形成研究各成形方法及其运动学原理的表面几何学；研究材料分离原理和加工表面质量的材料加工物理学；研究加工设备的机械学原理和能量转换方式的机械设备制造学；研究机械制造过程的管理和调度的机械制造系统工程学等。

　　机械电子工程的本质是通过机械与电子技术的规划应用和有效结合，以形成最优的产品和系统。机械电子方法在工程设计应用中的基础是信息处理和控制，用机械电子工程的设计方法设计出的机械系统比全部采用机械装置的方法更简单，所包含的元件和运动部件也更少。例如，以机械电子方法设计的一台缝纫机，利用一块单片机集成电路控制针脚花样，可以代替老式缝纫机约 350 个部件。

1.3.2　本课程的基本内容

　　本课程涉及的领域非常广泛，简要对机械工程的全部内容做概括性的介绍难度很大。涉及知识面过深，不但学习困难，而且失去了导论课程的意义；涉及知识面过广，难以突出重点。因此，本书在内容安排上围绕前述的机械工程学科的基本内容，从机械工程基础（包括工程制图基础、工程材料基础、工程力学基础）和机械设计方法，到机械制造工艺，以及机电一体化和机械制造自动化技术，以期对机械工程学科所包括的基本理论、基本知识、基本技术有较为完整、全面、系统的介绍。

　　本书的主要内容如下。

　　第 1 章绪论部分主要介绍机器、机构、机械及机械工程的内涵，机械工程的服务领域及工作内容，机械工程发展与社会发展的关系，以及机械工程学科的内涵等，其目的是使学生了解机械和机械工程内涵，深入理解机械工程学科在人类社会发展中的地位和作用。

　　第 2 章机械工程基础主要介绍制图标准及图样画法、零件互换性与公差基础、零件图与装配图、计算机制图等工程制图基础，金属材料、高分子材料、陶瓷材料及复合材料的结构、性能及应用等工程材料基础，工程静力学、工程运动学、工程动力学、材料力学等工程力学基础。其目的不是要求学生运用机械工程基本理论解决工程计算和设计问题，而仅仅是要求学生掌握机械工程基础的主要内容、基本概念，及其在机械工程中的应用。

　　第 3 章机械设计与现代设计方法主要包括机械设计的基本要求、常规方法、一般步骤和典型实例，以及优化设计、创新设计、有限元设计、可靠性设计等现代设计方法。其目的是使学生了解机械设计的一般过程和基本步骤，从而加深对现代机械产品设计方法的认识和理解。

　　第 4 章机械制造工艺技术主要介绍铸造、压力加工、粉末冶金、塑性成形等成形加工工艺，切削加工、特种加工等材料去除工艺，累积加工、结合加工等材料添加工艺，以及光整加工、微细加工、纳米加工等先进制造工艺。其目的是使学生对机械制造工艺的基本原理、基本概念、基本方法有全面的理解和掌握。

　　第 5 章机电一体化与机械制造自动化技术主要介绍机电一体化的系统、技术体系和典型应用，自动化加工设备、刀具，物料运输自动化、装配自动化、检测自动化等机械制造自动化技术的基本知识。其目的是使学生对机电一体化和机械制造自动化的基本内容和关键技术有全面的了解和认识。

　　第 6 章机械工程技术的新发展主要介绍增材制造与 3D 打印、纳米制造、生物制造、智能制造等先进制造技术及相关实例，以及工业 4.0 的发展战略。其目的是让学生在学好传统制造技术的同时，了解机械工程技术的新发展、新趋势，并对当前提出的工业 4.0 的发展战略有全面的了解。

第 7 章现代机械工程教育主要介绍机械工程教育发展历程及其教育体系，以及在机械工程类专业人才培养方面对机械工程人才的素质、知识结构和能力提出的具体要求，结合当前工程教育中遇到的问题，概述了河南科技学院在创新型人才培养的改革与实践的一些经验和做法。

1.3.3　本课程的学习要求与方法

"机械工程导论"是对机械类专业学生进行入门教育和对非机类专业学生普及机械工程常识的课程，机械工程本身是一门应用型学科，在课程的学习中要做到理论联系实际，举一反三，并注意以下几个问题。

（1）本书各章内容是机械工程领域中的基本问题，从中可以了解机械工程的全貌，建立机械工程的基本概念。

（2）本书内容不是要求读者学会制图、设计计算、制造机械及其产品，而是要求了解机械及其产品是通过工程师的设计、制造、组装等一系列过程实现的，每个环节都需要专门知识和专业理论。因此，对各章内容的学习不要死记硬背，通过对各章内容的学习，了解机械及其产品从设计、制造到使用过程中需要哪些知识及其对机械产品的影响和作用。

（3）本书内容涉及工程制图、工程材料、工程力学、机械原理、机械设计、机械制造工艺、先进制造技术等许多后续课程，在学习过程中可参阅相关内容的参考书。

（4）在教学过程中，教师结合授课内容可随时补充与之相关的机械产品、机械事故等典型实例，学生要按课堂笔记完善所学的知识。

总之，本课程是一门机械类专业的专业入门课和非机类专业的专业拓展课，所涉及的内容极其广泛。通过本课程的学习，学生应对机械工程学科有一个总体的、概括性的认识，从而对自己所学的专业、将来可能从事的行业有初步了解，最终达到普及专业知识、了解专业内涵、培养专业兴趣的教学目的。

复习思考题

1．何谓机器、机构、机械？
2．简述机械工程的定义和内涵。
3．思考从古代到现代机械工程发展的脉络，分析其推动力的来源，以及对未来机械工程发展的启示。
4．简述机械设计与理论、机械制造及自动化、机械电子工程分学科所研究的领域。

参 考 文 献

[1]　王中发，殷耀华. 机械[M]. 北京：新时代出版社，2002.

[2]　张春林，焦永和. 机械工程概论[M]. 北京：北京理工大学出版社，2003.

[3]　蔡兰，冠子明，刘会霞. 机械工程概论[M]. 武汉：武汉理工大学出版社，2004.

[4]　张宪民，陈忠. 机械工程概论[M]. 武汉：华中科技大学出版社，2011.

[5]　黄开亮. 机械工程发展简史[M]. 北京：中国科学技术出版社，2011.

[6]　李健，黄开亮. 中国机械工业技术发展史[M]. 北京：机械工业出版社，2002.

[7]　魏龙，孙见君，冯秀. 机械工程与社会进步的互动及发展趋势[J]. 科技与管理，2007.

第2章 机械工程基础

2.1 工程制图基础

工程制图作为机械类学科的一门专业基础课程，被誉为工程界的技术"语言"，掌握了这种"语言"，也就打开了机械王国的大门，可为学习后续其他机械类课程在知识上做好相关准备。

2.1.1 制图标准及图样画法

工程图样是指导生产和对外进行技术交流的重要技术文件，因此对于工程图样的有关内容，我国制定了与国际标准相适应的国家标准，这些标准是每个工程技术人员必须掌握、遵守和执行的准则。本节从制图标准及图样画法两个方面进行介绍。

1. 制图标准

为了便于指导生产和与国际接轨，我国对图样上的有关内容做出了统一的规定，制定并发布了一系列国家标准，通常简称为"国标"，其代号由"国标"两个字汉语拼音的大写首字母"G"和"B"组成。这些标准包括强制性国家标准（代号"GB"）、推荐性国家标准（代号"GB/T"）和国家标准化指导性技术文件（代号"GB/Z"）。例如，《GB/T 17450—1998 技术制图图线》表示的是技术制图标准中的图线部分，17450 是其发布的顺序号，1998 是其发布的年号。

1）图纸幅面及格式（GB/T 14689—2008）

（1）图纸幅面

图纸幅面指的是图纸宽度与长度组成的图面。绘制技术图样时，应根据所要表达的物体结构的大小来选择图纸幅面，优先采用表 2-1 中规定的基本幅面尺寸。基本幅面代号有 A0、A1、A2、A3、A4 这 5 种。

表 2-1 图纸基本幅面及图框尺寸　　　　　　　　　　　　　　　　　　mm

幅面代号		A0	A1	A2	A3	A4
幅面尺寸	$B×L$	841×1189	594×841	420×594	297×420	210×297
周边尺寸	e	20			10	
	c	10			5	
	a	25				

注意：

① 在机械制图或工程制图中，若无特殊说明，尺寸数字后面如果没有其他单位，一般默认以毫米（mm）为单位，因此表 2-1 中的尺寸都是以毫米（mm）为单位的；

② 表中的 $B×L$ 指的是图纸的宽度×长度。

基本幅面图纸的尺寸特点是：A0 图纸的面积约为 1m^2，A1 图纸的面积是 A0 的一半，A2 图纸的面积是 A1 的一半，依次类推；图纸长边和短边的长度之比为 $\sqrt{2}$：1。

（2）图框格式

图框指的是图纸上用于限定绘图区域的线框，在图纸上必须用粗实线表示。一般分为两种格式，即留装订边（如图 2-1 所示）和不留装订边（如图 2-2 所示）。边框周边的 a、c、e 尺寸值按表 2-1 中的规定进行选取。但要注意，同一产品的所有图样只能采用同一格式。而加长幅面的图框尺寸按所选定的基本幅面大一号的图框尺寸确定。例如，A2 的图框尺寸按 A1 的图框尺寸确定，即 e 为 20（或 c 为 10）。

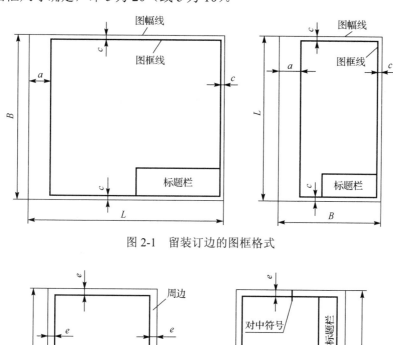

图 2-1　留装订边的图框格式

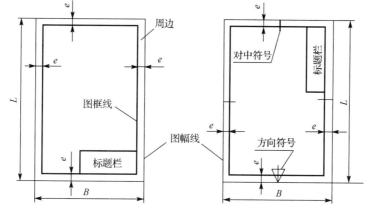

图 2-2　不留装订边的图框格式

（3）标题栏（GB/T 10609.1—2008）

标题栏中应包含所绘图形的名称、绘图人员及材料等信息，是一张图的眉目，看图时首先要看的内容是标题栏，因此绘图时必须在每张图纸上都画出标题栏（如图 2-1 及图 2-2 中右下角部分）。一般情况下，标题栏应位于图纸的右下角，其外框用粗实线绘制，内部用细实线分格。GB/T 10609.1—2008 规定的格式如图 2-3 所示。

根据视图的布置需要，图纸可以横放（长边位于水平方向）或竖放（短边位于水平方向），看图与看标题栏的方向要一致。

2）比例（GB/T14690—1993）

比例是指图样中图形与其实物相应要素的线性尺寸之比。因为现实生活中的实物有大有小，不可能全部按原值大小画到图样上，因此可以根据实际情况适当缩小或放大，比值为 1 的比例称为原值比例，比值大于 1 的比例称为放大比例，比值小于 1 的比例称为缩小比例。

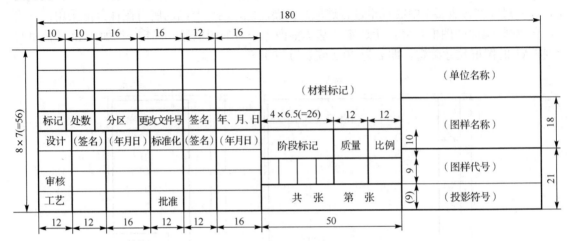

图 2-3 标题栏格式及其组成部分尺寸

按比例绘制图样时，应从表 2-2 规定的系列中选取适当比例。

表 2-2 绘图的标准比例系列

原 值 比 例	1 : 1				
缩 小 比 例	1 : 2 (1 : 1.5) $(1 : 1.5×10^n)$	1 : 5 (1 : 2.5) $(1 : 2.5×10^n)$	$1 : 1×10^n$ (1 : 3) $(1 : 3×10^n)$	$1 : 2×10^n$ (1 : 4) $(1 : 4×10^n)$	$1 : 5×10^n$ $(1 : 6×10^n)$ (1 : 6)
放 大 比 例	2 : 1 (2.5 : 1)	5 : 1 (4 : 1)	$1×10^n : 1$ $(2.5×10^n : 1)$	$2×10^n : 1$ $(4×10^n : 1)$	$5×10^n : 1$

注：n 为正整数，优先选用不带括号的比例。

为了看图方便，应尽量按机件的实际大小即原值比例画图，绘制小而复杂的物体可采用放大比例，绘制大而简单的物体可采用缩小比例。

应注意：不论采用放大比例还是缩小比例，标注尺寸时都一定要写成实际尺寸。

3）字体（GB/T 14691—1993）

在图样上除表示机件形状的图形外，还要用文字和数字来说明机件的大小、技术要求和其他内容。

在图样上书写的字体必须做到字体工整、笔画清楚、间隔均匀、排列整齐。字体的号数即字体高度（用 h 表示）分为 8 种，其公称尺寸系列为：1.8mm，2.5mm，3.5mm，5mm，7mm，10mm，14mm，20mm。虽然对字高的要求很高，当然我们每个人都是无法做到绝对符合标准的，以后在学习计算机辅助绘图之后可以设置各种字高，这样就比较精确了。

（1）汉字

汉字应写成长仿宋体，并应采用国家正式公布推行的简化字。汉字的高度不应小于 3.5mm，其字宽一般为 $h/\sqrt{2}$。汉字示例如图 2-4 所示。

10 号字

字体工整笔画清楚间隔均匀排列整齐

7 号字

横平竖直注意起落结构均匀填满方格

5 号字

技术制图机械电子汽车船舶土木建筑矿山井坑港口纺织服装

3.5 号字

螺纹齿轮端子接线飞行指导驾驶舱位挖填施工引水通风闸阀坝棉麻化纤

图 2-4　长仿宋体汉字示例

（2）字母和数字

字母和数字可写成斜体和直体，常用斜体，当与汉字混合书写时可采用直体。斜体字字头向右倾斜，与水平线约成 75°。同一图样上，只允许选用一种形式的字体。

① 大写拉丁字母示例：

② 小写拉丁字母示例：

③ 阿拉伯数字示例：

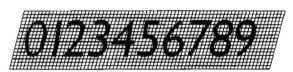

④ 罗马数字示例：

4）图线形式（GB/T 4457.4—2002，GB/T 17450—1998）

国家标准规定的图线宽度 d 共 9 种：0.13，0.18，0.25，0.35，0.5，0.7，1，1.4，2，单位为 mm。在工程图样中，图线分为粗、细两种。画图时，粗线的宽度 d 应按图的大小和复杂程度在 0.5～2mm 范围内选择，应优先选择 0.5mm 和 0.7mm。细线的宽度约为 $d/2$。图线的形式及应用如表 2-3 所示。

表2-3　图线的形式及应用

代　码	图线名称	图　线　形　式	图线宽度	主　要　用　途
01.2	粗实线	————————————	d	可见轮廓线
01.1	细实线	————————————	约 $d/2$	尺寸线及尺寸界线 剖面线 重合断面的轮廓线 过渡线、引出线
01.1	双折线	—————⌐—————⌐—————	约 $d/2$	断裂处的边界线
01.1	波浪线	∼∼∼∼∼∼∼∼∼∼∼	约 $d/2$	断裂处的边界线，视图和剖视的分界线
02.1	细虚线	- - - - - - - - ≈4⊢1	约 $d/2$	不可见轮廓线
02.2	粗虚线	▬ ▬ ▬ ▬ ▬ ▬	d	允许表现处理的表示线
04.1	细点画线	—·—·15~30·≈3·—·—	约 $d/2$	轴线，对称中心线
04.2	粗点画线	▬·▬·▬·▬·▬	d	限定范围的表示线
05.1	细双点画线	—··—··15~20··≈5··—··	约 $d/2$	相邻辅助零件的轮廓线 极限位置的轮廓线 轨迹线、中断线

图线画法注意事项：

① 同一图样中同类图线的宽度应保持一致。

② 绘制圆的对称中心线时，圆心应交在画线处，最好不要使线与点相交作为圆心；首末两端点应是线而不是点，且宜超出图形外 2～5mm。

③ 如果所要画的图形较小，绘制点画线或双点画线有困难，也可以用细实线代替。

各种形式图线的应用示例如图 2-5 所示。

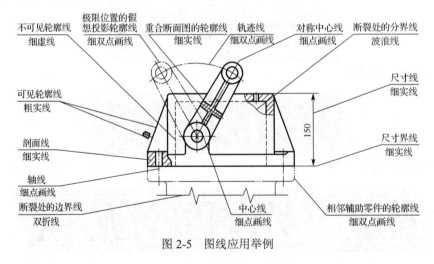

图 2-5　图线应用举例

5）尺寸标注（GB/T 16675.2—1996，GB/T 4458.4—2003）

图样中的图形仅能表达机件的结构形状，其各部分的大小和相对位置关系还必须由标注的尺寸来确定，所以尺寸是工程图样的重要内容之一，是制造、检验机件的直接依据。因此，在标注尺寸时，必须严格遵守国家标准中的有关规定，做到正确、齐全、清晰和合理。

（1）尺寸标注的基本规则

① 机件的真实大小应以图样上所注的尺寸数值为依据，与图形大小及绘图的准确度无关。

② 图样中（包括技术要求和其他说明）的尺寸，当以 mm 为单位时，无须标注单位符号或名称，如果采用其他单位，则必须标明相应的单位符号，如米（m）、厘米（cm）、度（°）等。

③ 图样中所标注的尺寸为该图样所示机件的最后完工尺寸，否则应另加说明。

④ 机件上的每一尺寸一般只标注一次，并应标注在反映该结构最清晰的图形上。

（2）尺寸的组成

一个完整的尺寸应包括尺寸界线、尺寸线和尺寸数字三个基本要素，如图 2-6 所示。

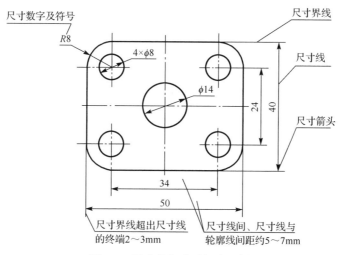

图 2-6　尺寸的组成及标注示例

① 尺寸界线

尺寸界线也就是尺寸的边界，如图 2-6 所示，它表明所注尺寸的起始和终止位置，用细实线绘制，并应由图形的轮廓线、轴线或对称中心线处引出；也可直接利用轮廓线、轴线或对称中心线作尺寸界线。

尺寸界线一般应与尺寸线垂直，且超过尺寸线箭头 2～3mm，如图 2-6 所示；当尺寸界线过于贴近轮廓线时也允许倾斜画出。在光滑过渡处标注尺寸时，必须用细实线将轮廓线延长，从它们的交点处引出尺寸界线，如图 2-7 所示。

② 尺寸线

尺寸线处于一对尺寸界线之间，用细实线绘制，用来表示尺寸度量的方向。尺寸线必须单独画出，不能用图中的任何图线来代替，也不能与其他图线重合或画在其延长线上。

标注线性尺寸时，尺寸线应平行于被标注的线段，当有几条相互平行的尺寸线时，各尺寸线之间的间隔应尽量均匀，一般为 7～10mm。尺寸线与尺寸线之间或尺寸线与尺寸界线之间应尽量

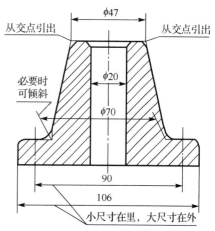

图 2-7　尺寸界线的画法

避免相交，因此，在标注并联尺寸时，应将小尺寸放在里面，大尺寸放在外面，如图 2-6 和图 2-7 所示。

尺寸线终端有两种形式：箭头[图 2-8(a)]和斜线[图 2-8(b)]。通常，机械图样的尺寸线终端画箭头（图中"d"为粗实线的宽度），土木建筑图的直线尺寸线终端画斜线。当没有足够的位置画箭头时，可用小圆点[图 2-8(c)]或斜线代替[图 2-8(d)]。在同一张图样中，箭头大小应一致。采用斜线时，尺寸线与尺寸界线必须互相垂直；斜线用细实线绘制（图中"h"为字体高度）。

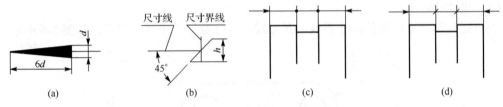

图 2-8　尺寸线终端的两种形式

③ 尺寸数字

线性尺寸的尺寸数字一般应注在尺寸线的上方或左方，也允许注写在尺寸线的中断处，尺寸数字不允许被任何图线通过，否则应将图线断开。当图中标注地方不够时，也可以引出标注，如图 2-9 所示。

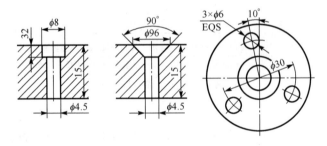

图 2-9　尺寸标注示意图

对于线性尺寸数字，当尺寸线为水平方向时，尺寸数字规定由左向右书写，字头向上；当尺寸线为竖直方向时，尺寸数字由下向上书写，字头朝左；在倾斜的尺寸线上注写尺寸数字时，要使字头方向有向上的趋势。

2. 图样画法

1）绘图工具及其使用方法

正确熟练地使用绘图工具是保证绘图质量、提高绘图速度的一个重要方面。下面仅介绍一些最常用的绘图工具及其使用方法。

（1）图板、丁字尺、三角板

① 图板。图板是用来固定图纸的。画图时，用胶带将图纸固定在图板上，图板板面应当平整光洁。图板左右两边称为导边，必须平直，如图 2-10 所示。

② 丁字尺。丁字尺由尺头和尺身组成，用来画水平线，并可与三角板配合画垂直线和斜线。其尺头和尺身的连接处必须牢固，尺头的内侧边与尺身的上边（工作边）必须垂直。使

用时，左手扶住尺头，使尺头与图板的导边贴紧，并可沿导边滑动来调整画图位置，铅笔垂直于纸面并向前进方向倾斜约 30°，如图 2-10 所示。

③ 三角板。一副三角板由 45°—90° 板角和 30°—60°—90° 板角两块直角三角形板组成。其与丁字尺配合使用可画垂直线，还可画出与水平线成 30 字、45 字、60 字及 15 字、75 字的倾斜线，如图 2-11 所示。两块三角板互相配合使用，可画已知直线的平行线和垂直线，如图 2-12 所示。

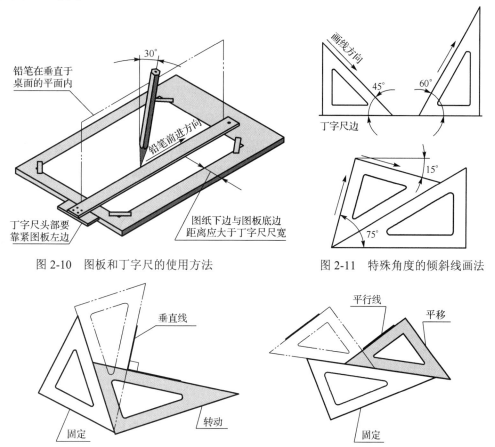

图 2-10　图板和丁字尺的使用方法　　　　图 2-11　特殊角度的倾斜线画法

图 2-12　两块三角板的配合使用方法

（2）铅笔

绘图时要求使用绘图铅笔。铅笔铅芯分为软与硬两种，字母"B"表示软铅芯，字母"H"表示硬铅芯。"B"之前数值越大，表示铅芯越软（黑）；"H"之前数值越大，表示铅芯越硬（淡）。根据使用要求不同，一般需要准备几种硬度不同的铅笔：字母"HB"表示软硬适中的铅芯。绘图时，常用 H 或 2H 铅笔画底稿线和加深细线；用 HB 或 H 的铅笔写字；用 B 或 2B 铅笔加深粗线。画粗实线铅笔的铅芯，需要磨削成宽度为 d（粗线宽）的四棱柱形，其余铅芯铅笔一般削成锥状。画图时，铅笔可略向前进方向倾斜，尽量使铅笔靠紧尺子棱面，且铅芯与纸面垂直。

（3）圆规

圆规是用来画圆和圆弧的。它的一条固定腿上装有钢针，钢针的两端形状不同，带有台阶的一端用于画圆和圆弧，另一端是锥形针尖，作分规使用。圆规的另一条腿上装有铅芯，使用时应先调好针尖长度，使针尖长度略长于铅芯，如图 2-13(a) 和图 2-13(b) 所示。画圆时，应将圆规向前进方向稍微倾斜，如需画特大号圆或圆弧，可将延伸杆接在圆规上使用，如图 2-13(c)所示。

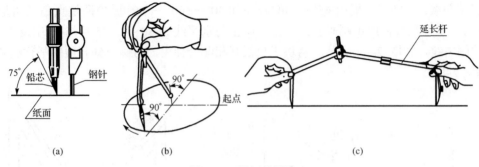

图 2-13　圆规的用法

2）绘图步骤

为了提高图样质量和绘图速度，除正确使用绘图工具和仪器外，还必须掌握正确的绘图方法。现以扳手（如图 2-14 所示）为例，将平面图形的画图步骤归纳如下。

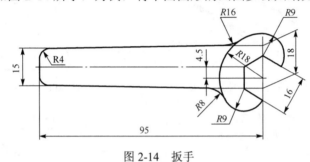

图 2-14　扳手

（1）准备工作

① 准备好必需的制图工具和仪器（如图板、丁字尺、三角板等）。

② 确定图形采用的比例，选用合适的图纸幅面。

③ 将图纸固定在图板的适当位置，使绘图时丁字尺、三角板移动自如。

④ 分析所画图形的尺寸及各线段的性质及画图的先后顺序。扳手钳口是正六边形的 4 条边。扳手弯头由 R18 和两个 R9 弧形组成，圆心位置已知，R16、R8、R4 均为连接圆弧。

（2）画图步骤

① 按所选的图幅标准画出图框和标题栏。

② 布图。

确定图形在图纸上的位置，即图形在图纸上的位置要匀称、美观并且留有标注尺寸的空间。

③ 画底稿。

底稿一般用较硬的铅笔（H 或 2H）清淡地画出。画底稿的步骤如下。

a. 画基准线，并根据各个基本图形的定位尺寸画定位线，确定主要基本图形的相对位置[如图 2-15(a)所示]。

b. 画已知线段。

根据已知尺寸画出扳手手柄的轮廓[如图 2-15(b)所示]，根据尺寸 16 作出正六边形，并作出 R18 和两个 R9 已知圆弧[如图 2-15(c)所示]。

c. 画中间线段。

由 R18 和两个 R9 圆弧作出扳手头部弯头的图形,圆弧的切点是 1 和 2[如图 2-15(d)所示]。

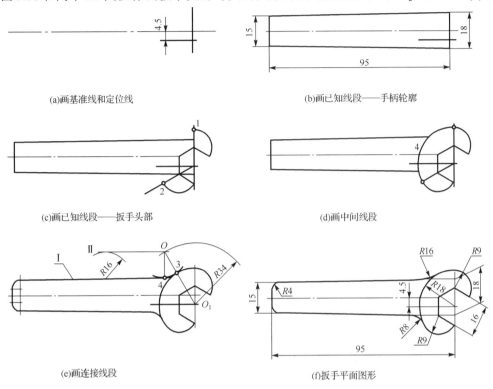

图 2-15 扳手图形画图步骤

d. 画连接线段。

作连接圆弧 R16 的圆心:以 O_1 为圆心,以 R=18+16=34 为半径画弧,作与直线 I 平行且距离为 16 的直线 II,直线 II 与圆弧的交点 O 即为圆心。作 R16 圆弧,点 3、4 为切点[图 2-15(e)]。R8 和 R4 的圆心求法相同。

④ 描深。

a. 先粗后细。一般先描深全部粗实线,再描虚线、细点画线,以保证同一线型规格一致。

b. 按先曲线后直线、先上后下、先左后右、所有图形同时加深的原则进行。

⑤ 标注尺寸。

先画尺寸界限、尺寸线,经检查确定无遗漏且布局合理后画箭头,再标注尺寸数字。

⑥ 填写标题栏。

按照要求将图名、图号、比例等内容填写到标题栏中。

2.1.2 零件的互换性与公差

1. 零件的互换性

1) 互换性的概念

在现代机械产品的生产线上经常可以看到,装配工人任意从一批相同规格的零件中取出一个,不经任何挑选和修配就能装到机器上,装配后机器就能正常工作。在日常生活中常遇到这样的情况，比如自行车或洗衣机的某个零部件坏了，换个相同型号的新的零部件，就能继续使用了，其原因就是这些合格的产品和零部件具有互换性。所谓互换性，就是指某一产品（包括零件、部件、构件）与另一产品在尺寸、功能上具有能够彼此互相替换的性能。

2）互换性的种类

按照零部件互换性的程度，互换性可分为完全互换与不完全互换两类。

（1）完全互换。指同一规格的零、部件在装配或互换时，不需要挑选和修配或调整，装配后就能满足使用要求的互换性。如螺栓、螺母、齿轮等都具有完全互换性，适合专业化生产和装配。

（2）不完全互换。也称有限互换，是指允许零部件在装配前预先分组或在装配时采用调整等措施。例如，把一批两种互相配合的零件分别按尺寸大小分为若干组，同一组内零件才具有互换性；或虽不分组，但需稍做修配和调整，才具有互换性。

3）互换性的作用

在制造业中，互换性给产品的设计、制造、使用和维修等方面带来了很大的方便，已成为制造业重要的生产原则和有效的技术措施。其重要作用表现在以下几个方面：

（1）产品设计时，可最大限度地采用标准件、通用件和标准部件，简化了设计与计算工作，缩短设计周期，及时满足市场用户的需要；

（2）产品制造时，有利于组织专业化生产，便于采用先进工艺和高效率的专用设备，提高生产率，保证产品的质量和降低制造成本；

（3）产品使用维修时，可方便地及时更换已磨损或损坏的零部件，缩短修理时间，降低修理费用，并可保证机器设备价值和使用寿命。

2．尺寸与公差配合

1）尺寸的术语及定义

（1）线性尺寸

线性尺寸，简称尺寸，是指两点之间的距离，如直径、宽度、深度、高度、中心距等。我国机械制图国家标准采用毫米（mm）作为尺寸的基本单位。

（2）基本尺寸（孔 D；轴 d）

基本尺寸通常是产品设计者根据零件的强度、刚度、结构、工艺等多种要求及依据试验和经验而确定的尺寸。只表示尺寸的基本大小，并不一定是实际加工中要求得到的尺寸。孔和轴如图 2-16 所示。

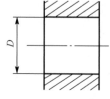

图 2-16　孔和轴

（3）实际尺寸（孔 D_a；轴 d_a）

通过测量所得的尺寸。由于零件表面总是存在形状误差和在测量过程中存在测量误差，所以被测表面各处的实际尺寸也是不完全相同的，可通过多处测量确定实际尺寸，但是实际尺寸也并非真值，而只是真实尺寸的近似值。

（4）极限尺寸（孔 D_{max}、D_{min}；轴 d_{max}、d_{min}）

极限尺寸是指允许尺寸变动的两个界限值，以基本尺寸为基数来确定，其数值等于基本尺寸与尺寸偏差的代数和。两个界限中较大的一个称为最大极限尺寸，较小的一个称为最小极限尺寸。孔和轴的最大极限尺寸用符号 D_{max} 和 d_{max} 表示，孔和轴的最小极限尺寸用符号 D_{min} 和 d_{min} 表示。

2）公差与配合

（1）公差与加工误差

如何实现零件几何参数的互换性呢？是否需要使同一批零件的几何参数完全一致？实践证明，这是不可能实现的，也是不必要的。

要满足零件互换性的要求，只要对其几何参数加以控制，允许它在一定范围内变化就可以了。这种允许工件尺寸、几何形状和相互位置变动的范围称为公差。而加工误差是指在加工过程中，由于各种因素的影响，零件的实际几何参数与理想几何参数之间的差异。公差是用来限制加工误差的，主要反映对制造精度的加工要求。

为了实现零件的互换性，在设计零件时提出尺寸公差、形状公差和位置公差等技术要求。尺寸公差就是零件尺寸允许的变动范围；形状公差和位置公差分别是零件几何要素的形状和位置允许的变动范围。

（2）配合

基本尺寸相同、相互结合的孔和轴公差带之间的关系称为配合。根据相互结合的孔、轴公差带不同的位置关系，配合又分为间隙配合、过盈配合和过渡配合。

① 间隙配合。

孔的公差带在轴的公差带之上，保证具有间隙（包括最小间隙为零）的配合，如图 2-17 所示。

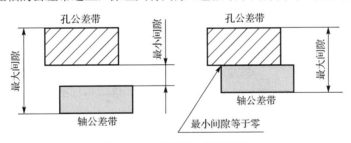

图 2-17　间隙配合公差带图

② 过盈配合。

孔的公差带在轴的公差带之下，保证具有过盈（包括最小过盈为零）的配合，如图 2-18 所示。

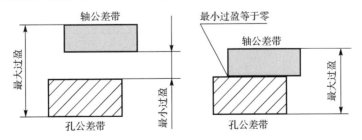

图 2-18　过盈配合公差带图

③ 过渡配合。

孔和轴的公差带相互重叠，可能具有间隙，也可能具有过盈的配合，如图 2-19 所示。

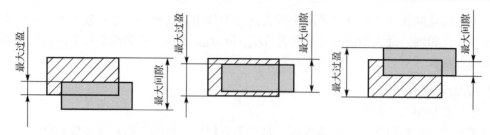

图 2-19　过渡配合公差带图

2.1.3　零件图和装配图

1. 零件图

任何机器或部件都是由若干零件装配而成的，零件是构成机器或部件的最小单元，用来表达单个零件的图样称为零件图。零件图是零件检验和生产的依据，是设计和生产部门重要的技术文件。在机器或部件中，除标准件外，其余零件一般均应绘制零件图。

一张零件图只能表达一个零件，应包含制造和检验该零件所需要的全部技术资料。一张完整的零件图至少应包括以下 4 个方面的内容。

（1）一组图形

综合运用视图、剖视图、断面图、局部剖视图等各种视图，准确、清晰、简便地表达出零件的内、外结构形状。图 2-20 所示的轴是由多段同轴回转体组成的，用一个基本视图（全剖的主视图）、A-A 断面图和 B-B 断面图表达出该零件的结构形状。

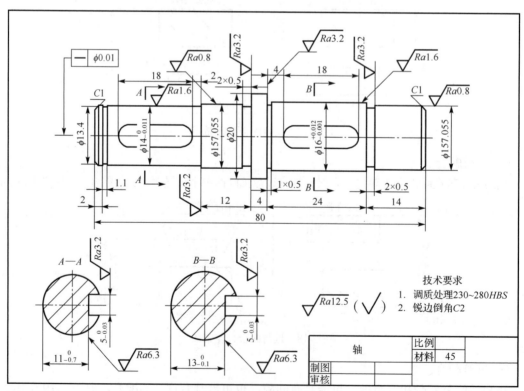

图 2-20　轴的零件图

（2）一组尺寸

应正确、完整、清晰、合理地标注出零件尺寸，表明图形大小及其相互位置关系，既能满足设计意图，又便于加工制造，便于检验，如图 2-20 中标注的尺寸。

（3）技术要求

用国家标准中规定的符号、数字、字母和文字等标注或说明零件在制造、检验时应达到的各项技术要求，如表面粗糙度、尺寸公差、形位公差、热处理、表面处理等。

（4）标题栏

一般情况下标题栏都在图样的右下角，根据标题栏的格式要求填写栏目中的内容，一般应填写零件名称、材料、数量、比例、图号及设计、描图、绘图、审核人员的签名、日期等。

2．装配图

一台机器或一个部件都是由若干零件按一定的装配关系和技术要求组装起来的，这种表示产品组成部分之间连接、装配关系的图样称为装配图。图 2-21 所示为球阀的装配示意图，图 2-22 所示为该部件的装配图。

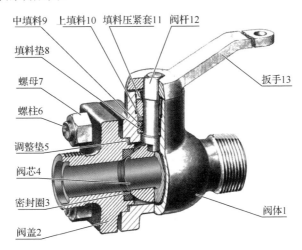

图 2-21　球阀装配示意图

装配图表示部件或机器的工作原理、零件之间的装配关系和相互位置，以及装配、检验、安装时所需要的尺寸数据和技术要求的技术文件。在设计过程中，一般都是先画出装配图，再根据装配图设计零件并绘制零件图。在生产过程中，根据装配图将零件装配成部件或机器。

由图 2-22 可以看出，一张完整的装配图应包含以下内容。

（1）一组视图

装配图中的视图用以正确、清晰、完整地表达装配体（机器或部件）各组成零件的相互位置、装配关系及其工作原理和结构特点。图 2-22 所示为球阀装配图，采用全剖的主视图、半剖的左视图及局部剖的俯视图来表达。

（2）必要的尺寸

必要的尺寸包括反映装配体的规格、性能、零件之间装配关系的尺寸，以及装配体的外形尺寸、安装尺寸和其他重要尺寸。

（3）技术要求

用文字写出有关装配体在装配、安装、调试、使用时需达到的技术指标。

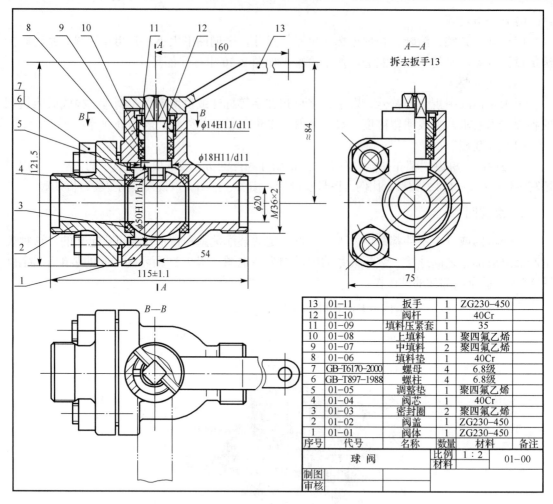

图 2-22　球阀装配图

（4）零件的序号、明细栏和标题栏

为便于生产的组织管理工作，在装配图中应对每个不同零部件编号，并在明细栏内填写各零件的序号、代号、名称、数量、材料、备注等内容。标题栏中应填写装配体的名称、绘图比例、图号及设计、审核签名等。

2.1.4　计算机制图及常用软件

图形是表达和交流技术思想的工具，随着 CAD（计算机辅助设计）的飞速发展和普及，越来越多的工程设计人员开始使用计算机绘制各种图形，从而解决了传统的手工绘图效率低、绘图准确性差、劳动强度大及图纸不便管理等缺点。计算机制图是研究用计算机绘制图形图像的原理、方法和技术的学科。而计算机制图软件就是实现用计算机来绘图的必备软件。计算机制图不仅应用在机械、建筑、电子、航空、服装、石油、汽车设计与制造等行业，而且广泛应用于地理（质）学、计算机动画设计、仿真模拟及计算机辅助教学等领域。

1．计算机制图与工程制图的关系

工程制图讲解绘制工程图样的原理及相关规定，是绘制工程图样的基础，它解决了"应该怎样画"的问题；而计算机制图则是解决"如何使用目前最先进的手段来画工程图样"的问题。从另一方面来讲，计算机制图解决了传统的尺规制图的缺点，使人们能够把更多的时间和精力投入到创造性的设计当中。

2. 常用计算机制图软件

随着计算机硬件和软件技术的飞速发展，计算机辅助绘图软件的功能也越来越强大，使得人们进行图形处理越来越方便。计算机辅助绘图软件包括二维、三维图形图像等各类软件。目前常用的商品化软件主要分为以下三大类：国外著名软件主要有美国 Autodesk 公司的 Auto CAD、Mechanical Desktop、3D Studio MAX，美国 SolidWorks 公司推出的 SolidWorks，德国西门子公司的 Sigraph-Design 及以色列的 Cimatron 软件；国内的著名软件主要有北京华正软件工程研究所的 CAXA 电子图板、华中理工大学的 KMCAD、中科院凯思集团的 PICAD、清华大学的 GHCAD 及华中理工大学的"华软 InteCAD"；大型集成化设计绘图软件主要有美国 PTC 公司的 Pro/Engineer、EDS/UG 公司的 UG、SDRC 公司的 I-DEAS 及法国达索公司的 CATIA 等。每种软件都有自己的功能和特色，下面对一些常用的计算机制图软件进行简单介绍。

（1）AutoCAD

CAD 是 Computer Aided Design 的缩写，译为计算机辅助设计，即由计算机帮助工程设计人员进行设计；主要服务于机械、电子、宇航、建筑、纺织、化工等产品的总体设计、造型设计、结构设计、工艺过程设计等环节。解决了传统手工绘图中存在的效率低、绘图准确度差及劳动强度大等缺点。便于技术上的交流，CAD 和 CAM 技术结合，直接将设计结果传至生产线，中间无须通过其他环节，非常适合专业人士进行绘图设计。

AutoCAD 是美国 Autodesk 公司于 1982 年首次推出的交互式绘图软件，目前已成为工程设计领域中应用最为广泛的计算机辅助设计软件之一，AutoCAD 提供了丰富的绘图功能，操作方便，绘图准确，而且具有强大的图形编辑功能，可对现有图形进行编辑，还有许多辅助绘图功能，使绘图工作变得简单、方便。AutoCAD 具有良好的用户界面，通过交互菜单或命令行方式便可以进行各种操作。它的多文档设计环境让非计算机专业人员也能很快地学会使用，在不断实践的过程中更好地掌握它的各种应用和开发技巧，从而不断提高工作效率。AutoCAD 具有广泛的适应性，它可在各种操作系统支持的微型计算机和工作站上运行。

（2）SolidWorks

由美国 SolidWorks 公司（1997 年被法国达索（Dassault Sytems）公司并购）开发，是基于 Windows 系统平台下开发的三维机械设计软件，是现代 3D 机械设计的国际主流软件，目前已在航空、航天、铁道、兵器等领域得到广泛应用。并且在包括电动车、电视、冰箱、空调等家电生产企业、汽车生产企业、医疗器械生产企业、模具生产企业拥有数量众多的用户。

SolidWorks 最擅长的是 3D 制图，可实体建模，比较方便，入门容易，提高难，Motion、Flow simulation 等都是很实用的功能块，真正做到设计仿真一体化。也有 2D 绘图，但默认页面不是很美观，曲面建模不是太好。

（3）Pro/ENGINEER

由美国 PTC（Parametric Technology Corporation，参数技术公司）开发的，使用参数化的、三维特征造型技术的大型 CAD/CAM/CAE 集成软件。

Pro/ENGINEER 功能强大，目前已被广泛应用于工业设计、机械设计、辅助制造、数据管理等领域，特别是在模具设计和制造行业有着广泛应用，涉及从设计到生产的全部过程。

利用该系统，可通过修改尺寸达到设计更改的目的，将设计融入计算机辅助设计中，通过参数化模型，完成设计。

Pro/E 采用模块方式进行参数化设计，命令也较多，特征驱动命令不是很丰富，打开文件时需要完整操作，如果对该软件不是很熟悉，可能一个小的不知道的操作都很难有其他方式替代来解决。

（4）UG

UG 是当今最先进的计算机辅助设计、分析和制造软件，广泛应用于航空航天、汽车、造船、通用机械和电子等工业领域。UG 提供了一个基于过程的产品设计环境，使产品开发从设计到加工真正实现了数据的无缝集成，从而优化了企业的产品设计与制造。

（5）CATIA

CATIA 是法国达索（Dassault Systems）公司的产品开发旗舰解决方案。作为 PLM 协同解决方案的一个重要组成部分，它可以帮助制造厂商设计他们未来的产品，并支持从项目前阶段、具体的设计、分析、模拟、组装到维护的全部工业设计流程。主要使用于汽车、航空航天、船舶制造、厂房设计、电力与电子、消费品和通用机械制造。该软件入门容易，提高也容易，最擅长的是曲面建模，3D 模型美观（图 2-23 所示为 CATIA 建模示例）。

图 2-23 CATIA 建模示例

Pro/ENGINEER、UG 和 CATIA 等这类软件都运行于高档图形工作站，功能模块繁多，主要功能有草图设计、参数化和非参数化三维实体造型、有限元分析、模拟装配、模拟数控加工、高级曲面设计、高级着色及真实感立体表面润饰、二次开发软件等。

2.2　工程材料基础

材料是人类赖以生活和生产的物质基础，是人类技术发展、文明进步的基石和先导。目前，材料、信息和能源技术并称为人类现代社会的三大支柱。

从制造、装配的角度出发，任何一台机器都是由若干几何形状和尺寸不同的零件按照一定的方式装配而成的，而每一种零件又是由各种各样的材料按照一系列的加工和成形工艺设计而成的。因此，本节从一个与机械材料相关的例子（汽车）开始介绍。图 2-24 所示为某型号轿车的车身总成图，图 2-25 所示为该轿车的发动机、驱动装置和车轮部分，每部分零部件的名称、所采用的材料及加工方法如表 2-4 所示。

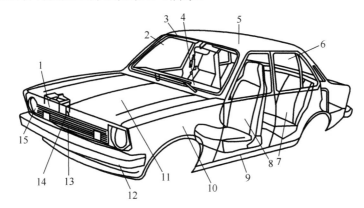

图 2-24 某型号轿车的车身总成图

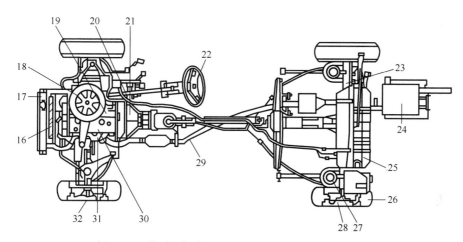

图 2-25 某型号轿车的发动机、驱动装置和车轮部分

从表 2-4 中可以看出，汽车的零件由多种材料加工制造而成，采用的加工方法包含由铸造、锻造、冲压及注射成形等。此外还有一些加工方法没有列出来，如焊接（用于板料的连接、棒料的连接）、机械零件的精加工（切削、磨削）等。

在机械制造、交通运输、建筑、航天航空、国防与科学技术等各个领域都需要使用大量金属材料，而且金属材料与人们的日常生活也息息相关，文献及新闻中常提及黑色金属及有色金属，但是非专业人士仍然不清楚究竟哪些金属属于黑色金属，而什么又是有色金属。金属材料可以分为黑色金属材料和有色金属材料，黑色金属材料多指铁基金属合金，包括碳素钢、合金钢、铸铁等；其余金属材料都属于有色金属材料，包括轻金属及其合金等。从现阶段汽车零件的质量构成比来看，黑色金属占 75%，有色金属约占 5%，非金属材料占 10%～20%。汽车使用的材料大多为金属材料。

黑色金属材料有钢板、钢材和铸铁。钢板大多采用冲压成形，用于制造汽车的车身和大梁；钢材的种类有圆钢及各种不同规格的型钢，用圆钢做坯料，采用锻造、热处理、切削加工等工艺来生产制造曲轴、齿轮、弹簧等零件；铸铁可用于铸造气缸体、气管、差速器箱体等。

表 2-4　某型号轿车每部分零部件的名称、所采用的材料及加工方法

件号	名　称		材　料	加工方法	件号	名　称		材　料	加工方法
1	蓄电池	壳体极板液	塑料 铅板 稀硫酸	注射成形	17	散热器			
2	前窗玻璃		钢化玻璃或夹层玻璃		18	空气滤清器		钢板	冲压
3	遮阳板		聚氯乙烯薄板+尿烷泡沫		19	进气总管		铝	铸造
4	仪表板		钢板 塑料	冲压 注射成形	20	操纵杆		钢管	
5	车身		钢板	冲压	21	离合器壳体		铝	铸造
6	侧窗玻璃		钢化玻璃		22	方向盘		塑料	注射成形
7	坐垫包皮		乙烯或纺织品		23	后桥壳		钢板	冲压
8	缓冲垫		尿烷泡沫		24	消音器		钢板	冲压
9	车门		钢板	冲压	25	油箱		钢板	冲压
10	挡泥板		钢板	冲压	26	轮胎		合成橡胶	
11	发动机罩		钢板	冲压	27	卷簧		弹簧钢	
12	保险杠		钢板	冲压	28	刹车鼓		铸铁	铸造
13	散热器格栅		塑料	注射成形	29	排气管		钢管	
14	标牌		塑料	注射成形	30	发动机	汽缸体 汽缸盖 曲轴 凸轮轴 盘	铸铁 铝 碳钢 铸铁 钢板	铸造 铸造 铸造 铸造 冲压
15	前灯	透镜 聚光罩	玻璃 钢板	冲压、电镀	31	排气总管		铸铁	铸造
16	冷却风扇		塑料	注射成形	32	刹车盘		铸铁	铸造

黑色金属具有较高的强度、低廉的价格，在实际生产生活中得到广泛的应用。根据其不同的使用领域，对其性能的要求也不同。如对于汽车车身，要求钢板能承受较大的弯曲变形，多采用易变性的钢板；如果外观差，就影响销售，故应采用表面不太美观的较厚的钢板。

在有色金属材料中，铝合金具有最广的应用市场，多用做发动机的活塞、变速箱壳体、带轮等。铝合金由于质量小、美观，今后将更加广泛地用于制造汽车零件。

铜常用于电气产品、散热器等。铅、锡与铜构成的合金常用于轴承合金的加工。锌合金在装饰品和车门手柄（表面电镀）上应用较多。

在非金属材料中采用工程塑料、橡胶、石棉、玻璃、纤维等。由于工程塑料具有密度小、易成形、着色性好、不生锈等性能，多用做薄板、手轮、电气零件、内外装饰件等。

由于塑料性能的不断改善，FRP（纤维强化塑料）有可能被用做制造车身和发动机零件。

由此可见，除设计因素外，机械产品的可靠性和先进性在很大程度上取决于所选用材料的质量和性能。新型材料的发展是研发新型产品和改善产品质量的物质基础和前提。各种高强度材料的研制和发展，为新型高强度、轻自重、大型结构件的发展提供了条件；高性能的高温材料、耐腐蚀材料为开发和利用新能源开辟了新的途径。现代发展起来的新型材料如新型纤维材料、功能性高分子材料、非晶质材料、单晶体材料、精细陶瓷和新合金材料等，对

于研制新一代的机械产品具有重大意义。如相比于玻璃纤维，碳纤维在强度和弹性方面取得显著提升，大量用于制造飞机和汽车等构件，在显著减轻自重的同时又能节约能源。精细陶瓷如热压氮化硅和部分稳定结晶氧化锆，有相对较高的强度，比合金材料有更高的耐热性，能大幅提高热机的效率，是绝热发动机的关键材料。还有不少与能源利用和转换密切有关的功能材料的突破，将会引起机电产品的巨大变革。

2.2.1　工程材料的发展及分类

1. 工程材料的发展

从人类的出现到如今的 21 世纪，人类的文明程度不断进步与发展，材料及材料科学也在不断发展。从原始社会以来，人类经历了石器时代、青铜器时代、铁器时代、钢铁时代、高分子时代、半导体时代、先进陶瓷时代和复合材料时代。今天，我们已经跨进遵循人们的意愿需要来设计材料、制造材料的新时代。并且随着科学技术的高速发展，各种新型材料正在不断涌现，材料的质量、品种和数量也成为衡量一个国家科学技术、国民经济和国防力量的重要标志之一。

在与自然界交互作用的过程中，人类首先学会了生产和使用工具。从石器时代、青铜器时代到铁器时代，强度更高、韧性更好、在特殊环境中（如高温、腐蚀、冲击等）的稳定性更强，成为对材料性能的主要要求。但是，随着人类的视野从周围的宏观世界向宇观及微观的延伸，突破自身感官的局限性，扩展自己感知、观察世界的能力，成为人类的强烈需求。人类需要了解：小到原子的迁移、亚原子粒子运动，大到天体的演化、斗转星移；生物的遗传奥秘与无生命体内部的"呐喊"（小至金属内部马氏体相变，大至地壳运动都伴随有声波）……因此，材料的物理性能（主要指电、磁、热、声、光性能）、化学性能和生物性能等成为人类关注的重点和热点，因此各类功能材料也应运而生。

正是研究发明了性能各异的各类材料，科学家们制造出了巨型飞机，从此环游世界不必再经历凡尔纳笔下的斐利亚、福克所付出的艰辛 80 天；人们架设了通达世界的"信息高速公路"，在全球范围内实现了网络互联、信息互通、世界真正变成了地球村，让诗句中幻想的"天涯若比邻"成为了现实；人们将人造卫星送入了太空，利用精密的全球导航系统，使在蓝色海洋中航行的船只能够避免"泰坦尼克号"悲剧的再次发生……对不同大众而言，他们所看见的是蓝天上飞行的飞机、公路上奔驰的豪华轿车、办公桌上放置的神奇的电脑、家中使用的电冰箱和彩色电视机……难以见到称之为"材料"的东西。当然，这一现象不足为怪。但是，作为人类文明基石的材料，在人类社会中发挥的作用是不容忽视的，犹如支撑万丈高楼的地基石一样，材料支撑着人类文明。因而，史学家用石器时代、青铜器时代和铁器时代作为人类文明进化的标志。

有人认为 21 世纪将是信息时代、知识经济时代，但是，在这样的时代中，材料的基石作用仍然不容撼动。同时，材料的另一作用——高新技术的先导，将发挥得更加淋漓尽致。例如，支撑电子工业的集成电路近 10 年来迅猛发展，更新换代越来越快，集成度遵循著名的摩尔定律——每 18 个月翻一番，线宽以 70%的比例递降：1992—1994 年为 0.5μm，1995—1997 年为 0.35μm，1998—2000 年则为 0.25μm。然而，采用目前的材料和加工技术，集成度将很快达到极限，若要继续提高集成度必须另辟蹊径。在众多的材料和加工技术中，纳米材料和纳米加工技术是最有希望的。利用纳米材料和纳米加工技术可实现集成电路的三维集成和加工，实现在原子和分子尺度上集成。又如，由于控制环境污染方面的要求，在本世纪中，地面运输工具将使用高比强度、高比刚度材料以减轻自重，如汽车每减重 100kg，每升油可多行驶 0.5km。此外，太阳能的高效率利用、高功率燃料电池发电，均是以高性能材料的研制和开发为先导的。

新材料的开发和使用给人类生活带来的便利有目共睹。在 21 世纪，人类在推进文明发展的同时将会更加注重自身生活质量和周围环境的改善与提高。因此，生物材料和环境相容性材料的研发和使用将会受到重点关注。利用生物材料，人们可以生产出人造肝、人造肾、人造胰、人造皮肤和人造血管等，还可以制造出药物缓释系统材料，以优化调控药物的释放时间和速度。

长期以来，人类在材料的提取、制备、生产及制品的使用与废弃的过程中，浪费了大量的资源和能源，同时产生了大量的工业废气、废水和废渣，对人类自身的生存环境造成了严重的污染。有资料表明，在 1970—1995 年的 25 年间，人类消耗了地球自然资源的三分之一，美国每年排放工业废料约 120 亿吨，其中约有 7.5 亿吨是有害的（可燃、腐蚀、有毒），与材料生产相关的工业所排放的有害废料约占 90%。现实要求人类从保护环境、节约资源和能源、社会可持续发展的角度出发，重新评价过去研究、开发、生产和使用材料的活动，改变单纯追求高性能、高附加值的材料，忽视生存环境恶化的错误做法，探索研究既有良好性能或功能，又对资源和能源消耗较低，并且能够与环境协调较好的材料及其制品。

2. 工程材料的种类

材料是为人类制造有用器件的物质。工程材料是在各工程领域中使用的材料。工程上使用的材料种类繁多，有许多不同的分类方法。通常按照组成、结构或性能特点进行分类。

按使用性能，材料分为结构材料和功能材料。工程材料主要是指结构材料，是用于机械、车辆、建筑、船舶、化工、仪器仪表、航空航天、军工等各工程领域中制造结构件的材料，主要利用材料的力学性能，如强度、硬度、塑性及韧性等；功能材料是指具有光、电、磁、热、胜等功能和效应的材料，包括半导体材料、磁性材料、光学材料、电介质材料、超导材料、非晶材料、形状记忆合金等。工程材料按组成特点可分为金属材料、高分子材料、陶瓷材料和复合材料 4 大类。

按材料的应用领域，可分为信息材料、能源材料、建筑材料、生物材料、航天材料等多种类别。

按化学成分、结合键的特点，可分为金属材料、非金属材料和复合材料三大类。金属材料可分为黑色金属材料和有色金属材料。黑色金属材料是铁基金属合金，包括碳素钢、合金钢、铸铁等。其余金属材料都属于有色金属材料，包括轻金属及其合金、重金属及其合金等。而非金属材料可分为陶瓷等无机非金属材料和有机高分子材料。有机高分子材料包括塑料、橡胶、合成纤维等。由这些材料合成的材料称为复合材料，工程材料的分类如表 2-5 所示。

本节主要介绍金属材料、高分子材料、陶瓷材料和复合材料的基本知识和相关应用。

表 2-5　工程材料的分类

工程材料	金属材料	黑色金属材料	碳素钢、合金钢、铸铁等
		有色金属材料	铝、镁、铜、锌及其合金等
	非金属材料	无机非金属材料	陶瓷（水泥、陶瓷、玻璃）
		有机高分子材料	合成高分子（塑料、合成纤维、合成橡胶）
			天然高分子（木材、纸、纤维、皮革）
	复合材料		金属基复合材料、塑料基复合材料、橡胶基复合材料、陶瓷基复合材料

2.2.2　金属材料及其性能

金属材料是人们生产生活中最为熟悉的一种材料，金属元素占地球上所有元素的 3/4。金属材料的使用不仅历史悠久，而且推陈出新、不断发展，并在现代工业、农业生产中占有极其重要的地位。在机械制造、交通运输、建筑、航天航空、国防与科学技术等各个领域，金属材料都得到了广泛的应用，而且人们的日常生活也离不开金属材料。

金属材料种类繁多，工程上常用的金属材料主要包括钢铁及有色金属等。金属材料中最具代表性的就是钢铁材料，钢铁是世界上的头号金属材料，年产量高达数亿吨。钢铁材料在工农业生产及国民经济各部门得到了广泛的应用。例如，各种机器设备上大量使用的轴、齿轮、弹簧，建筑上使用的钢筋、钢板，以及交通运输中的车辆、铁轨、船舶等都要使用钢铁材料。通常所说的钢铁实际上是钢与铁的总称。一般钢中含碳量为 0.025%～1.5%，生铁含碳量较高，为 2%～4%。

合金是在一种金属中加入另外的元素所形成的。例如，为了提高钢的性能，还要在钢中加入合金元素，如硅、锰、铬、镍钨、钼、钒等。它们发挥不同的作用，有的提高强度，有的提高耐磨性，有的提高抗腐蚀性能，把它们加入钢中就可以制备获得合金钢。钢中的合金元素含量虽然不多，但具有特殊的作用，就像炒菜时放入少量的味精一样，含量不多但味道鲜美。

合金钢种类很多，可按照它们的性能与用途进行分类。合金钢可分为合金结构钢、合金工具钢、不锈钢、耐热钢、超高强度钢等种类。

人们可以根据实际的生产需要提出使用要求，通过在钢中加入不同的合金元素来满足设计要求。例如，切削工具要求硬度及耐磨性较高，在切削速度较快、温度升高时其硬度不下降。按照这样的使用要求，人们就设计了一种称为高速工具钢的刀具材料，其中含有钨、钼、铬等合金元素。

钢的生锈、化工设备及船舶壳体等的损坏都与腐蚀息息相关。据不完全统计，全世界因腐蚀而损坏的金属构件约占其产量的 10%。如何解决腐蚀问题已迫在眉睫。为此科学家研发出一种能够提高耐腐蚀性的不锈钢。在电化学中，"电极电位"的概念可以表示金属抗蚀性的强弱，电极电位高表示金属抗蚀性好。因而要提高金属的抗蚀性，必须提高其电极电位。金属铬有一种神奇的作用，把它加入钢中后可提高钢的电极电位。在钢中加入铬和镍，还可以形成具有新的显微组织的不锈钢。

有色金属包括铝、铜、钛、镁、锌、铅等单质金属及其合金等，虽然它们的产量及使用量不如钢铁材料多，但因为这些金属独特的性能和优点，使其成为当代工业技术中不可或缺的材料。

关于金属材料的研究和发展历史悠久，在金属材料的制备、加工、使用及材料的性能优化调控等方面的研究已经形成了一套完整的系统，并且拥有了一整套成熟完整、科学严谨的生产技术和巨大的生产能力，这些材料在长期的使用过程中也经受了各种环境的考验，具有相对可靠品质和稳定的质量，以及其他任何材料不能完全替代的优越性能。

金属材料相对较高的性价比是其另一个突出的优点。在所有的材料中，除水泥和木材外，钢铁是最廉价的材料，而且具有很广阔的使用面，经济实用性非常高。

金属材料高的性价比、稳定成熟的生产工艺、大规模的装备量，促使了其强大的生命力，从而保证了其在国民经济中占有首屈一指的重要位置。

此外，为了满足日益高速发展的科学技术的需求，科研工作者们仍在不断地推陈出新，大力研究和发展新型的、高性能的金属材料，代表性的有超高强度钢、高温合金、形状记忆合金、高性能磁性材料、储氢合金等。

1．常用金属材料

1）碳素钢

碳素钢是指含碳量小于 2.11%和含有少量硅、锰、硫、磷等杂质元素的铁碳合金，简称碳钢。其中锰、硅是有益元素，对钢有一定强化作用；硫、磷是有害元素，分别增加钢的热脆性和冷脆性，生产中应严格控制。碳钢价格低廉、工艺性能良好，在机械制造中应用广泛。常用碳钢的牌号、应用及说明如表 2-6 所示。

表 2-6　碳钢的牌号、应用及说明

名　　称	牌　　号	应用举例	说　　明
碳素结构钢	Q215 A 级	承受载荷不大的金属结构件，如薄板、铆钉、垫圈、地脚螺栓及焊接件等	碳素钢的牌号由代表钢材屈服点的字母 Q、屈服点值、质量等级符号、脱氧方法 4 部分组成。其中质量等级共分 4 级，分别以 A、B、C、D 表示
	Q235 A 级	金属结构件、钢板、钢筋、型钢、螺母、连杆、拉杆等，Q235C、D 可用做重要的焊接件	
碳素结构钢	15	强度低，塑性好，一般适用于制造受力不大的冲压件，如螺栓、螺母、垫圈等。经过渗碳处理或氢化处理可用做表面要求耐磨、耐腐蚀的机械零件，如凸轮、滑块等	牌号的两位数字表示平均含碳量的万分数，45 号钢即表示平均碳的质量分数为 45%含锰较高的钢，须加元素符号"Mn"
	45	综合力学性能和切削加工型均较好，用于强度要求较高的重要零件，如曲轴、传动轴、齿轮、连杆等	
碳素工具钢	T8 T8A	有足够的韧性和较高的硬度，用于制造能承受振动的工具，如钻中等硬度的岩石的钻头、简单模子、冲头等	用"碳"或"T"，后附以平均含碳量的千分数表示，有 T7～T13，平均碳的质量分数为 0.7%～1.3%
碳素铸钢	ZG200-400	有良好的塑性、韧性和焊接性能，用于受力不大、要求韧性好的各种机械零件，如机座、变速箱壳等	"ZG"代表铸钢。其后面第一组数字为屈服点（MPa）；第二组数字为抗拉强度（MPa）。ZG200-400 表示屈服强度为 200MPa，抗拉强度为 400MPa 的碳素铸钢

2）合金钢

为了改善和提高钢的性能，加入其他合金元素的钢称为合金钢。常用的合金元素有硅、锰、铬、镍、钨、钼、钒、稀土元素等。合金钢还具有耐低温、耐腐蚀、高磁性、高耐磨性等良好的特殊性能，它在工具或力学性能、工艺性能要求高的、形状复杂的大截面零件或有特殊性能要求的零件方面得到了广泛应用。常用合金钢的牌号、性能及用途如表 2-7 所示。

表 2-7　合金钢的牌号、性能及用途

种　　类	牌　　号	性能及用途
普通低合金结构钢	9Mn2，10MnSiCu，16MnTi	强度较高，塑性良好，具有焊接性和耐蚀性，用于建造桥梁、车辆、船舶、锅炉、高压容器、电视塔等
渗碳钢	20CrMnTi，20Mn2V，20Mn2TiB	心部的强度较高，用于制造重要的或承受载荷的大型渗碳零件
调质钢	40Cr，40Mn2，30CrMo，40CrMnSi	具有良好的综合力学性能（高的强度和足够的韧性），用于制造一些复杂的重要机器零件
弹簧钢	65Mn，60Si2Mn，60Si2CrVA	淬透性较好，热处理后组织可得到强化，用于制造承受载荷的弹簧
滚动轴承钢	GCr9，GCr1SSiMnMoV	用于制造滚动轴承的滚珠、套圈

3）铸铁

含碳量高于 2.11% 的铁碳合金称为铸铁。由于铸铁存在的碳及杂质较多，相比于钢，其力学性能较差，且不能锻造。但铸铁优良的铸造性、减振性、高的耐磨性等特点，加之低廉的价格、简单的生产和制备工艺，使其成为机械制造中应用最广泛的金属材料。资料表明，铸铁件占机器总质量的 45%～90%。常用铸铁的牌号、应用举例及说明如表 2-8 所示。

表 2-8　常用铸铁的牌号、应用举例及说明

名　称	牌　号	应 用 举 例	说 明
灰铸铁	HT150	用于制造端盖、泵体、轴承座、阀壳、管子及管路附件、手轮；一般机床底座、床身、滑座、工作台等	"HT" 为 "灰铁" 两字汉语拼音的第一个字母，后面的一组数字表示 φ30 试样的最低抗拉强度，如 HT200 表示灰口铸铁的抗拉强度为 200MPa
灰铸铁	HT200	承受较大载荷和较重要的零件，如汽缸、齿轮、底座、飞轮、床身等	
球墨铸铁	QT400-18 QT450-10 QT500-7 QT800-2	广泛用于机械制造业中受磨损和受冲击的零件，如曲轴（一般用 QT500-7）、齿轮（一般用 T450-10）、气缸套、活塞环、摩擦片、中低压阀门、千斤顶座、轴承座等	"QT" 是球墨铸铁的代号，它后面的数字表示最低抗拉强度和最低拉伸率，如 QT500-7 即表示球墨铸铁的抗拉强度为 500MPa，伸长率为 7%
可锻铸铁	KTH300-06 KTH330-08 KTZ450-06	用于受冲击、振动等零件，如汽车零件、机床附件（如扳手）、各种管接头、低压阀门、农具等	"KTH" "KTZ" 分别是黑心和白心可锻铸铁的代号，它们后面的数字分别代表最低抗拉强度和最低伸长率

4）有色金属及其合金

有色金属的种类繁多，虽然其产量和使用不及黑色金属，但是由于它具有某些特殊性能，使得其在现代工业中发挥了不可缺少的作用。常用有色金属及其合金的牌号、应用举例及说明如表 2-9 所示。

表 2-9　常用有色金属及其合金的牌号、应用举例及说明

名　称	牌　号	应 用 举 例	说 明
纯铜	T1	电线、导电螺钉、贮藏器及各种管道等	纯铜 T1～T4 四种，如 T1（一号铜）铜的质量分数为 99.95%；T4 含铜量为 99.50%
普通黄铜	H62	散热器、垫圈、弹簧、各种网、螺钉及其他零件等	"H" 表示黄铜，后面数字表示铜的质量分数，如 62 表示铜的质量分数为 60.5%～63.5%
纯铝	1070A 1060 1050	电缆、电器零件、装饰件及日常生活用品等	铝的质量分数为 99.7%～98%
铸铝合金	ZL102	耐磨性中上等，用于制造负荷不大的薄壁零件等	"Z" 表示铸，"L" 表示铝，后面数字表示顺序号。ZL102 表示 Al-Si 系 02 号

2. 金属材料的性能

在材料的合理选择过程中，工程技术人员首先要掌握材料的使用性能，如力学性能、物理性能和化学性能等，同时还要考虑材料的工艺性能和经济性。金属材料具有许多良好的性能，因此，广泛地应用于制造各种构件、机械零件、工具和日常生活用具。工艺性能和使用性能是评价金属材料的两个主要方面。工艺性能是指制造工艺过程中材料适应加工的性能；使用性能是指金属材料在使用条件下所表现出来的性能，包括力学性能、物理性能和化学性能。

1）工艺性能

工艺性能是指材料在制造机械零件和工具的过程中，采用某种加工方法制成成品的难易

程度，是材料物理性能、化学性能和力学性能的综合。按工艺方法的不同，可分为铸造性能、锻造性能、焊接性能、热处理性能和切削加工性能等。

在设计零件和选择工艺方法时，都要考虑金属材料的工艺性能。例如，灰口铸铁的铸造性能很好，切削加工性也较好，所以广泛用来制造铸件，但它的可锻性极差，不能进行锻造，可焊性也较差。低碳钢的可锻性和可焊性都很好，而高碳钢则较差，切削加工性也不好。

2）力学性能

金属的力学性能是指金属在外力作用下或外力与环境因素联合作用下所表现的行为。这种行为又称为力学行为，宏观上一般表现为金属的变形和断裂。金属的力学性能常用的性能指标如下。

（1）强度

强度是金属材料在外力作用下抵抗塑性变形和断裂的能力。按照作用力的性质不同，可分为抗拉强度、抗压强度、抗弯强度、抗剪切强度和抗扭强度等。在工程上，屈服强度和抗拉强度常表示金属材料的强度指标。

抗拉强度通过拉伸试验测定。将一截面为圆形的低碳钢拉伸试样（如图 2-26 所示）在材料试验机上进行拉伸，测得应力-应变（$\sigma - \varepsilon$）曲线[如图 2-27(a)所示]。

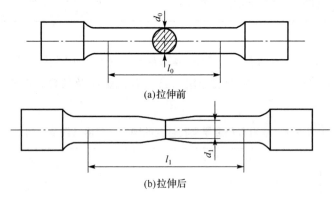

图 2-26　圆形的低碳钢拉伸试样

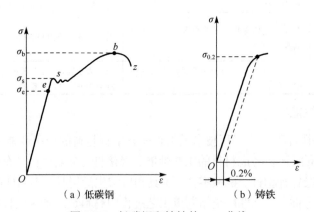

图 2-27　低碳钢和铸铁的 $\sigma - \varepsilon$ 曲线

图 2-27 中 σ 为应力，$\sigma = P / A_0$（MPa）；ε 为应变，$\varepsilon = \dfrac{\Delta l}{l_0} = \dfrac{l_1 - l_0}{l_0} \times 100\%$。式中，$P$ 为所

加载荷，A_0 为试样原始截面积（mm^2），l_0 为试样的原始标距长度（mm），l_1 为试样变形后的标距长度（mm），Δl 为伸长量。

根据其变形特点，金属材料的强度指标如下。

① 弹性极限 σ_e：表示材料保持弹性变形，不产生永久变形的最大应力，是弹性零件的设计依据。

② 屈服极限（屈服强度）σ_s：表示金属开始发生明显塑性变形时的抗力，有些材料（如铸铁）观察不到明显的屈服现象[如图 2-27(b)所示]，则用条件屈服极限来表示：产生 0.2% 残余应变时的应力值，用 $\sigma_{0.2}$ 表示。

③ 强度极限（抗拉强度）σ_b：表示金属受拉时所能承受的最大应力。

σ_s、$\sigma_{0.2}$ 及 σ_b 是机械零件、构件设计及选材的主要依据。金属材料不能在超过其 σ_s 的条件下工作，否则会引起机件的塑性变形；金属材料也不能在超过其 σ_b 的条件下工作，否则会导致机件的破坏。

（2）弹性和塑性

金属材料在外力作用下都会或多或少地产生变形。在使用金属材料时，除需要注意变形的程度外，还应注意当撤掉外力后，变形能否恢复原状及恢复原状的程度，这两者反映了金属材料的弹性和塑性。

金属材料受外力作用时产生变形，当外力去掉后能恢复其原来形状的性能称为弹性。这种随着外力消失而消失的变形，称为弹性变形，其大小与外力成正比。

金属材料在外力作用下，产生永久变形而不致引起破坏的性能称为塑性。在外力消失后留下来的这部分不可恢复的变形，称为塑性变形，其大小与外力不成正比。

金属材料的塑性常用延伸率 δ 来表示，即

$$\delta = \frac{l - l_0}{l_0} \times 100\%$$

式中，l_0 为试样的原始标距长度（mm），l 为试样受拉伸断裂后的长度（mm）。

金属材料的塑性也可用断面收缩率 ψ 来表示，即

$$\psi = \frac{F - F_0}{F_0} \times 100\%$$

式中，F_0 和 F 分别为试样原始的截面积和断裂后的截面积。

δ 或 ψ 越大，则塑性越好。良好的塑性是金属材料进行塑性加工的必要条件。

（3）刚度

金属材料在受力时抵抗弹性变形的能力称为刚度。在弹性范围内，弹性模量定义为应力与应变的比值，它相当于引起单位变形时所需要的应力。因此，金属材料的刚度常用弹性模量来衡量。弹性模量越大，表示在一定力作用下能发生的弹性变形越小，也就是刚度越大。

弹性模量的大小主要取决于金属材料本身，因此，同一材料中弹性模量的差别不大，例如，钢和铸铁的弹性模量值为 204 000～214 200 MPa，基本一样。钢可通过热处理来改变其组织，使强度和硬度发生很大变化，但是弹性模量不会发生明显变化。所以，弹性模量被视为金属材料最稳定的性质之一。

（4）硬度

硬度是指材料在表面上的不大体积内抵抗变形或者破断的能力，是表征材料性能的一个

综合参量。测定硬度的方法很多，常见的有刻画法和压入法两大类，压入法在实际生产中运用得比较广泛，有布氏硬度、洛氏硬度、维氏硬度和显微硬度之分。此时，硬度的物理意义是指材料表面抵抗比它更硬的物体局部压入时所引起的塑性变形能力。

硬度试验所用设备简单，操作方便快捷，一般仅在材料表面局部区域内造成很小的压痕，可视为无损检测，故可对大多数机件成品直接进行检验，无须专门加工试样，是进行工件质量检验和材料研究最常用的试验方法。

（5）冲击韧度

不少零件在工作中常常会受到高速作用的载荷冲击，如冲床的冲头、锻压机的锤杆、汽车的齿轮、飞机的起落架及火车的启动与刹车部件等。相比于静载荷而言，瞬时冲击所引起的应力和应变要大得多，因此，在挑选制造这类构件的材料时，必须考虑材料抵抗冲击载荷的能力。材料在冲击载荷的作用下抵抗变形和断裂的能力称为冲击韧度，用 a_k 表示。为了衡量材料的 a_k 值，通常采用一次弯曲冲击试验法。由于在冲击载荷下加载速度大，材料的塑性变形得不到充分发展，为了能灵敏地反映材料的冲击韧度，通常采用带缺口的试样进行测试，图 2-28 所示为国家标准规定的一次弯曲冲击试样的尺寸及加工要求。在冲击试验机上，使摆锤处于一定高度自由落下，将试样冲断，测试获得冲击吸收功，然后用该吸收功除以试样缺口处的截面积，即得到材料的冲击韧度 a_k。

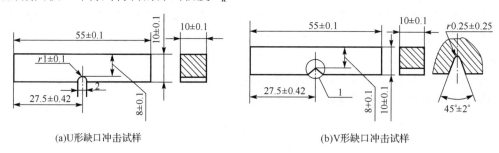

(a)U形缺口冲击试样　　　　　　　　　　(b)V形缺口冲击试样

图 2-28　冲击试样

（6）疲劳强度

许多零件如弹簧、齿轮、曲轴、连杆等，都是在交变应力的作用下工作的。交变应力是指其大小、方向随时间发生周期性循环变化的应力，又称循环应力。零件在交变应力作用下发生断裂的现象称为疲劳断裂。疲劳断裂属于低应力脆断，疲劳断裂的特点有两点：断裂时的应力远低于材料静载荷下的抗拉强度，甚至屈服强度；无论是韧性材料还是脆性材料，断裂前均无明显的塑性变形，是一种无预兆的、突然发生的脆性断裂，危险性极大。据统计，在机械零件的断裂失效中，80%以上属于疲劳断裂。

常用的评定材料疲劳抗力的指标是疲劳强度，即表示材料经受无限多次循环而不断裂的最大应力。材料承受的交变应力 σ 与材料断裂前承受交变应力的循环次数 N 之间的关系可用疲劳曲线来表示[如图 2-29(a)所示]。金属承受的交变应力越大，则断裂时应力循环次数 N 越少。当应力低于一定值时，试样可以经受无限周期循环而不破坏，此应力值称为材料的疲劳极限（亦称疲劳强度）。对于对称循环交变应力[如图 2-29(b)所示]，疲劳强度用 σ_{-1} 表示。实际上，金属材料不可能做无限次交变载荷试验。对于黑色金属，一般规定应力循环 10^7 周次而不断裂的最大应力称为疲劳极限。对有色金属、不锈钢，取 10^8 周次。

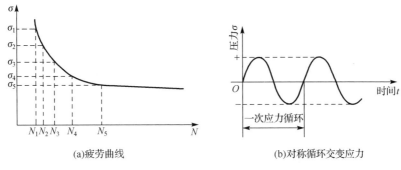

图 2-29　疲劳曲线和对称循环交变应力图

常用工程材料中，陶瓷和聚合物的疲劳抗力相对较低，不能用于制造承受疲劳载荷的零件。金属材料具有较高的疲劳强度，因此，抗疲劳的零件几乎都选用金属材料。纤维增强复合材料也有较好的抗疲劳性能，因此，复合材料已越来越多地被用于制造抗疲劳的零件。

影响疲劳强度的因素很多，主要有循环应力特性、温度、材料的成分和组织、表面状态、残余应力等。钢的疲劳强度为其抗拉强度的 40%～50%，有色金属为 25%～50%。因此，改善零件疲劳强度可通过合理选材、改善材料的结构形状、减少材料和零件的缺陷、降低零件表面粗糙度、对零件表面进行强化等方法解决。

（7）断裂韧度

一般情况下，零件在许用应力以下工作通常不会发生塑性变形，更不会出现断裂现象。然而有些高强度钢制造的零件及中低强度钢制造的大型构件（如大型焊接件、大型锻件等）在工作应力远低于屈服强度时会突然发生脆性断裂，这种在屈服强度以下发生的脆断称为低应力脆断。

通过对大量断裂事例的研究分析发现，低应力下的脆断是由于材料中的宏观裂纹在应力作用下的一瞬间发生失稳扩展引起的。由于材料冶炼和零件的加工、使用等原因，这种宏观裂纹在实际材料中往往是不可避免的，它可能是材料在加工和冶炼过程中产生的，也可能是零件在使用过程中产生的。因此，裂纹是否易于失稳扩展，就成为衡量材料是否易于断裂的一个重要的性能。这种材料抵抗裂纹失稳扩展的性能称为断裂韧度（K_{IC}）。各种材料的 K_{IC} 需要通过试验来测定，具体测试方法可参照 GB/T 4161—2007《金属材料平面应变断裂韧度 K_{IC} 试验方法》。常用工程材料中，金属材料的 K_{IC} 值最高，复合材料次之，高分子材料和陶瓷材料最低。

（8）耐磨性

一个零件相对另一个零件摩擦的结果，是摩擦表面有微小颗粒分离出来，接触面尺寸变化、质量损失，这种现象称为磨损。材料的耐磨性是指材料对磨损的抵抗能力，通常可用磨损量表示。一定条件下的磨损量越小，则耐磨性越高；反之亦然。一般用在一定条件下试样表面的磨损厚度或试样体积（或质量）的减少来表示磨损量的大小。

磨损的种类包括氧化磨损、咬合磨损、热磨损、磨粒磨损、表面疲劳磨损等。一般来说，降低材料的摩擦系数或提高材料的硬度，都有助于增加材料的耐磨性。

3）物理性能和化学性能

（1）物理性能

金属材料的物理性能是材料固有的属性，如密度、熔点、热膨胀性、导热性、导电性、磁性能及光性能等。由于机器零件的用途不同，对于其物理性能的要求也有所不同。例如，飞机零件一般要选用密度小的铝合金来制造；在设计电机、电器的零件时，常要考虑金属材料的导电性等。

金属材料的一些物理性能对于热加工工艺还有一定的影响。例如，高速钢的导热性较差，为防止裂纹产生，在锻造时就应该用较低的速度来进行加热；又如，锡基轴承合金，铸铁和铸钢的熔点不相同，在铸造时三者的熔炼工艺也有很大的不同。

（2）化学性能

化学性能是金属材料在室温或高温时抵抗各种化学作用的能力，主要指抵抗活泼介质的化学侵蚀能力，如耐酸性、耐碱性、抗氧化性等。

对于在腐蚀介质中或在高温下工作的零件，比在空气中或室温下的腐蚀更为强烈。在设计这类零件时，应特别注意金属材料的化学性能，并采用化学稳定性良好的合金，如化工设备、医疗机械等可采用不锈钢制造。

2.2.3　高分子材料及其性能

高分子材料这个概念我们可能也曾听过，高中化学上也有所介绍，那么什么是高分子材料呢？众所周知，塑胶制品已渗入到生活的各个方面，如包装用的塑料袋，装饮料的塑胶瓶、塑胶桶，计算机显示器外壳、键盘；橡胶这种广为人知的高分子材料也被应用到各种车辆（汽车、自行车等）的轮胎（外胎、内胎）；涂料用于钢铁表面以防腐（也就是常说的油漆），家具的表面要刷彩漆以美观，导线表面包覆塑胶或橡胶以绝缘；人们穿的衣物是纤维做的，天然材料如羊毛（一种蛋白质）、棉花（主要构成是纤维素），还有人造纤维如腈纶、涤纶等材料都可以用于织物。高分子材料不仅仅包括日常的三大合成材料（塑胶、橡胶和纤维），也包括涂料和粘合剂，还有一些具有特殊功能的高分子材料，如用于水净化的离子交换树脂、人造器官等。

高分子材料的主要成分是分子量比较高的化合物，又称为高分子聚合物（简称高聚物）。高分子化合物主要是指聚合度很高，即相对分子质量很大（一般在5000以上，有的高达几百万）的化合物。构成高分子化合物的低分子化合物称为单体。高分子化合物是聚合反应获得的，合成的单体是一种或多种低分子化合物，如聚乙烯由乙烯单体聚合而成，还有聚丙烯、聚氯乙烯等一些常见的高聚物都是满足以上条件的。

高分子化合物可以视为由大量的大分子链构成，而大分子链也是由许多结构相同的基本单元（称为链节）重复连接而成的，一种高分子不会含有相同链节数，所以，高分子化合物本质上不是一种纯净物，而是由许多链节结构相同、聚合度不同的化合物所组成的混合物，其相对分子质量与聚合度都是平均值。在材料学中有一句话：结构决定性能。所以高分子化合物的物理和力学性能与其组成、相对分子质量、分子结构和大分子的聚集状态有关。

1. 高分子材料的结构

高分子化合物的结构包括大分子链结构和聚集态结构。链结构是指单个大分子的化学组成、键连接方式、立体构型、分子的大小和形态。聚集态结构是高分子化合物中大分子之间的结构形式，包括非晶态结构、晶态结构、取向态结构和液晶态结构等。

1）大分子链结构

根据组成元素的不同，聚合物可分为碳链聚合物、杂链聚合物和元素有机聚合物大分子三类。

链中原子间的结合方式主要以共价键的方式结合。不同元素之间的共价键，其键长与键能不同，这种结合力称为高分子化合物的主价力。其大小对高分子化合物的性能，特别是熔点、强度等有重要影响。

结构单元之间的连接方式（或形态）有线形、支化形和体形（或网形）三类（如图 2-30 所示）。

(a)线形   (b)支化形   (c)体形

图 2-30 大分子链的形态

（1）线形分子链

各链节以共价键连接成线形长链分子，其直径小于 1nm，线性聚合物聚集多个单体，长度可达几百纳米甚至几千纳米，形状类似长线[如图 2-30(a)所示]，也可呈卷曲状或线团状。

（2）支化形分子链

高分子聚合物骨架的两边以共价键的形式连接一定量的支链，支链的形状比较多，存在树枝形、梳形[如图 2-30(b)所示]。支链的存在导致大分子无法规整排列，难以形成比较高的结晶度，支链之间存在相互作用，易发生缠结作用，塑性变形不易进行，结构发生改变会改变材料的性能。

（3）体形（网形或交联形）分子链

线性或支化分子链之间以共价键相互连接，大分子之间沿横向通过链节以共价链连接起来，三维网状大分子会因此形成[如图 2-30(c)所示]。分子链之间作用会形成网状结构，使相互滑动在分子链之间难以形成，因此，分子链之间的网状结构提高了聚合物的强度、耐热性及化学稳定性。

聚合物之间结合的形态对大分子的性能有显著作用。热塑性聚合物是指高弹性和热塑性，这样的性质存在于线形和支化形分子链构成的聚合物中，可以在熔点之上反复进行加热，加工和冷却的方法使其重复地软化（或熔化）和硬化（或固化）。热固性聚合物是指体形分子链构成的聚合物，这种聚合物具有较高的强度和热固性，即使加热到熔点也无法熔融，加热加压成形固化后，常见的热固性塑胶有酚醛塑料、环氧树脂、硫化橡胶等。

聚合物分子链的运动是由单键内旋转引起的。内旋转是指原子因为单键的原子在键角、键长保持不变的情况下移动旋转，称为内旋转。图 2-31 所示为碳链大分子链的单键内旋转示意图。单链内旋转所产生的大分子链的空间形象称为大分子链的构象。由于单键的这种内旋转使得大分子链的构象发生变化，使大分子的空间状态极易形成蜷曲状或者卷曲成线团状。由于外力的作用，可以使呈卷曲状或线团状的线形大分子链拉直伸展，当外力消除时，蜷曲的分子又恢复原状。这种能拉伸、回缩的性能称为分子链的柔性，聚合物的弹性由此产生。

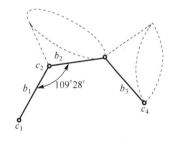

图 2-31 碳链大分子链的单键内旋转示意图

柔性分子链的弹性和韧性会因此提高，但是聚合物的强度、硬度和熔点较低。刚性分子链聚合物的性质相反。

2）大分子的聚集态结构

由于大分子链空间几何排列的特点，固态高聚物的结构主要有非晶态和晶态两类。

（1）非晶态高聚物的结构

线形大分子的分子链一般很长，凝固的过程黏度很大，分子活动困难，有规则的排列很不容易，因此多为混乱无序的排列，形成无规线团的非晶态结构（如图 2-32 所示），如聚苯乙烯、聚甲基丙烯酸甲酯（有机玻璃）等都是非晶态结构。体形大分子的高聚物大量地交联存在于分子链间，分子有序排列不易实现，因此多呈现无序排列的非晶态结构。

（2）晶态高聚物的结构

在一定条件下，线形、支化形和交联少的体形高聚物可以固化为晶态结构，链间结构结合紧密，大分子链排列规则、紧密。但是由于分子链的运动较困难，不可能进行完全晶化。聚合物完全结晶是很困难的，所以使用结晶区域所占比例的程度（结晶度）来表示聚合物的结晶程度。典型的晶态高聚物，如聚乙烯、聚四氟乙烯、聚偏二氯乙烯等，一般都只有 50%～80%的结晶度，剩余很大一部分是非晶态的，所以，晶态高聚物不只有晶态结构，还有非晶态结构，如图 2-33 所示。

图 2-32 非晶态高聚物结构示意图

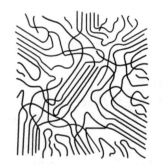

图 2-33 晶态高聚物结构示意图

聚集态的状态决定聚合物的性能。晶态聚合物由于分子间排列紧密，分子间吸力大，导致分子链运动困难，故其熔点、相对密度、强度、刚度、耐热性和抗熔性等性能好；非晶态聚合物分子链之间排列不规则，所以分子链的活动能力大，故其弹性、延伸率和韧性等性能好；不完全结晶的晶态聚合物的性能介于上述二者之间，且随着结晶度的增加，熔点、相对密度、强度、刚度、耐热性和抗熔性均提高，而弹性、延伸率和韧性则降低。

2. 高分子材料的性能

1）高分子材料的工艺性

高分子材料的优点之一是成形温度较无机物和金属比较低，所以有优越的加工性能，成形非常容易。可以选择的加工方式有铸造、冲压、焊接、黏结和机械加工等。

高分子材料的成形方法很多，常见的有挤出成形、注射和滚塑成形、吹塑成形等。

2）高分子材料的力学性能

与金属材料比较，高分子材料的力学性能具有下述特点。

（1）强度低

大分子聚合物的强度平均为 100MPa，比金属的应力低得多，高聚物的优点在于质量小、密度小（一般为 $1.0×10^3～2.0×10^3kg/m^3$）。因此我们定义强度与质量之间的比，许多高聚物的比强度还是很高的，但是某些工程塑料的比强度比钢铁材料优越。

（2）弹性高、弹性模量低

高聚物的弹性性能非常优越。大分子聚合物的弹性变形量可达到 100%～1000%，而一般的金属材料的弹性变形量只有 0.1%～1.0%。此外大分子聚合物又具有比较低的弹性模量比较低（2～20MPa），而金属材料的弹性模量为 $1×10^3～2×10^5MPa$。

（3）黏弹性

大部分高聚物的高弹性基本上是"平衡弹性"，即应变与应力实时达到平衡。也就是指固体会立即响应外力的特征。但还有一些高聚物（如橡胶）高弹性表现出强烈的时间依赖性，即对外界的力有延迟的响应，即当施加一定应力后，应变相对于应力有所滞后，不能马上发生相应的应变，这就是黏弹性，即指高聚物会表现出固态和液态的特征，它是高聚物的又一重要特性。黏弹性的主要表现有蠕变、应力松弛和内耗等。

蠕变是固体材料在保持应力不变的条件下，应变随时间延长而增加的现象。而应力松弛是在维持恒定变形的材料中，应力随时间的增长而减小的现象。

周期载荷作用于大分子时，应变会发生伸-缩的循环。因为粘弹性导致的滞后现象在加载次数增多时，就会出现上一次变形还未来得及恢复时又施加了下一次载荷，所以增加了分子之间的内耗，是由于摩擦力导致的，弹性储能转变为热能。这种内耗也有优点，即能吸收振动波，可以用做减震。

（4）塑性好

高分子聚合物是大分子聚集而成的，分子链加热时存在部分受热，其他部分受热较少，所以材料不会立即熔化，而是先会软化，所以表现出良好的塑形。

（5）韧性

非金属材料中高分子聚合物的韧性是比较好的。例如，热塑性塑胶的冲击韧度一般为 2～15kJ/m²；热固性塑胶的较低，为 0.5～5kJ/m²。与金属相比，高聚物的冲击韧度较低，数值仅为金属的 1%。由于冲击韧度与拉断强度和断裂延伸率有直接关系。所以，提高高聚物的强度是提高其韧性的有效途径。

（6）减摩、耐磨性

许多塑胶有好的减摩性能，摩擦系数小及自润滑性能好，所以磨损率低。如聚四氟乙烯对聚四氟乙烯的摩擦系数只有 0.04，几乎是所有固体中最低的。在无润滑或少润滑的摩擦条件下，其耐磨、减摩性能较金属材料来说比较优越。

3）高分子材料的物理和化学性能

同金属材料相比，高分子材料的物理和化学性能有如下特点。

（1）好的绝缘性和隔热隔声性能

高聚物分子、原子之间通过共价键连接，没有自由电子和可移动的离子，所以是良好的绝缘体，绝缘性能与陶瓷差不多。另外，隔热、隔声性能优越是因为高聚物的分子细长、卷曲，在受热、受声之后振动困难，例如，塑胶的导热性只有金属的 1%。

（2）耐热性较差

高分子材料的一大缺点就是与金属材料相比，耐热性较差。热塑性塑料如聚乙烯、聚氯乙烯等，这种通用塑料的长期使用温度一般不超过 100℃；热固性塑料如酚醛塑料，这种工程塑料的长期使用温度为 130℃～150℃；耐高温塑胶，如有机硅塑胶等，使用温度也不算高，只能在 200℃～300℃范围内使用。

（3）好的耐蚀性

高分子材料的化学稳定性优异，故其耐酸、碱的腐蚀性好。尤其是被誉为"塑胶王"的聚四氟乙烯在沸腾的王水中也很稳定。

（4）容易老化

由于高聚物固有的化学结构、分子链和聚集态结构的特点，其使用性能会在热、光、辐射等因素的作用下不断恶化，直至降解。

3. 高分子材料的应用

21 世纪是科学技术发展应用的时代，人们对知识的不断探索追求及对物质生活的高度需求，也促进了高聚物材料的蓬勃发展。而高分子新材料的制备及新应用领域的拓展，对国民经济又有重大的影响，已成为社会进步和发展的重要技术之一。

高分子材料已经深入应用于生产、生活、科技等各个领域，日常的衣食住行都离不开它，特别是橡胶、纤维、塑料三大高分子材料，同时在航空、航天、交通运输、生物医学等方面也有不可取代的作用。但是有些高分子材料也存在明显的缺点，比如在性能、使用期限及环保方面还有很多科学问题需要解决，所以开发出具有优异性能、特殊功能及绿色环境友好的高分子材料已成为现在高分子行业的迫切要求。

常见的通用高分子材料有塑胶、橡胶、纤维、胶黏剂和涂料等；常用的功能高分子材料有化学功能高分子材料、光功能高分子材料、电功能高分子材料；另外还有医用高分子材料，如人造皮肤、人造器官等。

2.2.4 陶瓷材料及其性能

陶瓷是一类无机非金属材料，也是一种古老的材料，是人类历史上利用最早的材料之一。随着科学技术的发展和生产工艺的创新，陶瓷品种多样、应用广泛，已成为重要的固体工程材料。

1. 陶瓷材料的结构

陶瓷是指利用各种粉状原料做成一定形状后在高温窑炉中烧制而成的一种无机非金属固体材料。它们的主要成分是 Fe_2O_3、SiO_2、CaO、Al_2O_3、MgO 等。陶瓷一般以天然硅酸盐（如黏土、长石和石英等）或人工合成的化合物（如氧化物、碳化物、氮化物、硅化物、硼化物等）为原料，经粉碎—配制—制坯—成形—烧结而制成。陶瓷的晶体结构比金属的复杂得多，玻璃相、晶体相及气相组成了陶瓷材料的典型组织。各组成相的结构、大小、数量、形状和分布形态对陶瓷材料的性能有显著的影响。

1）晶体相

晶体相作为陶瓷材料的主要组成相，其结构、形态、数量和分布决定陶瓷的主要性能和应用。它可以是以离子键为主的离子晶体，也可以是以共价键为主的共价键晶体。陶瓷材料中的晶体相主要有三种：硅酸盐、氧化物和非氧化物。

普通陶瓷的主要原料是硅酸盐，同时它也是陶瓷组织中的重要组成相。硅酸盐的结合键是共价键与离子键的混合键。构成硅酸盐的基本单元是硅氧四面体 $[SiO_4]^{4-}$。其特点是不论何种硅酸盐，硅总位于 4 个氧离子组成的四面体的中心，如图 2-34 所示。按照硅氧四面体在结构中的连接方式不同，所形成的硅酸盐的具体结构也不同，有岛状、链状、层状和网状结构等。

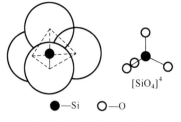

图 2-34　硅酸盐的结构

陶瓷特别是特种陶瓷的主要组成及晶体相是氧化物大多数。结合键类型主要是共价键和离子键，晶格结构主要有密排立方、面心立方和密排六方。

非氧化物是指不含氧的金属碳化物、氮化物及硅化物等，是特种陶瓷特别是金属陶瓷的主要组成和晶体相，主要由强大的共价键结合，也有部分成分的金属键和离子键。非氧化物的晶体结构主要有密排立方、密排六方和复杂的晶体结构。

晶体相的结构及其分布形态决定陶瓷的性能，特别是力学性能。

2）玻璃相

玻璃相是陶瓷原料中的 SiO_2 在烧结处于熔化状态后冷却时原子无规则排列形成的非晶态相，能形成玻璃相的无机物还有 Se、S 元素和 B_2O_3、GeO_2 等氧化物、硫化物、硒化物和卤化物等。玻璃相是陶瓷材料中不可缺少的组成相，它的作用如下：

（1）把晶体相黏连起来，填充晶体相之间的空隙，提高材料的致密度；

（2）加快烧结过程，降低烧成温度；

（3）抑制晶体长大，防止晶体转变；

（4）获得一定程度的玻璃特性，如透光性等。

玻璃相对陶瓷的介电性能、机械强度、耐热与耐火性能等是不利的相，因此，不能成为陶瓷的主要相，一般含量为 20%～40%。

3）气相

气相是陶瓷孔隙中的气体所形成的气孔，通常以孤立状态分布在玻璃相中，或者以细小的气孔分布在晶界和晶内。它是在陶瓷生产工艺过程中不可避免地形成并且保留下来的。气相容易产生应力集中，导致形成裂纹源，使陶瓷强度降低，电击穿能力下降，绝缘性能降低。因此，结构陶瓷中一般期望降低陶瓷中的气孔率，一般来说，普通陶瓷气孔率为 5%～10%，特种陶瓷的气孔率在 5%以下，并力求气孔呈球形，而且分布均匀。

2. 陶瓷材料的性能

陶瓷属于多晶体，晶粒内部和晶界上常含有气孔和杂质，晶粒尺寸和分布、气孔的尺寸和分布、杂质的含量和分布影响其性能。

1）陶瓷材料的工艺性能

陶瓷材料的工艺路线并不复杂，依次是选料→混配→成形→烧结→修整→成品等。其中，成形是陶瓷制作过程的主要工序。成形工艺主要包括粉浆成形、压制成形、挤压成形和可塑成形等。

2）陶瓷材料的力学性能

与金属材料相比，陶瓷材料具有抗压强度大、硬度高、耐磨损、化学稳定性好、耐高温、耐腐蚀等优良的性能。

陶瓷材料的最大特点是陶瓷材料的硬度是各类材料中最高的。其硬度多为 1000～5000HV，而淬火钢也仅为 500～800HV。

陶瓷材料的刚度（用弹性模量来衡量）也是各类材料中最高的，如氧化铝的弹性模量为 $4.0×10^5MPa$，而钢的弹性模量则约为 $2.07×10^5MPa$。

陶瓷材料属于脆性材料的范畴，室温下几乎没有任何塑性，其冲击韧度和断裂韧度都很低，其断裂韧度为金属的 $0.01～1/60$。

按理论计算来说，陶瓷材料的强度应该非常高，但实际上由于其组织中存在气孔等较多缺陷，而且多存在于晶界上，容易产生裂纹，因此其实际强度较低。

3）陶瓷材料的物理和化学性能

陶瓷材料具有优良的耐高温性能。多数金属在 1000℃ 以上就会丧失强度，而陶瓷材料由于熔点很高（大多数在 2000℃ 以上），在常见的高温（800℃～1000℃）下，基本保持在室温下的强度，即陶瓷材料具有优于金属的高温强度。

与金属材料相比较，陶瓷材料有低得多的热稳定性，因此，在承受急剧的温度变化时容易炸裂，这是陶瓷材料的一个主要缺点。

陶瓷材料结构稳定，抗高温、抗氧化能力很强，对酸、盐有良好的抗腐蚀能力，与许多金属熔体也不发生反应，但是抗碱蚀能力一般。总之，陶瓷材料有较好的化学稳定性。

大多数陶瓷由于没有自由电子，其电阻率很高，因此，具有良好的电绝缘性。但不少陶瓷材料既是离子导体，又有一定的电子导电性，使其成为良好的半导体材料。

3. 陶瓷材料的应用

现在陶瓷工程已经是一个每年有数十亿美元产值的行业了。陶瓷工程已然成为科学研究中的一个重要领域。研究者不断地开发新的材料来满足相应的需求，因此陶瓷材料的应用场合越来越广，包括光学行业、宇航、电子行业、生物医学、汽车行业等。例如，二氧化锆陶瓷可以用来制造刀具，而陶瓷刀具的刀刃比钢制刀具的刀刃寿命更长。碳化硼、矾土和碳化硅等陶瓷可以用于制造防弹背心，以抵挡大口径步枪的射击。这种陶瓷板通常被称为轻武器护层。由于这些陶瓷材料制品一般比较轻，因此，类似的材料可以用来保护军用飞机的驾驶员座舱。氮化硅零件被用于陶瓷球轴承，它们的高硬度意味着更加不易被磨损，可以提供超过普通材料三倍的寿命。陶瓷轴承通常拥有更加稳定的化学性质，因此可以用于潮湿的场合，在这种场合使用钢铁轴承会使其生锈。在很多场合里，它们的电气绝缘的特性通常对轴承很重要。陶瓷的主要缺点是成本高昂。高科技陶瓷也用于制造手表的外壳，这是由于这些材料重量更轻、耐划、寿命更长、摸起来更光滑。

2.2.5 复合材料及其性能

复合材料一般是指为了达到某些特殊性能要求而将两种或两种以上物理、化学性质不同的物质，经人工组合而得到的多相固体材料。复合材料是当前结构材料发展的一个趋势，其种类繁多，但总的来说，它是由基体材料和增强相两部分构成的。复合材料的性能主要取决于两相的类型和两相之间界面的性质，但复合材料的结构对其力学性能的影响也不容忽视。图 2-35 所示为不同复合材料的几种典型结构示意图。

1. 复合材料的结构

对于高分子基复合材料，常见的结构主要有夹层型和纤维型，除此以外，还有纤维二维编织（纤维布）和三维编织型。

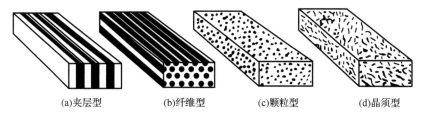

(a)夹层型　　　(b)纤维型　　　(c)颗粒型　　　(d)晶须型

图 2-35　不同复合材料的几种典型结构示意图

金属基复合材料的常见结构主要有纤维型（包括长纤维和短纤维）、颗粒型和晶须型三种类型。陶瓷基复合材料的主要结构类型是颗粒型。

现在市场上出现的夹层结构复合材料，是由两层薄而强的面板（或称为蒙皮）中间夹着一层轻而弱的芯子组成的。面板（用薄铁皮、玻璃钢或增强塑料等）在夹层结构中起支撑（抗拉或抗压）作用，中间夹层（常用泡沫塑料）起着支撑面板和传递剪切力的作用，夹层和面板之间用胶黏剂连接起来。其特点是相对密度小、比强度和比刚度高、绝热、隔声等。根据其特殊性能，常用于制作临时简易房、房屋隔墙等。

2．复合材料的性能

1）比强度和比弹性模量高

比强度、比弹性模量是指材料的强度或弹性模量与其密度之比。材料的比强度或比弹性模量越高，在相同受力条件下，构件的自重就会越小或者体积会越小。通常，复合材料的复合结果是密度大大减小，所以，高的比强度和比弹性模量是复合材料的突出性能特点，如表 2-10 所示。从表中可看出碳纤维-环氧树脂复合材料的比强度比钢高 7 倍，比弹性模量比钢高 3 倍。

表 2-10　常用材料和复合材料性能比较

材　料	密度/ （10^3kg/m^3）	抗拉强度 σ_b/MPa	弹性模量 E/MPa	比强度（σ_b/ρ）/ （MPa·m^3/kg）	比弹性模量（E/ρ）/ （MPa·m^3/kg）
钢	7.8	1010	206×10^3	0.129	26
铝	2.3	461	74×10^3	0.165	26
钛	4.5	942	112×10^3	0.209	25
玻璃钢	2.0	1040	39×10^3	0.520	20
碳纤维 II/环氧树脂	1.45	1472	137×10^3	1.015	95
碳纤维 I/环氧树脂	1.6	1050	235×10^3	0.656	147
有机纤维 PRD/环氧树脂	1.4	1373	78×10^3	0.981	56
硼纤维/环氧树脂	2.1	1344	206×10^3	0.640	98
硼纤维/铝	2.65	981	196×10^3	0.370	74

2）抗疲劳性能好

大多数金属材料的疲劳极限是其抗拉强度的 40%～50%，但是碳纤维增强的复合材料则可达 70%～80%，其中的原因是复合材料中增强纤维和基体间的界面能够有效地阻止疲劳裂纹的扩展或改变裂纹扩展的方向，因此复合材料有较高的抗疲劳强度性能。

3）抗断裂性能好

复合材料中在每平方厘米截面上有几千到几万根增强纤维（一般直径为 10～100μm），当其中一部分纤维断裂时，其应力会重新分布到未被破坏的纤维上，致使零件不会造成突然断裂，所以抗断裂性能很好。

4）减振性能好

机器结构的自振频率除与其质量和形状有关外，还与材料的比弹性模量的平方根成正比。材料的比模量越大，其自振频率也越高，这样可以避免结构在一般工作状态下产生共振。同时，由于纤维与基体的界面具有吸收振动能量的作用，所以，即使机器产生了振动，也会很快地衰减下来，即纤维增强复合材料有很好的减振性能。

5）减摩、耐磨性能好

研究发现，复合材料具有很好的减摩、耐磨性能。如碳纤维增强高分子复合材料的摩擦系数比高分子材料本身小得多；在热塑性塑料或铝、镁合金中加入少量短纤维或其他硬质颗粒所形成的复合材料的耐磨性大大提高。

另外，复合材料还有耐高温、抗蠕变、隔热性好等特殊性能。但截至目前，复合材料成本较高是存在的主要问题。

3. 复合材料的应用

复合材料被广泛应用于各种领域，主要应用领域如下。

（1）航空航天领域。由于复合材料热稳定性好，比强度、比钢度高，因此，可用于制造飞机机翼和前机身、太阳能电池翼和外壳、卫星天线及其支撑结构、航天飞机结构件、发动机壳体、大型运载火箭的壳体等。

（2）汽车工业领域。由于复合材料具有特殊的振动阻尼特性，可减振和降低噪声、抗疲劳性能好、损伤后易修理、便于整体成形，故可用于制造传动轴、受力构件、汽车车身、发动机架及其内部构件。

（3）化工、机械制造和纺织领域。具有良好耐蚀性能的碳纤维与树脂基体复合而成的复合材料，可用于制造化工设备、纺织机、高速机床、复印机、造纸机、精密仪器等。

（4）医学领域。碳纤维复合材料具有不吸收 X 射线和优异的力学性能等特性，可用于制造医用 X 射线机和矫形支架等，碳纤维复合材料还具有生物组织相容性和血液相容性等性能，生物环境下稳定性好，可用做生物医学材料。此外，复合材料还可以用来制造体育运动器件及用做建筑材料等。

2.3　工程力学基础

力学是研究物质机械运动规律的科学。力学所阐述的物质机械运动的规律，面对着工程，服务于工程，在许多工程技术领域中可以直接应用。所以，力学是工程技术学科的重要理论基础之一。

工程力学是将力学原理应用于有实际意义的工程系统的科学，其目的是了解工程系统的性态并为其设计提供合理的规则。机械、机构、结构如何受力、运动、变形及破坏等问题都是工程师们需要了解的工程系统的性态；只有认识了这些性态才能够制定合理的设计规范，使机构按设计要求实现运动、承受载荷，控制它们不发生影响使用功能的变形及破坏。因此，力学与工程是紧密相连的。

2.3.1　工程静力学

静力学是力学的一个分支，它主要研究物体在力的作用下处于平衡的规律，以及如何建立各种力系的平衡条件。平衡是物体机械运动的特殊形式，严格地说，物体相对于惯性参照系处于静止或作匀速直线运动的状态，即加速度为零的状态都称为平衡。对于一般工程问题，平衡状态是以地球为参照系确定的。

静力学还研究力系的简化和物体受力分析的基本方法。

1．静力学基本概念

1）力的概念

力是物体间相互的机械作用。这种作用使物体的形状（内效应或变形效应）和运动状态（外效应或运动效应）发生改变。

力的三要素：大小、方向、作用点。

力的单位：N 或 kN。

2）力系与等效力系

作用在物体上的若干力总称为力系。

若作用于物体上的一个力系可用另一个力系代替，且不改变原力系对物体作用的外效应，则称这两个力系等效。

3）平衡与平衡条件

物体平衡是指物体相对于地面保持静止或作匀速直线运动的状态。

要使物体处于平衡状态，作用于物体上的力系必须满足一定的条件，这些条件称为力系的平衡条件。

作用于物体上正好使之保持平衡的力系，称为平衡力系。

4）集中载荷和分布载荷

集中载荷如图 2-36 所示，分布载荷如图 2-37 所示。

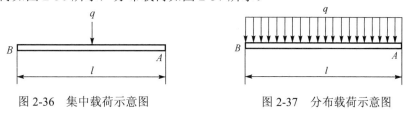

图 2-36　集中载荷示意图　　　　　图 2-37　分布载荷示意图

5）质点与质点系

质点：只有质量没有体积的几何点。

质点系：有许多质点组成的系统。不变形的质点系称为刚体，由许多刚体组成的系统称为刚体系。静力学中研究的对象主要是刚体。

2．静力学的公理体系

静力学的全部内容是在几条公理的基础上推理出来的。这些公理是人类在长期的生产实践中积累起来的关于力的知识的总结，它反映了作用在刚体上的力的最简单、最基本的属性，这些公理的正确性是可以通过实验来验证的，但不能用更基本的原理来证明。

1）二力平衡公理

作用于刚体上的两个力，使刚体处于平衡状态的充分必要条件是：这两个力大小相等，方向相反，且作用在同一直线上。

二力体：只有两个力作用而处于平衡的物体，如图 2-38 所示。

2）加减平衡力系公理

在作用于刚体上的已知力系中，加上或减去任一平衡力系，并不改变原力系对刚体的作用效应，可用图 2-39 来表示。

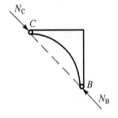

图 2-38　二力体示意图

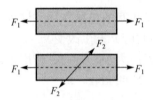

图 2-39　加减平衡力系示意图

3）力的平行四边形法则

作用于物体上同一点的两个力，其合力也作用在该点上，至于合力的大小和方向，则由以这两个力为边所构成的平行四边形的对角线来表示，而该两个力称为合力的分力。可用图 2-40 来表示。

4）作用与反作用定律

两物体间相互作用的力总是等值、反向、共线且分别作用在这两个物体上的。

5）刚化公理

变形体在某一力系作用下处于平衡，如将此变形体置换为刚体，则平衡状态保持不变。

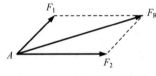

图 2-40　合力与分力

2.3.2　工程运动学

运动学是动力学的基础，主要研究刚体的运动，当物体的几何尺寸和形状在运动过程中不起主导作用时，物体的运动就可以简化为点的运动，例如，在空中飞行的飞机、火箭、人造卫星及其他航天器等。而对于工程中的构件来说，更多的是研究构件的运动情况，通常视为刚体来进行处理。

1．刚体的平行移动

工程中某些物体的运动，例如，发动机气缸内构件 *AB* 的运动，这一类物体的运动有一个共同的特点，即在物体内任取一直线，在运动过程中这条直线始终与它的初始位置平行，这种运动称为平行移动，简称平动。

当刚体做平动时，刚体上的点的运动轨迹是相同的，且在每一瞬时，各点的速度和加速度也是相同的，如图 2-41 所示。

2．刚体的定轴转动

工程中，最常见的齿轮、机床的主轴和电动机的转子等在工作运转过程中都有一个固定的轴线，把物体绕固定轴线的转动称为物体作定轴转动，如图 2-42 所示。

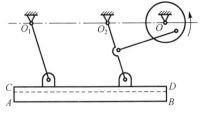

图 2-41　刚体平动实例

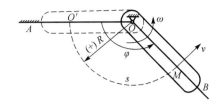

图 2-42　刚体的定轴转动

3．刚体的平面运动

刚体的平面运动是工程机械中较为常见的一种刚体运动，如图 2-43 所示，在直线轨道上运行的火车车轮、曲柄滑块机构中的连杆等运动都是平面运动。刚体的平面运动可以视为平动与转动的合成。

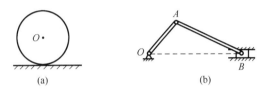

图 2-43　刚体的平面运动实例图

2.3.3　工程动力学

动力学是理论力学的一个分支学科，它主要研究作用于物体的力与物体运动的关系。动力学的研究对象是运动速度远小于光速的宏观物体。动力学不仅是一般工程技术的基础，而且是很多高新技术的基础。以现代回转机械为例，喷气发动机、燃气轮机和离心压缩机的速度越来越高，对于这些机械和机构的运动规律、动强度、力稳定性、振动与冲击等问题，必须按照动力学，而不是依照静力学规律进行分析。

1．动力学的基本内容

动力学的基本内容包括质点动力学、质点系动力学、刚体动力学、达朗贝尔原理等。以动力学为基础而发展起来的应用学科有天体力学、振动理论、运动稳定性理论、陀螺力学、外弹道学、变质量力学等。质点动力学研究两类基本问题：一是已知质点的运动，求作用于质点上的力；二是已知作用于质点上的力，求质点的运动。

动力学普遍定理是质点系动力学的基本定理，包括动量定理、动量矩定理、动能定理及由这三个基本定理推导出来的其他一些定理。动量、动量矩和动能是描述质点、质点系和刚体运动的基本物理量。作用于力学模型上的力或力矩，与这些物理量之间的关系构成了动力学普遍定理。

刚体的特点是其质点之间距离的不变性。欧拉动力学方程是刚体动力学的基本方程，刚体定点转动动力学则是动力学中的经典理论。陀螺力学的形成说明刚体动力学在工程技术中的应用具有重要意义。多刚体系统动力学是 20 世纪 60 年代以来由于新技术发展而形成的新分支，其研究方法与经典理论的研究方法有所不同。

达朗贝尔原理是研究非自由质点系动力学的一种普遍而有效的方法。这种方法在牛顿运动定律的基础上引入惯性力的概念，从而用静力学中研究平衡问题的方法来研究动力学中不平衡的问题，所以又称为动静法。

2．动力学的应用

对动力学的研究使人们掌握了物体的运动规律，并能够为人类进行更好的服务。例如，牛顿发现了万有引力定律，解释了开普勒定律，为近代星际航行、发射飞行器考察月球、火星、金星等开辟了道路。

2.3.4　材料力学基础知识

材料力学的研究内容分属于两个学科。第一个学科是固体力学，即研究物体在外力作用下的应力、变形和能量，统称为应力分析。第二个学科是材料科学中的材料的力学行为，即研究材料在外力和温度作用下所表现出的力学性能和失效行为。以上两方面的结合使材料力学成为工程设计的重要组成部分，即设计出杆状构件或零部件的合理形状和尺寸，以保证它们具有足够的强度、刚度和稳定性。

人们在改善生活、征服自然和改造自然的活动中，经常要设计和使用各种各样的机械设备。任何一种机构都是由很多零部件按一定的规律组合而成的，这些零部件统称为构件。根据构件的主要几何特征，可将其分成若干类型，其中一种称为杆件，它是材料力学研究的主要对象。

杆件的几何特征是长度 l 远大于横向尺寸（高 h、宽 b 或直径 d）。其轴线（横截面形心的连线）为直线的称为直杆；轴线为曲线的称为曲杆。截面变化的杆称为变截面杆；截面不变化的直杆简称为等直杆。等直杆是最简单也是最常见的杆件，如图 2-44 所示。

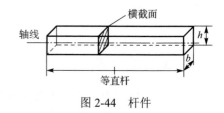

图 2-44　杆件

当机械构件承受外力的作用（或其他外在因素的影响）时，组成该机械的各杆件都必须能够正常地工作，这样才能保证整个机构正常工作。为此，要求杆件不发生破坏。杆件要能正常工作，必须同时满足以下三方面的要求。

1）强度

构件在载荷作用下抵抗破坏（断裂或过量的塑性变形）的能力。例如，冲床的曲轴在冲压力作用下不应折断；储气罐或氧气瓶在规定压力下不应发生爆破损坏。

2）刚度

构件或零部件在确定载荷作用下抵抗变形的能力。以机床的主轴为例，即使它有足够的强度，若变形过大，仍然会影响工件的加工精度，又如当齿轮轴的变形过大时，将使轴上的齿轮啮合不良，并引起不均匀磨损。

3）稳定性

构件或零部件在确定的外载荷作用下，保持其原有平衡状态的能力。例如，建筑施工用的脚手架全部是用细长杆铰接而成的，这时不仅要求具有足够的强度和刚度，而且还要保证有足够的稳定性，否则在施工过程中，局部杆件的不稳定会导致整个脚手架的倾覆与坍塌。

在设计构件时，不仅要满足上面提及的强度、刚度和稳定性的要求，还需尽可能地选用合适的材料和尽可能少用材料，以节省资金或减轻构件的自身重量。既要考虑最大的安全性，又要考虑最大的经济性，这二者是任何工程设计必须满足的两个基本要求。这两个要求通常是矛盾的，所以，材料力学的任务就是在满足强度、刚度和稳定性的要求下，以最经济的代价为构件确定合理的截面形状和尺寸，选择合适的材料，为设计构件提供必要的理论基础和计算方法。

为了定量地比较杆件内部某一点受力的强弱程度，引入应力概念，如图 2-45 所示。考察杆件截面上的微小面积 AA，假设分布应力在这一面积上的合力为 AFR，则 AFR/AA 为这一微小面积上的平均应力，当所取的面积趋于无穷小时，根据极限的有关知识，上述平均应力趋于某一极限值，这一极限值称为横截面上一点处的应力。所以，应力实际上是分布内力在截面上某一点处的强弱，又称为集度。

将 ΔF_R 分解为 x、y、z 三个方向上的分量 ΔF_{Nx}、ΔF_{Qy}、ΔF_{Qz}，根据应力定义有：

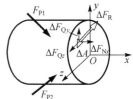

$$\sigma_x = \frac{\mathrm{d}F_{Nx}}{\mathrm{d}A}$$

$$\tau = \frac{\mathrm{d}F_Q}{\mathrm{d}A}$$

图 2-45　应力定义

σ_x 表示垂直于横截面上的内力在某点处产生的应力集度，称为正应力，常用 σ 来表示。把位于横截面内的内力在某点处产生的应力集度称为切应力，常用 τ 来表示，如图 2-46 所示。

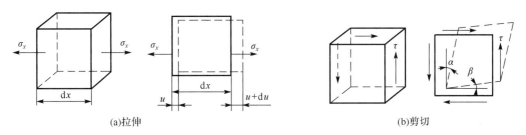

图 2-46　正应变与切应变

2.3.5　杆件的受力与变形形式

工程实际中的杆件受到各种各样的外力作用，故杆件的变形也可能是各种各样的，但杆件变形不外乎是以下基本变形中的一种或是几种的组合。

1. 拉伸与压缩

当杆件两端受到沿轴线方向的拉力或压力载荷时，杆件将产生轴向伸长或压缩变形，如图 2-47(a)所示的液压传动机构中的活塞杆件,在油压和工作阻力的作用下受压;如图 2-47(b)所示悬臂吊车的拉杆在起吊重物的作用下受拉，再如修理汽车时用到的千斤顶的螺杆在顶起汽车时受压。

2. 剪切

图 2-48 所示，当平行于杆截面的两个相距很近的平面内，方向相对地作用着两个横向力，当这两个力相互错动并保持它们之间的距离不变时，杆件将产生剪切变形。工程中如冲床冲压工件的成形孔、剪床剪切金属板料都是剪切作用。此外机器中的连接件，如螺栓、销钉、键、铆钉有时也是承受剪切的零件，如图 2-49 所示。

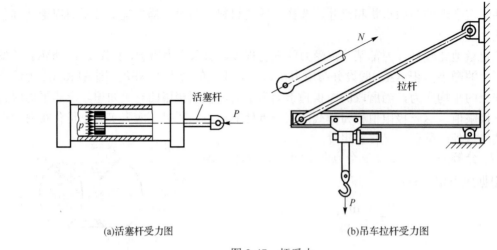

(a)活塞杆受力图   (b)吊车拉杆受力图

图 2-47　杆受力

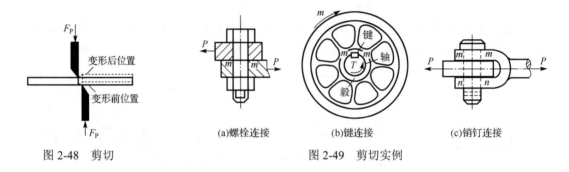

图 2-48　剪切

(a)螺栓连接　　(b)键连接　　(c)销钉连接

图 2-49　剪切实例

3. 挤压

连接件除可能以剪切的形式破坏外，也可能因挤压而破坏。在铆钉连接中，因铆钉孔与铆钉之间存在挤压，可能使钢板的铆钉孔或铆钉产生显著的局部塑性变形。图 2-50 所示为钢板上铆钉孔被挤压成长圆孔的情况，所以要对上述连接件进行挤压强度计算。

4. 扭转

工程中承受扭转的构件是很常见的。扭转问题的受力特点是：在各垂直于轴线的平面内承受力偶作用。圆轴扭转问题的变形特点是：在上述外力偶系的作用下，圆轴各横截面将绕其轴线发生相对转动。工程中的传动轴除受扭转作用外，往往还伴随弯曲、拉伸（压缩）等其他形式的变形。

5. 弯曲

如图 2-51 所示，当外力矩或外力作用于杆件的纵向平面内时，杆件将发生弯曲变形，其轴线将变成曲线。弯曲是工程中较为常见的变形之一，如火车轮轴、桥式起重机的大梁（图 2-52）等都是弯曲变形的杆件。产生弯曲变形杆件的受力特点是：所有外力都作用在杆件的纵向平面内且与杆轴垂直；变形特点是：杆的轴线由直线弯曲成曲线。

弯曲时，梁的横截面上正应力不是均匀分布的。弯曲正应力强度条件只以离中性轴最远的各点的应力为依据，因此，材料的弯曲许用正应力比轴向拉伸或压缩时的许用正应力应取得略高些。但在一般的正应力强度计算中，均近似地采用轴向拉伸或压缩时的许用正应力来代替弯曲许用正应力。

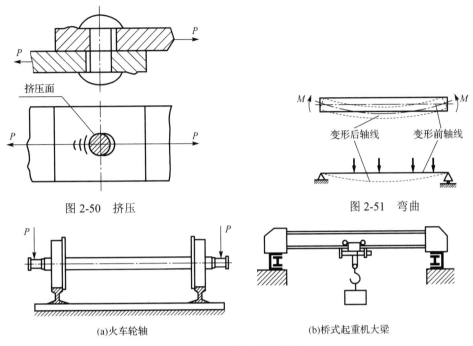

图 2-50　挤压　　　　　　　　　　　图 2-51　弯曲

(a)火车轮轴　　　　　　　　　　(b)桥式起重机大梁

图 2-52　弯曲工程实例

6. 组合受力与变形

工程中，常见的组合变形有斜弯曲、拉伸（压缩与弯曲的组合）、弯曲与扭转的组合。实际上，杆件的受力情况不论多么复杂，都可以简化为基本受力形式的组合。

2.3.6　构件失效

由于材料的力学行为导致构件丧失正常功能的现象称为构件失效。以下是常见的几种失效形式。

1. 强度失效

大量的实验结果表明，材料在常温、静载作用下主要发生两种形式的强度失效：一种是屈服，另一种是断裂。

屈服失效是当最大应力达到材料屈服极限强度值的二分之一时发生的。

断裂失效则是构件在载荷作用下，没有明显的破坏前兆（如明显的塑性变形）而发生突然破坏的现象。构件在拉伸、压缩、弯曲、剪切、扭转的情况下都可能出现断裂破坏的失效形式。

2. 疲劳失效

构件或机械零部件在交变应力作用下发生的失效称为疲劳失效，简称疲劳。对于矿山、冶金、动力、运输机械及航空航天飞行器等，疲劳是它们的零部件失效的主要形式。统计结果表明，在各种机械的断裂事故中，大约有 80% 以上是由于疲劳失效引起的。

　　疲劳断裂中裂纹生产和扩展是一个复杂的过程，它与构件的外形尺寸、应力变化情况及所处的介质都有关系。因此，对于承受交变应力的构件，不仅要在设计之初考虑疲劳问题，而且在使用期限内需要进行中修或大修，以检测构件是否发生裂纹及裂纹的扩展情况。

　　火车到站停靠时，铁路工人用小铁锤轻轻敲击车厢车轴，这是在检测车轴是否会发生断裂，以防止发生突发性事故的一种简易手段。车轴不断转动，其横截面上任意一点的位置均随时间不断变化，敏感点的应力亦随时间而变化，车轴因而可能发生疲劳断裂破坏。用小铁锤敲击车辆，从声音来直观判断是否存在裂纹及裂纹扩展情况。

3. 压杆失稳

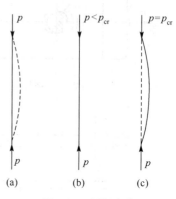

图 2-53　压杆失稳

　　如图 2-53 所示两端铰支的细长压杆，假定压力与杆件轴线重合，当压力逐渐增大，但小于某一极限值时，杆件一直保持平衡状态，压杆直线形状是稳定的；当压力逐渐增大到某一极限值时，压杆的直线平衡变为不稳定，将转变成曲线形状的平衡，这时再用微小的侧向干扰力使其发生轻微弯曲，在干扰力解除后，它将保持曲线形状的平衡，而不能恢复原有直线形状。当载荷大于临界压力时，压杆在外界扰动下偏离平衡状态后不能恢复到初始的平衡状态，就把这种情况下杆件丧失其直线稳定状态的现象称为"压杆失稳"。

　　工程中有很多受压的细长杆会存在上述失稳问题，如图 2-54 所示的内燃机配气机构中的挺杆、磨床液压装置的活塞杆都可能发生失稳现象。

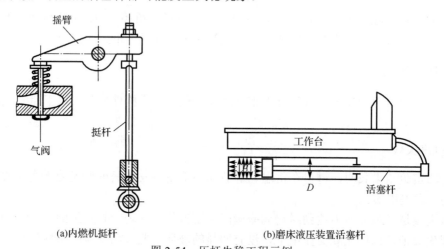

(a)内燃机挺杆　　　　　　　(b)磨床液压装置活塞杆

图 2-54　压杆失稳工程示例

复习思考题

1. 为了看图方便，工程制图时一般应该按多大的比例进行绘制？

2. 一个完整的尺寸应包括哪几个基本要素？

3. 简述绘图的方法与步骤。

4. 什么叫互换性？它在机械制造业中有何作用？是否只适用于大批量生产？

5. 试述完全互换和不完全互换的含义和应用场合。

6. 常用的计算机制图软件有哪些？

7. 简述计算机制图与工程制图的关系。

8. 工程材料是如何分类的？工程结构材料与功能材料在性能和使用上有何区别？

9. 纯金属与合金在晶体结构上有何异同？

10. 分析固溶体与金属化合物的晶体结构特点及各自的性能。

11. 试述高分子材料的性能特点。

12. 简述陶瓷材料的性能有哪些。

13. 复合材料都有哪些结构形式？其性能特点是什么？

14. 刚体是如何定义的？

15. 静力学在工程中有哪些应用？

16. 刚体动力学的研究目的和方法是什么？

17. 机械动力学在工程中有哪些应用？

参考文献

[1] 万秀莲，连黎明. 互换性与测量技术基础[M]. 北京：电子工业出版社，2011.

[2] 魏增菊，刘春霞. 机械制图[M]. 北京：科学技术出版社，2009.

[3] 刘贯军，郭晓琴. 机械工程材料与成形技术[M]. 北京：电子工业出版社，2011.

[4] 李纯彬，刘静香. 机械工程基础[M]. 北京：机械工业出版社，2013.

[5] 王慧，刘鹏. 机械制图[M]. 北京：机械工业出版社，2012.

[6] 蔡兰，寇子明，刘会霞. 机械工程概论[M]. 武汉：武汉理工大学出版社，2004.

[7] 钱文伟. 工程制图（第2版）[M]. 北京：高等教育出版社，2014.

[8] 马霄，田长留. 互换性与技术测量（第二版）[M]. 南京：南京大学出版社，2015.

[9] 仝勖峰. 机械工程概论[M]. 北京：电子工业出版社，2015.

[10] 姚建华. 机械工程导论[M]. 杭州：浙江科学技术出版社，2009.

[11] 张春林. 机械工程概论[M]. 北京：北京理工大学出版社，2011.

[12] 崔玉洁，等. 机械工程导论[M]. 北京：清华大学出版社，2013.

第 3 章　机械设计与现代设计方法

3.1　概　　述

3.1.1　机械设计方法发展历程

机械是指机器与机构的总称。机构由构件组成，而且具有一定的相对运动关系，因此，构件是机构运动分析的基本单元。典型的机构有连杆机构、凸轮机构、齿轮机构等。图 3-1 所示为四连杆机构示意图，图 3-2 所示为凸轮机构示意图。

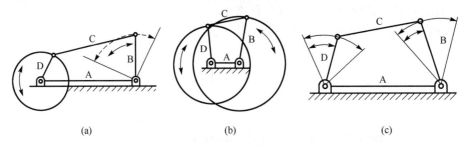

(a)　　　　　　　　　　(b)　　　　　　　　　　(c)

图 3-1　四连杆机构示意图

机器是执行机械运动的装置，用来变换或传递能量、物料与信息。机器由零件组成，零件是机器的组成要素和制造单元。通常情况下，机器可以划分为动力装置、传动装置、执行装置及其支架基础 4 个基本部分。自动化程度高的机器还包括自动控制系统、监测系统及辅助系统。

从人类生产的进步过程来看，整个机械设计进程大致经历了如下 4 个阶段。

① 直觉设计阶段。古代的设计是一种直觉设计，当时人们从自然现象中直接得到启示，凭借直观感觉设计制作工具。设计者多为丰富经验的手工艺人，设计者之间信息交流传递很少。产品的制造是根据制造者本人的经验或其头脑中的构思完成的，设计与制造无法分开。

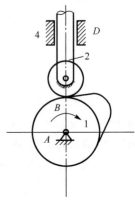

图 3-2　凸轮机构示意图

② 经验设计阶段。到 17 世纪初数学与力学结合后，人们开始运用经验公式来解决设计中的一些问题，并开始按图纸进行制造。图纸的出现，既可使具有丰富经验的手工艺人通过图纸将其经验或构思记录下来，又便于其他设计者在已有图纸的基础上对产品进行分析、改进和提高，使得先前经验得以积累并更深入地发展，同时还可以满足更多的人同时参加同一产品的生产活动，满足社会对产品的需求及生产率的要求。

③ 半理论半经验设计阶段。20 世纪初以来，随着试验技术与测试手段的迅速发展和应

用，人们把对产品采用局部试验、模拟试验等作为设计辅助手段。通过中间试验取得较可靠的数据，选择较合适的结构，从而缩短了试制周期，提高了设计可靠性，这个阶段称为半理论半经验设计阶段。

在这个阶段中，加强设计基础理论和各种专业产品设计机理的研究，如材料应力应变、摩擦磨损理论，零件失效与寿命的研究，从而为设计提供了大量信息，如包含大量设计数据的图表（图册）和设计手册等；加强关键零件的设计研究，特别是加强关键零部件的模拟试验，大大提高了设计速度和成功率；加强零件标准化、部件通用化、产品系列化的研究。

本阶段由于加强了设计理论和方法的研究，与经验设计相比，这阶段设计的特点是大大减少了设计的盲目性，有效地提高了设计效率和质量并降低了设计成本。至今，这种设计方法仍被广泛采用。

④ 现代设计阶段。近几十年来，由于科学和技术迅速发展，特别是电子计算机技术的发展及应用，使设计工作产生了革命性的改变，同时为新的时代对产品的设计提出了多样性的需求准备了必要的条件。在现代设计阶段相应地产生了多种现代设计理论和方法。例如，针对成本和环保要求，学者提出产品全生命周期设计；针对客户的多样性要求及对产品多用途使用，学者提出模块化设计；为了沿用已有设计成果和缩短研发周期，学者提出参数化设计等。

3.1.2　传统设计方法和现代设计方法的关系

传统设计是以经验总结为基础，运用力学和数学而形成的经验、公式、图表、设计手册等作为设计的依据，通过经验公式、近似系数或类比等方法进行设计。

传统设计在长期运用中得到不断的完善和提高，是符合当代技术水平的有效设计方法。但由于所用的计算方法和参考数据偏重于经验的概括和总结，往往忽略了一些难解或非主要的因素，因而造成设计结果的近似性较大，也难免有不确切和失误。

此外，在信息处理、参量统计和选取、经验或状态的存储和调用等方面还没有一种理想的有效方法，计算和绘图也多用手工完成，所以不仅影响设计速度和设计质量的提高，也难以做到精确和优化的效果。传统设计对技术与经济、技术与美学也未能做到很好的统一，给设计带来一定的局限性。这些都是有待于进一步改进和完善的不足之处。

限于历史和科技发展的原因，传统设计方法基本上是一种以静态分析、近似计算、经验设计、手工劳动为特征的设计方法。显然，随着现代科学技术的飞速发展、生产技术的需要和市场的激烈竞争，以及先进设计手段的出现，这种传统设计方法已难以满足当今时代的要求，从而迫使设计领域不断研究和发展新的设计方法和技术。

现代设计是过去长期的传统设计活动的延伸和发展，它继承了传统设计的精华，吸收了当代科技成果和计算机技术。与传统设计相比，它是一种以动态分析、精确计算、优化设计和 CAD 为特征的设计方法。

现代设计方法与传统设计方法相比，主要完成了以下几方面的转变：

① 产品结构分析的定量化；

② 产品工况分析的动态化；

③ 产品质量分析的可靠性化；

④ 产品设计结果的最优化；

⑤ 产品设计过程的高效化和自动化。

目前，我国设计领域正面临着由传统设计向现代设计的过渡，广大设计人员应尽快适应这种新的变化。通过推行现代设计,尽快提高我国机电产品的性能、质量、可靠性和在市场上的竞争能力。

3.2 机械设计的基本方法

机械设计方法,就是从零件、机构、机器设备的结构、尺寸、功能等方面入手,采用科学的方法和理论,设计出满足人类需求的机械产品的过程。

3.2.1 机械设计的基本要求

机械设计过程实际上是一个发现矛盾、分析矛盾和处理矛盾的过程。例如,要求机器的零部件强度大、刚性好与要求机器重量轻的矛盾;加工、装配精度高和制造成本低的矛盾等。设计者应根据客户提出的功能要求,选择适当的材料,确定合理的结构,计算合适的尺寸及精度、制订先进的制造工艺,从而实现一种创新构思直至样机制造。以下是机械设计的一些基本要求。

1. 功能要求

设计的产品应达到实现功能的要求,包括在规定的寿命使用期内实现功率、速度、精度及某些特殊使用要求。组成产品的所有零件必须具有相应的功能。为避免在设计期限内失效,所设计的机械零件应具有强度大、刚度足、抗疲劳、耐磨损和防腐蚀等性能,否则就容易提前失效。

2. 结构工艺性要求

机械产品及其零件应当具有良好的结构工艺性,就是要求所设计的零件结构合理、外形简单、在既定生产条件下易于加工和装配。零件的结构工艺性不仅与毛坯制造、机械加工和装配要求有关,还与制造零件的原材料、生产批量和生产设备条件有关。零件的结构设计对零件的结构工艺性具有决定性的影响,对此要给予足够的重视。

3. 可靠性要求

产品的可靠性不仅取决于机械零件的可靠性,同时和零件之间的装配关系密切相关。为了提高零件的可靠性,设计零件时,应尽量使零件的性能满足工作环境条件的要求,设计出合理的装配结构和装配工艺,并在使用时加强维护,对工作条件进行监测。

4. 经济性要求

经济性要求就是在满足功能要求的前提下尽可能降低生产成本。采用先进的设计理念和方法,如 CAD 技术、虚拟设计等。机构和结构的设计要力求简单、紧凑、轻便、稳定。要合理地规定结构尺寸、精度、表面质量,多用标准化、通用化、系列化的零部件。选用经济性好的材料,采用先进的制造工艺技术,便于加工、装配,从而缩短制造周期,减少制造费用、降低材料及能源的消耗。

5. 社会性要求

新设计的产品应顺应新时代的社会要求。考虑产品的能耗问题,满足环保的"绿色"、"低碳"要求,尽量降低噪声、振动,减少废气、废液排放,避免对环境的污染,在产品的全生命周期设计过程中,考虑产品报废后的回收利用。

此外，现代机械设计重视市场提出的新要求，如客户的个性化定制、简洁舒适的人机交互界面、故障在线监测与预测，以及融入物联网等要求。

3.2.2　机械设计方法和一般步骤

1. 机械设计方法的分类

从不同的角度出发，机械设计方法可以分为很多种类。从机械设计方法的发展过程的角度来看，可以将其分为传统设计方法和现代设计方法。其中，传统设计方法包括以下 3 种。

1）理论设计

根据长期实验数据总结出来的设计理论进行的设计，称为理论设计。理论设计的计算过程通常分为设计计算和校核计算两部分。前者是指按照已知的运动要求、载荷情况及零部件的材料特性等，运用一定的理论，设计零部件尺寸和形状的计算过程，如转轴的强度、刚度计算等。校核计算是先根据类比法、实验法等其他方法初步定出零部件的尺寸和形状，再用理论公式进行精确校核的计算过程，它多用于结构复杂、应力分布情况复杂，但又能用现有的应力分析方法（以强度为设计准则时）或变形分析方法（以刚度为设计准则时）进行计算的场合。理论设计可以得到比较准确而可靠的结果，重要的零部件通常选择这种方法。

2）经验设计

根据使用经验归纳出的经验关系式或根据设计者本人的工作经验用类比的办法进行的设计称为经验设计。应用于一些次要的零部件或者对于一些理论上尚不够成熟的或虽有理论但没有必要用反复的理论设计的零部件。经验设计对那些变动不大而结构形状已经典型化的零件，是一种行之有效的方法。例如，对于箱体、机架、传动零件的各种具体结构要素的设计，就可以采取经验设计方法。

3）模型实验设计

对于一些尺寸巨大而结构又很复杂的重要零件，尤其是重型整体机械零件，为了提高设计质量，采用模型实验设计的方法，把初步设计的零部件或机器做成小模型或小尺寸样机，经过实验的手段对其各方面的特性进行检验，根据实验结果对设计进行逐步修改，从而逐步完善，这样的设计方法称为模型实验设计。模型实验设计方法费时、昂贵，因此一般只适用于特别重要的设计场合，如新型、重型设备、飞机的机身、新型舰船的船体等。

现代设计理论与方法是以研究产品设计为对象的科学。它运用工程设计的新理论和新方法，以计算机为工具，通过高效化和自动化的计算过程，最终得到最优化的设计结果。通过传统经验的吸收、现代科技的运用、科学方法论的指导与方法学的实现，从而形成和发展了现代设计理论与方法这门新学科。表 3-1 所示为目前现代设计理论和方法的主要内容。

表 3-1　现代设计理论和方法的主要内容

序　号	设计方法名称	序　号	设计方法名称
1	优化设计	6	绿色设计
2	创新设计	7	模块化设计
3	有限元设计	8	参数化设计
4	可靠性设计	9	并行设计
5	反求工程	10	全生命周期设计

2．机械设计的一般步骤

机械设计的最大特点就是继承与创新的紧密结合，是一个系统性、协作性很强的工作。机械设计作为一种创造性工作，有其内在规律可循，一个完整的设计过程主要由以下各个阶段组成。

1）编制设计任务书

根据社会、市场或用户的使用要求确定产品的功能范围和工作指标，研究实现的可能性；明确设计需要解决的课题，编制出完整的设计任务书及明细表。

2）拟定设计方案

根据设计任务书的要求，确定产品的工作原理和技术要求；拟定产品的总体布置、传动方案和机构简图等。在这一阶段中，通常进行多种方案比较和技术经济评价，从中选出最佳方案。

3）总体设计

产品的总体设计是根据方案设计中选出的最佳方案进行的。其内容包括：整体结构设计、零部件的布置、机构的运动学和动力学分析、动力计算、零部件的工作能力计算、模型试验和测试、确定零部件和产品的主要参数和尺寸。在该阶段中，要结合分析和计算绘制出总体设计图。

4）加工工艺设计

根据总体设计和结果，考虑零部件的工作能力和结构工艺性，将零部件的全部尺寸和形状、装配关系和安装尺寸等确定下来，绘制出零部件和整机的全部工作图，编写各种技术文件和产品说明书。

5）鉴定和评价

为了检验设计结果是否能满足使用要求、产品的预定功能能否实现、可靠性和经济性指标是否合理、与同类产品相比是否具备更好的效果、制造部门能否制造等问题，需要对设计成果进行科学的评价。通常新设计的产品要经过试制，进行模型或样机试验、可靠性试验，以鉴定产品的质量。

6）产品定型设计

经过鉴定和评价，对设计进行必要的修改后就可进行小批量的试制和成品试验，必要时应在实际使用条件下试用，对产品进行各种考核和测试。通过小批量生产，在进一步考察和验证的基础上将原设计进行改进，之后即可进入适用于成批生产的产品定型设计。

从以上机械设计的全过程可见，整个设计过程的各个阶段是相互紧密关联的，某一阶段中发现的问题和不当之处，必须返回到前面有关阶段去修改。因此，设计过程是一个不断修改和完善、往复循环直至达到最优结果的过程。

3.3　常用的现代设计方法

随着科学技术和社会生产力的不断进步，特别是20世纪90年代以后，设计方法学和创造方法学的开发与运用，机械设计手段发生了根本性变化，一系列现代设计方法（如优化设计、创新设计、有限元设计、可靠性设计、反求设计、并行设计、虚拟设计、智能设计、稳健设计、计算机辅助设计等）在工程中得到广泛应用和巨大成功，现代设计方法的出现为计算机集成制造系统（CIMS）构建了良好的发展基础。现代设计方法的使用，不仅仅是更新了传统的设计思维理念，而且在很大程度上提高了产品设计开发能力和水平。

现代设计方法内容广泛、学科繁多，此处重点介绍 5 种常用的现代设计方法。

3.3.1　优化设计

优化设计（Optimal Design）是 20 世纪 60 年代随着计算机的广泛使用而迅速发展起来的一种现代设计方法。它是最优化技术和计算机技术在计算领域中应用的结果。优化设计能为工程及产品设计提供一种重要的科学设计方法，使得在解决复杂设计问题时，能从众多的设计方案中寻得尽可能完善的或最适宜的设计方案，提高设计质量和设计效率。

优化设计，是借助最优化数值计算方法和计算机技术，求取工程问题的最优设计方案。进行最优化设计时，首先需要将实际问题进行数学描述，形成一组由数学表达式组成的数学模型；然后选择一种最优化数值计算方法和计算机程序，在计算机上运算求解，得到一组最佳的设计参数，该设计参数就是设计的最优解。

实践证明，在机械设计中采用优化设计方法，不仅可以减轻机械设备自重、降低材料消耗与制造成本，而且可以提高产品的质量与工作性能，同时还能大大缩短产品设计周期。因此，优化设计已成为现代设计理论和方法中的一个重要领域，并且愈来愈受到广大设计人员和工程技术人员的重视。

1. 优化设计的基本术语

1）数学模型

建立设计问题的数学模型是开展优化设计最为关键的第一步。建立数学模型，就是采用数学形式将实际问题准确地表达出来，在众多的设计参数中选取适当的设计变量，按照预先规定的设计指标列出目标函数，并将所有的设计限制条件（约束条件）以设计变量的函数的形式给出。

2）设计变量

在优化设计过程中需要调整和优选的参数，称为设计变量。如在工程及工业产品设计中，一个零部件或一台机器的设计方案常用一组基本参数来表示，该参数概括起来可分为两类：一类是按照具体设计要求事先给定，且在设计过程中保持不变的参数，称为设计常量；另一类是在设计过程中须经不断调整以确定其最优值的参数，称为设计变量。优化设计的任务就是确定设计变量的最优值，以得到最优设计方案。

由于设计对象不同，选取的设计变量也不同。它可以是几何参数，如零件外形尺寸、截面尺寸、机构的运动尺寸等；也可以是某些物理量，如零部件的质量、体积、力与力矩、惯性矩等；还可以是代表工作性能的导出量，如应力、变形等。总之，设计变量必须是对该项设计性能指标优劣有影响的参数。

设计变量是一组相互独立的基本参数。一般用向量 X 来表示。设计变量的每一个分量都是相互独立的。以 n 个设计变量为坐标轴所构成的实数空间称为设计空间，或称 n 维实欧式空间，用 $\mathbf{R}^n$ 表示。当 $n=2$ 时，$X=[x_1, x_2]^T$ 是二维设计向量；当 $n=3$ 时，$X=[x_1, x_2, x_3]^T$

为三维设计向量，设计变量 x_1、x_2、x_3 组成一个三维空间；当 $n>3$ 时，设计空间是一个想象的超越空间，称 n 维实属空间。其中二维和三维设计空间如图 3-3 所示。

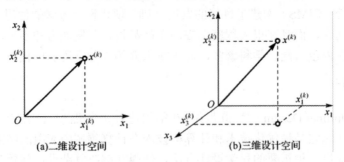

(a)二维设计空间　　　　　　　(b)三维设计空间

图 3-3　设计空间

　　设计空间是所有设计方案的集合，用符号 $X \in \mathbf{R}^n$ 表示。任何一个设计方案都可以视为一个从设计空间原点出发的设计向量 $X^{(k)}$，该向量端点的坐标值就是这一组设计变量 $X^{(k)} = [x_1^{(k)}, x_2^{(k)}, \cdots, x_n^{(k)}]$。因此，一组设计变量表示一个设计方案，它与一向量的端点相对应，也称设计点。而设计点的集合即构成了设计空间。

　　根据设计变量的多少，一般将优化设计问题分为三种类型：将设计变量数目 $n<10$ 的称为小型优化问题；$n=10 \sim 50$ 的称为中型优化问题；$n>50$ 的称为大型优化问题。

　　在工程优化设计中，根据设计要求，设计变量常有连续量和离散量之分。多数情况下，设计变量是有界连续变化型量，称为连续设计变量。但在一些情况下，有些设计变量是离散型量，则称离散设计变量，如齿轮的齿数、模数、钢管的直径、钢板的厚度等。对于离散设计变量，在优化设计过程中常是先把它视为连续量，再求得连续量的优化结果后再进行圆整或标准化，以求得一个实用的最优设计方案。

　　3）目标函数

　　目标函数又称评价函数，是用来评价设计方案优劣的标准。一种机械设计方案的好坏总可以用一些设计指标来衡量，这些设计指标可表示为设计变量的函数，该函数称为优化设计的目标函数。n 维设计变量优化问题的目标函数记为 $f(X) = f(x_1, x_2, \cdots, x_n)$。它代表设计中某项最重要的特征，如机械零件设计中的质量、体积、效率、可靠性、承载能力，机械设计中的运动误差、动力特性，产品设计中的成本、寿命等。

　　目标函数是一个标量函数。目标函数值的大小是评价设计质量优劣的标准。优化设计就是要寻求一个最优设计方案，即最优点 X^*，从而使目标函数达到最优值 $f(X^*)$。在优化设计中一般取最优值为目标函数的最小值。

　　确定目标函数是优化设计中最重要的决策之一。因为这不仅直接影响优化方案的质量，而且还影响优化过程。目标函数可以根据工程问题的要求，从不同角度来建立，如成本、质量、几何尺寸、运动轨迹、功率、应力、动力特性等。

　　一个优化问题可以用一个目标函数来衡量，称为单目标优化问题；也可以用多个目标函数来衡量，称为多目标优化问题。单目标优化问题由于指标单一，易于衡量设计方案的优劣，求解过程比较简单明确；而多目标优化问题求解比较复杂，但可获得更佳的设计方案。

　　目标函数可以通过等值线（面）在设计空间中表现出来。所谓目标函数的等值线（面），就是当目标函数 $f(X)$ 的值依次等于一系列常数 $c_i (i = 1, 2, \cdots)$ 时，设计变量 X 取得一系列值的集合。现以二维优化问题为例，来说明目标函数的等值线（面）的几何意义。如图 3-4 所示，二维变量的目标函数 $f(x_1, x_2)$ 的图形可以用三维空间描述出来。令目标函数 $f(x_1, x_2)$ 的值分别等于 $C_1, C_2, \cdots$ 则对应这些设计点的集合是在坐标平面 x_1Ox_2 内的一族曲线，每一条曲线上的各点都具有相等的目标函数值，所以这些曲线称为目标函数的等值线。由图可见，等值线族反映了目标函数值的变化规律，等值线越向里面，目标函数值越小。对于有中心的曲线族来说，等值线族的共同中心就是目标函数的无约束极小点 X^*。因此，从几何意义上来说，求目标函数无约束极小点，也就是求其等值线族的共同中心。

　　以上二维目标函数等值线的讨论可以推广到多维问题的分析中。对于三维问题在设计空间中是等值面问题；高于三维问题则在设计空间中是超等值面问题。

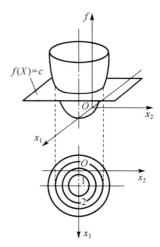

图 3-4　二维目标函数等值线

　　4）约束条件

　　在设计过程中，往往要根据实际情况，给出设计变量取值的限制，这些限制统称为设计约束条件。约束条件一般有两种形式，一种是等式约束，另一种是不等式约束，即

$$h_v(x)=0 \quad (v=1, 2, \cdots, p;\ p<n)$$

$$g_u(x)\leqslant 0 \quad (u=1, 2, \cdots, m)$$

　　这里 $h_v(x), g_u(x)$ 都是设计变量的函数，m、p 为约束条件的个数。从理论上讲，有一个等式约束便可消去一个设计变量，而使优化设计空间的维数降低。但在实际计算中，由于消去变量的过程有时很复杂或难以实现，因此一般不采用消去降维的方法来使问题简化。必须注意的是，对于一个 n 维设计空间问题，等式约束的个数不可多于维数，即 $p<n$，否则将没有优化可言。很显然，当 $p=n$ 时，便可由这 p 个方程直接求得唯一的一组解，即设计方案已由约束条件唯一确定。

　　（1）约束的分类。根据约束的性质，可以将设计约束分为边界约束和性能约束。边界约束指直接限定设计变量取值范围的约束，如 $l\geqslant 8$；性能约束指必须满足的设计性能要求推导出来的一种约束条件，通常是用设计变量的函数关系来表示的，如 $\sigma\leqslant[\sigma]$，这里 σ 是设计变量的一个函数。

　　（2）约束面的概念。在设计空间中，每个约束条件都是以几何面（或线）的形式出现的，这个几何面（线）就称为约束面（线）。事实上，线与面的差异，仅仅是设计空间维数的不同和设计变量个数的多少而已。对于边界约束，其约束面是平面（或直线）；面性能约束的约束面则通常是曲线（或曲面）。一般，对于三维以上的设计空间，相应的约束面都称为超曲面（线）。当设计变量为连续型设计变量时，其约束面一般也是连续的。

　　对于等式约束，其约束面就是等式约束方程 $h_v(x)=0$，而对于不等式约束，其约束面就是不等式约束的极限情况 $g_u(x)=0$。

　　（3）设计可行域。在一个优化设计问题中，所有不等式约束的约束面将共同组成一个复合约束面，它所包围的区域是设计空间中满足所有不等式约束条件的那部分空间，称该区域为设计可行域，用符号 D 表示，记为

$$D = \{x\,|\,g_u(x)\leqslant 0 \quad u =1,2,\cdots,m\}$$

当某项设计中不仅有 m 个不等式约束，而且还有 p 个等式约束对，其设计可行域可表示为

$$D = \left\{ x \left|_{\substack{g_u(x) \leqslant 0 \quad u=1,2,\cdots,m \\ h_v(x)=0 \quad v=1,2,\cdots,p; p<n}} \right. \right\}$$

相应地，在设计可行域内的任意一点都代表一个可以采用的设计方案，这种点被称为可行设计点或内点，如图 3-5 中的点 x^1；而把约束边界上的点称为极限设计点或边界点，如图 3-5 中的点 x^3，此时，该边界所代表的约束称为适时约束或起作用约束，而其他约束就称为非适时约束或不起作用约束。可行域以外的设计空间称为非可行域，域中的点称为非可行设计点或外点，如图 3-5 中的点 x^3。

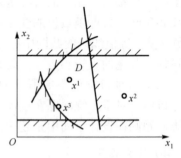

图 3-5　二维问题的可行域

　　需要注意的是，如果存在等式约束，那么设计方案就只能在可行域中的等式约束面上选取。

2．优化设计过程

1）设计课题分析

首先确定设计目标，它可以是单项指标，也可以是多项设计指标的组合。从技术经济观点出发，就机械设计而言，机器的运动学和动力学性能、体积与总量、效率、成本、可靠性等，都可以作为设计所追求的目标。然后分析设计应满足的要求，主要有：某些参数的取值范围；某种设计性能或指标按设计规范推导出的技术性能；还有工艺条件对设计参数的限制等。

2）建立数学模型

将实际设计问题用数学方程的形式全面、准确地描述，其中包括：确定设计变量，即哪些设计参数参与优选；构造目标函数，即评价设计方案优劣的设计指标；选择约束函数，即把设计应满足的各类条件以等式或不等式的形式表达。建立数学模型要做到准确、齐全，即必须严格地按各种规范做出相应的数学描述，必须把设计中应考虑的各种因素全部包括进去，这对于整个优化设计的效果是至关重要的。

3）选择优化方法

根据数学模型的函数性态、设计精度要求等选择使用的优化方法，并编制出相应的计算机程序。

4）上机计算择优

将所编程序及有关数据输入计算机进行运算，求解得最优值，然后对所算结果做出分析判断，得到设计问题的最优设计方案。

　　上述优化设计过程的四步，其核心是进行如下两项工作：一是分析设计任务，将实际问题转化为一个最优化问题，即建立优化问题的数学模型；二是选用适宜的优化方法在计算机上求解数学模型，寻求最优设计方案。

3．优化设计实例

如图 3-6 所示，有一圆形等截面的销轴，一端固定，一端作用着集中载荷 F=10 000N 和转矩 T=100N·m。由于结构需要，轴的长度 l 不得小于 8cm，已知销轴材料的许用弯曲应力

$[\sigma_\omega]$=120MPa，许用扭转切应力$[\tau]$=80MPa，允许挠度$[f]$=0.01cm，密度ρ=7.8t/m³，弹性模量 E=2×10⁵MPa。现要求在满足使用要求的条件下，试设计一个用料最省（销轴质量最轻）的方案。

解： 根据上述问题，该销轴的力学模型是一个悬臂梁。设销轴直径为 d，长度为 l，体积为 V，则该问题的物理表达式如下：

（1）销轴用料最省（体积最小）

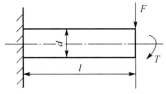

$$V=\frac{1}{4}\pi d^2 l\rho \to \min$$

可见销轴用料取决于其直径 d 和长度 l。这是一个合理选择 d 和 l 而使体积 V 最小的优化设计问题。

图 3-6　圆形等截面销轴

（2）设计时需要满足的条件

① 强度条件，强度条件包括弯曲强度、扭转强度和刚度条件。

弯曲强度公式：

$$\sigma_{\max}=\frac{FL}{0.1d^3}\leqslant\left[\sigma_\omega\right]$$

扭转强度公式：

$$\tau=\frac{T}{0.2d^3}\leqslant[\tau]$$

刚度条件的挠度表达式：

$$f=\frac{Fl^3}{3EJ}=\frac{64Fl^3}{3E\pi d^4}\leqslant[f]$$

② 结构尺寸边界条件：

$$l\geqslant l_{\min}=8\text{cm}$$

将题中的相关数值代入，建立该优化设计的数学模型。

设

$$x_1=d,\ x_2=l$$

设计变量：

$$\boldsymbol{X}=[d\quad l]^{\mathrm{T}}=[x_1\quad x_2]^{\mathrm{T}}$$

目标函数：

$$\min f(X)=V=\frac{1}{4}\pi d^2 l\rho=\frac{1}{4}\pi x_1^2 x_2\rho=0.785 x_1^2 x_2$$

约束条件：

$$g_1(X)=8.33l-d^3=8.33x_2-x_1^3\leqslant 0$$
$$g_2(X)=6.25-d^3=6.25-x_1^3\leqslant 0$$
$$g_3(X)=0.34l^3-d^4=0.34x_2^3-x_1^4\leqslant 0$$
$$g_4(X)=8-l=8-x_2\leqslant 0$$

通过建立数学模型，将优化问题转化为求目标函数的最小值问题，即具有 4 个约束条件的二元非线性的约束优化问题。

3.3.2　有限元设计

有限元法是随着计算机技术的发展而迅速发展起来的一种现代设计计算方法。该方法于 20 世纪 50 年代首先被用于飞机结构静、动态特性分析及其结构强度设计中，随后很快就广泛应用于求解热传导、电磁场、流体力学等连续性问题。由于该方法的理论基础牢靠，物理概念清晰，解题效率高，适应性强，目前已成为机械产品动、静、热特性分析的重要手段，它的程序包已是机械产品计算机辅助设计方法库中不可缺少的内容之一。

在工程分析和科学研究中，常常会遇到大量的由常微分方程、偏微分方程及相应的边界条件描述的场问题，如位移场、应力场和温度场等问题。求解这类场问题的方法主要有两种：用解析法求得精确解；用数值解法求其近似解。应该指出，能用解析法求出精确解的只是方程性质比较简单且几何边界相当规则的少数问题。而对于绝大多数问题，则很少能得出解析解。这就需要研究它的数值解法，以求出近似解。

1．有限元分析过程

目前工程中实用的数值解法主要有三种：有限差分法、有限元法和边界元法。其中，以有限元法通用性最好、解题效率高，目前在工程中的应用最为广泛。有限元法的分析过程可概括如下。

1）连续体离散化

所谓连续体，是指所求解的对象（物体或结构）；所谓离散化，就是将所求解的对象划分为有限个具有规则形状的微小块体，把每个微小块体称为单元，两相邻单元之间只通过若干点互相连接，每个连接点称为节点。因而，相邻单元只在节点处连接，载荷也只通过节点在各单元之间传递，这些有限个单元的集合体即为原来的连续体。离散化也称为划分网格或网络化。单元划分后，给每个单元及节点进行编号；选定坐标系，计算各个节点坐标；确定各个单元的形态和性态参数及边界条件等。

图 3-7 所示为将一悬臂梁建立有限元分析模型的例子，图中将该悬臂梁划分为许多三角形单元，三角形单元的三个顶点都是节点。

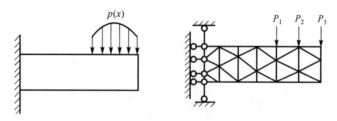

图 3-7　悬臂梁及其有限元模型

2）单元分析

连续体离散化后，即可对单元体进行特性分析，简称为单元分析。单元分析的工作主要有两项：选择单元位移模式（位移函数）和分析单元的特性，即建立单元刚度矩阵。

根据材料学、工程力学的原理可知，弹性连续体在载荷或其他因素作用下产生的应力、应变和位移，都可以用位置函数来表示，那么，为了能用节点位移来表示单元体内任一点的位移、应变和应力，就必须搞清各单元中的位移分布。一般是假定单元位移是坐标的某种简单函数，用其模拟内位移的分布规律，这种函数称为位移模式或位移函数。通常采用的函数形式多为多项式。根据所选定的位移模式，就可以导出用节点位移来表示单元体内任一点位移的关系式。所以，正确选定单元位移模式是有限元分析与计算的关键。

选定好单元位移模式后，即可进行单元力学特性分析，将作用在单元上的所有力（表面力、体积力、集中力）等效地移置为节点载荷，采用有关的力学原理建立单元的平衡方程，求得单元内节点位移与节点力之间的关系矩阵——单元刚度矩阵。

3）整体分析

在对全部单元进行完单元分析之后，就要进行单元组集，即把各个单元的刚度矩阵集成为总体刚度矩阵，以及将各单元的节点力向量集成总的力向量，求得整体平衡方程。集成过程所依据的原理是节点变形协调条件和平衡条件。

4）确定约束条件

由上述所形成的整体平衡方程是一组线性代数方程，在求解之前，必须根据具体情况，分析与确定求解对象问题的边界约束条件，并对这些方程进行适当修正。

5）有限元方程求解

解方程即可求得各节点的位移，进而根据位移计算单元的应力及应变。

6）结果分析与讨论

在用有限元法求解应力类问题时，根据未知量和分析方法的不同，有三种基本解法。

（1）位移法。它以节点位移作为基本未知量，选择适当的位移函数进行单元的力学特性分析，在节点处建立单元刚度方程，再合并成整体刚度矩阵，求解出节点位移后，由节点位移再求解出应力。位移法的优点是比较简单，规律性强，易于编写计算机程序，所以得到了广泛的应用，其缺点是精度稍低。

（2）力法。以节点力作为基本未知量，在节点处建立位移连续方程，求解出节点力后，再求解节点位移和单元应力。力法的特点是计算精度高。

（3）混合法。取一部分节点位移和一部分节点力作为基本未知量，建立平衡方程进行求解。

2．有限元应用范围

有限元法的实际应用要借助两个重要工具：矩阵算法和电子计算机。有限元法的基本思想早在 20 世纪 40 年代初就有人提出，但真正用于工程中则是在电子计算机出现后。上述有限元方程的求解，则需要借助矩阵运算来完成。

有限元法最初用于飞机结构的强度设计，由于它具有理论上的通用性，因而可用于解决工程中的许多问题。目前，它可以解决几乎所有的连续介质和场的问题，包括热传导、电磁场、流体动力学、地质力学、原子工程和生物医学等方面的问题。1960 年以后，有限元法在工程上获得了广泛的应用，并迅速推广到造船、建筑、机械等各个工业部门，如在机械设计中，从齿轮、轴、轴承等通用零部件，到机床、汽车、飞机等复杂结构的应力和变形分析（包括热应力和热变形分析）。采用有限元法计算，可以获得满足工程需要的足够精确的近似解。几十年来，有限元法的应用范围不断发展，它不仅可以解决工程中的线性问题、非线性问题，而且对于各种不同性质的固体材料，如各向同性和各向异性材料、粘弹性和粘塑性材料及流体均能求解；另外，对于工程中最有普遍意义的非稳态问题也能求解。现今，有限元法的用途已遍及机械、建筑、矿山、冶金、材料、化工、交通、电磁及汽车、航空航天、船舶等设计分析的各个领域中。到 20 世纪 80 年代初期，国际上已开发出了多种用于结构分析的有限元通用程序，其中著名的有 NASTRAN、ANSYS、ASKA、ADINA、SAP 等。这些软件对推动有限元法在工程中的应用起到了极大作用。表 3-2 所示为几种国际上流行的商用有限元程序的应用范围。

表 3-2　几种有限元程序的应用范围

应用范围	程序名称					
	ADINA	ANSYS	ASKA	MARC	NASTRAN	SAP
非线性分析	√	√	√	√	√	
塑性分析	√	√	√	√		
断裂力学		√				
热应力与蠕变	√	√	√	√	√	
厚板厚壳	√	√	√	√	√	√
管路系统		√		√	√	√
船舶结构	√				√	√
焊接接头				√		
粘弹性材料		√	√	√		
热传导	√	√	√	√		
薄板薄壳	√	√	√	√		
复合材料					√	
结构稳定性		√	√			
流体力学	√				√	
瞬态分析	√	√	√	√	√	√
电场	√					

3. 有限元软件简介

采用有限元法来分析与计算工程设计问题，必须编程并用计算机来进行求解。目前已有许多性能优良、功能齐全的大型通用化软件，如 ABAQUS、ADINA、ANSYS、NASTRAN、MARC、SAP 等。这些通用软件的特点是：单元库内有齐全的一般常用单元，如杆、梁、板、轴对称、板壳、多面体单元等；功能库内有各种分析模块，如静力分析、动力分析、连续体分析、流体分析、热分析、线性与非线性模块等；应用范围广泛，并且一般都具有前后置处理功能，汇集了各种通用的标准子程序，组成了一个庞大的集成化软件系统。

有些有限元软件是为解决某一类学科或某些专门问题而开发的，如有限元接触问题分析、有限元优化设计、有限元弹塑性分析软件等。它们一般规模较小，比较专一，可在小型机或微机上使用。

另外，一些 CAD/CAM/CAE 系统还嵌套了有限元分析模块，它们与设计软件集成为一体，在设计环境下运行，极大地方便了设计人员的使用，如设计软件 I-DEAS、Pro/Engineer、Unigraphics 等，其有限元分析模块虽没有通用或专用软件那么强大全面，但是完全可以解决一般工程设计问题。

在选用有限元软件时，可综合考虑以下几个方面：①软件的功能；②单元库内单元的种类；③前后处理功能；④软件运行环境；⑤软件的价位；⑥数据交换类型、接口及二次开发可能性。

有限元软件一般由三部分组成：前置处理部分；有限元分析，这是其主要部分，包括进行单元分析和整体分析、求解位移和应力值的各种计算程序；后置处理部分。

1. 有限元分析的前、后置处理

用有限元法进行结构分析时，需要输入大量的数据，如单元数、单元特性、节点数、节点编号、节点位置坐标等，这些称为有限元的前置处理。

前置处理的主要内容有：

① 按所选用的单元类型对结构进行网格划分；

② 按要求对节点进行顺序编号；

③ 输入单元特性及节点坐标；

④ 生成并在屏幕上显示带有节点和单元标号，及边界条件的网格图像，以便检查和修改；

⑤ 对显示图像进行放大、缩小、旋转和分块变换等。

为实现上述内容而编制的程序叫做前置处理程序，一般包括以下功能。

① 生成节点坐标。手工或交互式输入节点坐标，绕任意轴旋转生成一系列节点坐标，沿任意向量方向平移生成相应的节点坐标，生成有关面、体的节点坐标等，合并坐标值相同的节点号，按顺序重编节点号。

② 生成单元。输入单元特性，进行网格单元平移、旋转、对称复制等。

③ 修改和控制网格单元。对单元体局部网格密度进行调整；平移、插入或删除网格单元。

④ 引进边界条件。引入边界条件，约束一系列节点的总体位移和转角。

⑤ 单元属性编辑。定义单元几何属性、材料物理特性，删除、插入或修改弹性模量、惯性矩等参数。

⑥ 单元分布载荷编辑。定义、插入、删除和修改节点的载荷、约束、质量、温度等信息。

图 3-8 所示为用 SAP5 软件对矩形截面悬梁做结构分析时，根据输入的单元和节点数，前置处理自动生成的网格图。系统把悬梁结构分成了 5 个三维实体单元，每个单元 20 个节点共 68 个节点。根据网格图，可检查输入的数据是否正确，如输入数据有误，网格中的节点就会偏离正确的位置，从而产生错误的网格图。

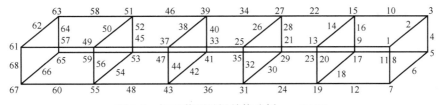

图 3-8　矩形截面悬梁结构分析——SAP5

经过有限元分析后得到的大量数据，如应力与应变、节点位移量等，需要进行必要的分析与加工整理，还可以利用计算机的图形功能，形象地显示出有限元分析的结果，以便设计人员正确地筛选、判断、采纳这些结果，并对设计方案进行实时修改，这些工作称为有限元后置处理。

有限元分析之后，由于节点数目非常大，所以输出数据也十分庞大，而且数据类型又不同，如有节点位置量、应力值、温度值等。如果仅把结果数据打印输出，会给人工分析造成很大的麻烦甚至判断错误。若能将结果数据加工处理成各种图形，直观形象地反映出数据的特性及分布状况，则十分有利于人工分析和判断。用于表示和记录有限元数据的图形主要有网格图、结构变形图、应力等值线图、色彩填充图（云图）、应力向量图和动画模拟图等。为了实现这些目的而编制的程序称为后置处理程序。

有限元分析的前、后置处理工作都可由有限元分析系统自动完成。根据处理方式，一般分为两种类型。一种是将产品或工程结构几何设计系统与有限元分析系统有机地结合起来，根据几何设计中得到的相关数据，自动把设计对象划分成有限元网格，再结合其他数据进行有限元分析。采用这种方式时，要解决好数据的交换与传递问题。另一种是独立的前、后置处理系统或模块，需要时可作为功能模块配置给有限元分析系统。

2. 典型有限元分析软件简介

1）SAP 系列软件

SAP 是由 SAP1、SAP2、…、SAP7 组成的系列有限元软件，其中 SAP1～SAP6 是线性分析软件，SAP7 是非线性分析软件，功能更强。SAP6 采用 FORTRAN 语言编写，除主程序外，共有 357 个子程序，共计 33300 条语句，有配置的前置处理程序 MODDL、后置处理程序 POST 和温度场分析程序 TAP6，单元库内有多种二维和三维单元类型，可以建立二维和三维结构的有限元计算模型，可用于对承受静力、惯性载荷和动力载荷的弹性结构体进行动、静力学分析与计算。

2）ASKA

ASKA 包括 60 万条语句、64 种单元。用其可以对各种形状、材料（包括各向异性材料）的大型工程结构进行分析和计算。

ASKA 系统包含的程序模块有：弹性静力分析模块 ASKA-Ⅰ、线性动力分析模块 ASKA-Ⅱ、材料非线性分析模块 ASKA-Ⅲ-Ⅰ、线性屈曲分析模块 ASKA-Ⅲ-Ⅱ、温度场分析模块 ASKA-T、交互式图形分析模块 INGA、前处理网格生成模块 FEMGEN、后处理图形显示模块 FEMVIEW 和绘图模块 FEPS。

3）ANSYS

ANSYS 系统是 ANSYS 有限公司开发的产品，其单元库中有二维单元、轴对称固体、壳和弯曲板等 100 多种单元类型，材料库中有钢、铜、铝等 10 种材料数据，具有自动生成网格、自动编节点号、绘图等功能。该系统功能齐全，可以进行静态和动态、线性和非线性、均质与非均质分析。

AutoFEA 是 ANSYS 公司开发的与 AutoCAD R12 和 AutoCAD R13 集成化的有限元分析系统。它可以在 AutoCAD 平台上使用，用 ADST AU-TOI.ISP 作为开发工具，用户可以方便地进行二次开发。

4）I-DEAS 中的有限元分析模块

I-DEAS 是美国 SDRC 公司开发的 CAD/CAM/CAE 系统软件，其嵌套了有限元分析模块。该模块可以进行图形有限元建模、梁结构的综合造型设计、结构静力学与动力学和热传导模拟分析。I-DEAS 由前后置处理、数据输入、模型求解、优化设计、框架分析等模块组成。其中框架分析模块又包含三种模块：

（1）SAGS 模块，用于分析静载荷下的梁、壳结构，可得到节点的位移、转角、支反力、单元载荷和应力、应变等参数；

（2）IIAGS 模块，可以对连续弹性体的结构进行分析，并可输出整体位移、整个结构所受的载荷和结构累积能量的列表数据；

（3）DAGS 模块，可以计算梁、壳类的固有频率，无阻尼受迫动态响应及进行模态分析。

3.3.3　可靠性设计

可靠性设计是一种很重要的现代设计方法，是产品质量的重要指标，它标志着产品不会丧失工作能力的可靠程度。可靠性的定义是：产品在规定的条件下和规定的时间内，完成规定功能的能力。目前，这一设计方法已在现代机、电产品的设计中得到广泛应用，它对提高产品的设计水平和质量、降低产品的成本、保证产品的可靠性及安全性起着极其重要的作用。

1．可靠性设计的特点

① 传统设计方法是将安全系数作为衡量安全与否的指标，但安全系数的大小并没有同可靠度直接挂钩，这就有很大的盲目性。可靠性设计与之不同，它强调在设计阶段就把可靠度直接引进到零件中去，即由设计直接确定固有的可靠度。

② 传统设计方法是把设计变量视为确定性的单值变量并通过确定性的函数进行运算，而可靠性设计则把设计变量视为随机变量并运用随机方法对设计变量进行描述和运算。

③ 在可靠性设计中，由于应力 s 和强度 f 都是随机变量，所以判断一个零件是否安全可靠，就用强度 c 大于应力 s 的概率大小来表示，这就是可靠度指标。

④ 传统设计与可靠性设计都是以零件的安全或失效作为研究内容的，因此，两者间又有着密切的联系。可靠性设计是传统设计的延伸与发展。在某种意义上，也可以认为可靠性设计只是在传统设计方法的基础上把设计变量视为随机变量，并通过随机变量运算法则进行运算而已。

2．可靠性设计常用指标

上述的可靠性定义只是一个一般的定性定义，并没有给出任何数量表示，而在产品可靠性的设计、制造、实验和管理等多个阶段中都需要"量"的概念。因此，对可靠性进行量化是非常必要的，这就提出了可靠性设计的常用指标，或称为可靠性特征量。

1）可靠度 $R(t)$

可靠度是指产品在规定的条件下和规定的时间内完成规定功能的概率。可靠度通常用字母 R 表示。考虑它是时间 t 的函数，故也记为 $R(t)$，称为可靠度函数。

设有 N 个相同的产品在相同的条件下工作，到任一给定的工作时间时，累积有 $n(t)$ 个产品失效，其余 $N-n(t)$ 个产品仍能正常工作，那么该产品到时间 t 的可靠度的估计值为

$$\bar{R}(t) = \frac{N - n(t)}{N}$$

式中，$\bar{R}(t)$ 也称存活率。当 $N \to \infty$ 时，$\lim \bar{R}(t) = R(t)$，即为该产品的可靠度。由于可靠度表示的是一个概率，所以 $R(t)$ 的取值范围为

$$0 \leqslant R(t) \leqslant 1$$

可靠度是评价产品可靠性的最重要的定量指标之一。

2）不可靠度或失效概率 $F(t)$

产品在规定的条件下和规定的时间内丧失规定功能的概率，称为不可靠度或累积失效概率（简称失效概率），常用字母 F 表示。由于是时间 t 的函数，记为 $F(t)$，称为失效概率函数。不可靠度的估计值为

$$\bar{F}(t) = \frac{n(t)}{N}$$

式中，$\bar{F}(t)$ 也称不存活率。当 $N \to \infty$ 时，$\lim\limits_{N \to \infty} \bar{F}(t) = F(t)$，即为该产品的不可靠度。由于失效和不失效是相互对立事件，根据概率互补定理，两个对立事件的概率和恒等于 1，因此 $R(t)$ 与 $F(t)$ 之间有如下的关系：

$$R(t) + F(t) = 1$$

3）失效率 $\lambda(t)$

失效率又称为故障率，其定义为：工作 f 时刻时尚未失效（或故障）的产品，在该时刻 f 以后的下一个单位时间内发生失效（或故障）的概率。失效率是标志产品可靠性常用的特征量之一，失效率愈低，则可靠性愈高。

产品的失效率 $\lambda(t)$ 与时间 t 的关系曲线如

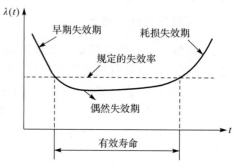

图 3-9 产品典型失效率曲线

图 3-9 所示。因其形状似浴盆，故称浴盆曲线，它可分为三个特征区。

（1）早期失效期

早期失效期一般出现在产品开始工作后的较早时期，一般为产品试车跑合阶段。在这一阶段中，失效率由开始很高的数值急剧地下降到某一稳定的数值。引起这一阶段失效率特别高的原因主要是材料不良、制造工艺缺陷、检验差错及设计缺点等因素。因此，为了提高可靠性，产品在出厂前应进行严格的测试，查找失效原因，并采取各种措施发现隐患和纠正缺陷，使失效率下降且逐渐趋于稳定。

（2）正常运行期

正常运行期又称有效寿命期。在该阶段内如果产品发生失效，一般都是由于偶然的原因而引起的，因而该阶段也称为偶然失效期。其失效的特点是随机的，如个别产品由于使用过程中工作条件发生不可预测的突然变化而导致失效。这个时期的失效率低且稳定，近似为常数，是产品的最佳状态时期，产品、系统的可靠度通常以这一时期为代表。通过提高可靠性设计质量、改进设备使用管理、加强产品的工况故障诊断和维护保养等工作，可使产品的失效率降到最低水平，延长产品的使用寿命。

（3）耗损失效期

耗损失效期出现在产品使用的后期。其特点是失效率随工作时间的推移而上升。耗损失效主要是产品经长期使用后，由于某些零件的疲劳、老化、过度磨损等原因，已渐近衰竭，从而处于频发失效状态，使失效率随时间的推移而上升，最终会导致产品的功能终止。改善耗损失效的方法是不断提高产品零、部件的工作寿命，对寿命短的零、部件，在整机设计时就要制订一套预防性检修和更新措施，在它们到达耗损失效期前就及时予以检修或更换，这样就可以把上升的失效率拉下来，也就是说，采取某些措施可延长产品的实际寿命。

为了提高产品的可靠性，应该研究和掌握产品的这些失效规律。可靠性研究虽然涉及上述三种失效期，但着重研究的是偶然失效，因为它发生在产品的正常使用期间。

4）平均寿命

平均寿命是常用的一种可靠性指标。所谓平均寿命（Mean Life），是指产品寿命的平均值，其中，产品寿命是它的无故障的工作时间。

平均寿命在可靠性特征量中有两种：MTTF（Mean Time To Failure）和 MTBF（Mean Time Between Failure）。MTTF 是指不可修复产品从开始使用到失效的平均工作时间，或称平均无故障工作时间。MTBF 是指可修复产品两次相邻故障间工作时间（寿命）的平均值，或称为平均无故障工作时间。

3．可靠性设计的应用

系统是由零件、部件、子系统等组成的。系统的可靠性不仅与组成该系统各单元的可靠性有关，而且也与组成该系统各单元间的组合方式和相互匹配有关。系统可靠性设计的目的就是要使系统在满足规定可靠性指标、完成预定功能的前提下，使该系统的技术性能、重量指标、制造成本及使用寿命等各方面彼此协调，并求得最佳的设计方案；或者在性能、质量、成本、寿命和其他要求的约束下，设计出最佳的可靠性系统。系统的可靠性设计主要有两方面的内容：可靠性预测和可靠性分配。

可靠性预测是一种预报方法，它根据所得的失效率数据预报一个元件、部件、子系统或系统实际可能达到的可靠度，即预报这些元件或系统等在特定的应用中完成规定功能的概率。包括元件可靠性预测和系统可靠性预测。

1）元件可靠性预测

元件（零件）的可靠性预测是进行系统可靠性预测的基础。一旦确定系统中的所有元件（零件）或组件的可靠度后，把这些元件（零件）或组件的可靠度进行适当的组合就可以预测系统的可靠度。因而，在系统可靠性设计中，首先要进行的工作之一就是预测元件的可靠性。

2）系统可靠性预测

系统的可靠性与组成系统的零部件数量、零部件的可靠度及零部件之间的相互关系和组合方式有关。系统可靠性预测的目的是：协调设计参数及指标，提高产品的可靠性；对比设计方案，以选择最佳系统；预示薄弱环节，以采取改进措施。

（1）串联系统的可靠性。如果组成系统的所有元件中任何一个元件失效就会导致系统失效，则这种系统称为串联系统。串联系统逻辑图如图 3-10 所示。设各元件的可靠度分别为 R_1, R_2, …, R_n，如果各元件的失效互相独立，则由 n 个单元组成的串联系统的可靠度为

$$R_s = R_1 R_2 \cdots R_n$$

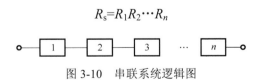

图 3-10　串联系统逻辑图

（2）并联系统的可靠性。果组成系统的所有元件中只要一个元件不失效，整个系统就不会失效，则称这一系统为并联系统。其逻辑图如图 3-11 所示。由 n 个单元组成的并联系统的

可靠度 R_s 为

$$R_s = 1-(1-R_1)(1-R_2)\cdots(1-R_n)$$

（3）储备系统的可靠性。果组成系统的元件中只有一个元件工作，其他元件不工作而作储备，当工作元件发生故障后，原来未参加工作的储备元件立即工作，而将失效的元件换下进行修理或更换，从而维持系统的正常运行，则该系统称为储备系统。当开关可靠时，储备系统的可靠度比并联系统的可靠度高。其逻辑图如图 3-12 所示。

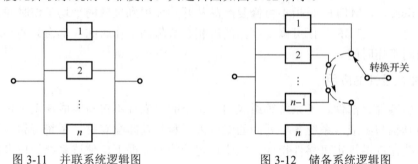

图 3-11　并联系统逻辑图　　　　　图 3-12　储备系统逻辑图

3）系统可靠性分配

可靠性分配就是将设计任务书上规定的系统可靠度指标，合理地分配给系统的各个组成单元的一种设计方法。其目的是合理地确定每个单元的可靠度指标，以使整个系统的可靠度获得确切的保证。基于系统的可靠性分配原则的不同，有不同的分配方法。

常用的可靠性分配方法有平均分配法和按相对失效概率分配可靠度。平均分配法又称等分配法，该方法是将对系统中的全部单元分配以相等的可靠度；按相对失效概率分配可靠度，基于使系统中各单元的容许失效概率正比于该单元的预计失效概率的原则来分配系统中各单元的可靠度。

3.3.4　创新设计

创新设计是指设计人员在设计中采用新的技术手段和技术原理，发挥创造性，提出新方案，探索新的设计思路，提供具有社会价值的、新颖的且成果独特的设计，其特点是运用创造性思维，强调产品的创造性和新颖性。

1．机械创新设计的实质

机械创新设计（Mechanical Creative Design，MCD）是指充分发挥设计者的创造力，利用人类已有的相关科学技术成果，进行创新构思、设计出具有新颖性、创造性及实用性的机构或机械产品（装置）的一种实践活动。它包含两个部分：一是改进完善生产或生活中现有的机械产品的技术性能、可靠性、经济性、适用性等；二是创造设计出新机器、新产品，以满足新的生产或生活的需要。由于机械创新设计凝结了人们的创造性智慧，因而机械创新设计的产品无疑是科学技术与艺术结晶的产物，具有美学性、反映出和谐统一的技术美。

机械创新设计是相对常规设计而言的，它特别强调人在设计过程中，特别是在总体方案、结构设计中的主导性及创造性作用。工程设计人员要想取得创新设计成果，首先必须具有良好的心理素质和强烈的事业心，善于捕捉和发现社会与市场的需求，分析矛盾，富于想象，有较强的洞察力；其次，要掌握创造性技法，科学地发挥创造力；最后，要善于运用自己的知识和经验，在创新实践中不断地提高创造力。

机械创新设计过程中的原理方案设计是机械系统设计的关键内容，在原理方案设计过程中应解决以下问题。

① 确定系统的总功能。

② 进行总功能分解。将总功能分解为若干分功能是实现功能工作原理方案的最好办法，它使设计者易于构思各种各样的工作原理方案。

③ 功能元求解。功能元求解就是将所需执行的动作，用合适的执行机构形式来实现。

④ 功能原理方案的确定。由于每个功能的解有多个，因此组成机械的功能原理方案可以有多个。

⑤ 方案的评价与决策。针对不同的机械确定评价指标体系和评价方法，对多个方案进行综合评价和决策。

2. 机械创新设计的过程

机械创新设计的目标是从所要求的机械功能出发，改进、完善现有机械或创造发明新机械，实现预期的功能，并使其具有良好的工作品质及经济性。

机械创新设计是一种正处于发展期的新的设计技术和方法，由于所采用的工具和建立的结构学、运动学与动力学模型不同，逐渐形成了各具特色的理论体系与方法，因此提出的设计过程也不尽相同，但其实质是统一的。综合起来，机械创新设计主要由综合过程、选择过程和分析过程所组成。

① 确定机械的基本原理。可能会涉及机械学对象的不同层次、不同类型的机构组合，或不同学科知识、技术的问题。

② 机构结构类型综合及优选。优选的结构类型对机械整体性能和经济性具有重大影响，它多伴随新机构的发明。机械发明专利的大部分属于结构类型的创新设计，因此，结构类型综合及优选是机械设计中最富有创造性、最具活力的阶段，但又是十分复杂和困难的问题。它涉及设计者的知识广度与深度、经验、灵感和想象力。

③ 机构运动尺寸综合及其运动参数优选，其难点在于求得非线性方程组的完全解，为优选方案提供较大的空间。随着优化法、代数消元法等数学方法引入机构学，使该问题有了突破性进展。

④ 机构动力学参数综合及其动力学参数优选，其难点在于动力学参数量大、参数值变化域广的多维非线性动力学方程组的求解，这是一个亟待深入研究的问题。

完成上述机械工作原理、结构学、运动学、动力学分析与综合的四个阶段，便形成了机械设计的优选方案，之后即可进入机械结构创新设计阶段，主要解决基于可靠性、工艺性、安全性、摩擦学、结构设计等问题。

由上述内容可以看出机械创新设计具有以下特点：涉及多种学科，是机械、液压、电力、气动、热力、电子、光电、电磁及控制等多种科技的交叉、渗透与融合；设计过程中的相当部分工作是非数据性、非计算性的，必须在知识和经验积累的基础上思考、推理、判断，以及创造性地发散思维，在基于知识、经验灵感与想象力的系统中搜索并优化设计方案；机械创新设计是多次反复、多级筛选的过程，每一设计阶段都有其特定的内容与方法，但各阶段之间又密切相关，形成一个整体的系统设计。

3．创新思维方法

由于设计人员的自身知识、经验、理论和方法等基本素质是不同的，因此，不同的设计人员其思维的创造性是有差异的。在创造性思维中，更重要的是设计人员在自身素质的基础上，将头脑中存储的信息重新组合和活化，形成新的联系。因此，创造性思维与传统的思维方式相比，以其突破性、独创性和多向性显示出创新的活力。根据创造性思维过程中是否严格遵循逻辑规则，可以分为直觉思维和逻辑思维两种类型。

1）直觉思维

直觉思维是一种在具有丰富经验和推理判断技巧的基础上，对要解决的问题进行快速推断，领悟事物本质或得出问题答案的思维方式。

直觉思维的基本特征是其产生的突然性、过程的突发性和成果的突破性。在直觉思维的过程中，不仅意识在起作用，而且潜意识也在发挥着重要的作用，潜意识是在意识层次的控制下，不能靠意志努力来支配的一种意识，但它可以受到外在因素的激发。虽然直觉思维的结论并不是十分可靠的，但是，它在创造性活动中方向的选择、重点的确定、问题关键和实质的辨识、资料的获取、成果价值的判定等方面具有重要的作用，也是产生新构思、新美学的基本途径之一。

2）逻辑思维

逻辑思维是一种严格遵循人们在总结事物活动经验和规律的基础上概括出来的逻辑规律，进行系统的思考，由此及彼地联动推理。逻辑思维有纵向推理、横向推理和逆向推理等几种方式。

纵向推理是针对某一现象进行纵深思考，探求其原因和本质而得到新的启示。例如，车工在车床上切削工件时由于突然停电，造成硬质合金刀具牢固地黏结在工件上面，通过分析这次偶然的事故所造成刀具与工件黏结的原因，从而发明了"摩擦焊接法"。

横向推理是根据某一现象，联想与其相似或相关的事物，进行"特征转移"而进入新的领域。例如，根据面包多孔松软的特点，进行"特征转移"的横向推理，在其他领域开发出泡沫塑料、夹气混凝土和海绵肥皂等不同的产品。

逆向推理是根据某一现象、问题或解法，分析其相反的方面、寻找新的途径。例如，根据气体在压缩过程中会发热的现象，逆行推理到压缩气体变成常压时应该吸热制冷，从而发明了压缩式空调机。

创造性思维是直觉思维和逻辑思维的综合，这两种包括渐变和突变的复杂思维过程互相融合、补充和促进，使设计人员的创造性思维得到更加全面的开发。

4．创新方法简介

在实际的创新设计过程中，由于创造性设计的思维过程复杂，有时发明者本人也说不清楚是具体采用什么方法最后获得成功的，可能是无意识中应用了一种创新方法，也可能是有意识综合应用了几种创新方法。通过对实践和理论的总结，创新方法大致可以有以下几种。

1）头脑风暴法

该方法是一种发挥集体智慧的方法，是由美国人于1938年提出的一种方法。这种方法是先把具体的功能目标告知每个人，经过一定的准备后，大家可以不受任何约束地提出自己的新概念、新方法、新思路、新设想，各抒己见，在较短的时间内可获得大量的设想与方案，经分析讨论，去伪存真、由粗到细，进而找出创新的方法与实施方案，最后由主持人负责完成。该方法要求主持人有较强的业务能力、工作能力和较大的凝聚力。

2）仿生创新法

通过对自然界生物机能的分析和类比，创新设计新机器，这也是一种常用的创造性设计方法。仿人机械手，仿爬行动物的海底机器人，仿动物的四足机器人、多足机器人，就是仿生设计的产物。由于仿生法的迅速发展，目前已经形成仿生工程学这一新的学科。使用该方法时，要注意切莫刻意仿真，否则会走入误区。

3）反求设计创新法

反求设计是指在引入别国先进产品的基础上，加以分析、改进、提高，最终创新设计出新产品的过程。日本、韩国经济的迅速发展都与大量使用反求设计创新法有关。

4）类比求优创新设计法

类比求优是指把同类产品相对比较，研究同类产品的优点，然后集其优点、去其缺点，设计出同类产品中的最优良产品。日本丰田摩托车就是集世界上几十种摩托车的优点而设计成功的性能最好、成本最低的品牌。但这种方法的前期资金投入过大。

5）功能设计创新法

功能设计创新法是传统的设计方法，是一种正向设计法。根据设计要求，确定功能目标后，再拟定实施技术方案，从中择优设计。

6）移置技术创新设计法

移置技术创新设计法是指把一个领域内的先进技术移植到另外一个领域，或把一种产品的先进技术应用到另一种产品中，从而获得新产品。

7）计算机辅助创新法

利用计算机内存储的大量信息进行机械创新设计，这是近期出现的新方法，目前正处于发展和完善之中。

5．创新方法实例

本实例以新型全自动送筷机采用的创新思维和创新方法做简单的应用，以期对创新设计有所启发。

1）设计目的

学生每天到食堂就餐都得从筷筒里胡乱地抓取筷子，这样既不方便又不卫生，久而久之便萌发了设计一种自动送筷机的灵感。从设想到构思送筷原理、模拟送筷实验，再到产品试制、修改、定型，花费了数月的时间。目前，产品的各项技术指标均达到了设计要求，预计不久将批量投放市场。

2）设计过程

（1）送筷方式的确定

初定的送筷方式（利用功能设计创新法）有三种：朝上竖直送［如图 3-13(a)所示］；水平横向送［如图 3-13(b)所示］；水平竖向送［如图 3-13(c)所示］。

通过反复多次模拟实验发现，朝上竖直送取筷子最为方便，但筷子的水平移动距离长，所需水平推力也大，将导致机器的结构复杂、成本增加。水平横向送筷子，由于筷子尺寸、形状、大小及摆放的不规则，能顺利取出筷子的概率不足 30%。而水平竖向送筷子不仅出筷顺畅，而且在抽出筷子后，在重力作用下筷子会自由下落，省去了机械传动成本，这种方式取筷也比较方便。因此，最终选择了第三种方案。

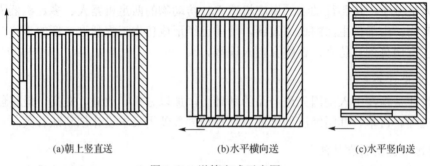

(a)朝上竖直送　　　　　(b)水平横向送　　　　　(c)水平竖向送

图 3-13　送筷方式示意图

（2）出筷机构的选择

可供选择的出筷机构（利用机构组合创新法）有盘形凸轮机构、摆动导杆机构、曲柄摇杆机构、曲柄滑块机构等。通过模拟实验、分析对比，发现盘形凸轮机构虽然结构简单，但由于从动件行程较大（70mm），使机构的总体结构尺寸过大；曲柄摇杆和摆动导杆机构不仅平稳性较差，而且占据的空间也大；而曲柄滑块机构占据的空间最小，结构比较简单。因此，最后确定用曲柄滑块机构与移动凸轮组合机构作为出筷的执行结构，如图 3-14 所示。

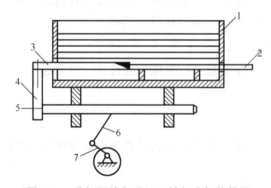

图 3-14　曲柄滑块与移动凸轮组合机构简图
1—箱体；2—筷子；3—移动凸轮（推杆）；4—推板；5—滑块；6—连杆；7—曲柄

（3）电动机的选择

通过模拟实验测定推筷子的阻力和最佳的出筷速度，从而确定电动机的功率为 25W，减速电动机的输出转速为 60r/min。

3）工作原理

当曲柄滑块机构运动时，滑块带动移动凸轮（阶梯斜面）反复移动，将筷子水平送出。推出的一截筷子如果未被取走，则移动凸轮空推，已推出的筷子静候抽取。如果推出的筷子被取走，则上方的筷子在重力的作用下会自由下落到箱体底部，被再次推出，如图 3-15 所示。

设计阶梯推杆的目的：一是提高送筷子的效率；二是防止筷子由于摆放不规则，出现机械卡死、架空等现象。初定的推杆只能推一双筷子，不仅效率低，而且经常出现卡死、架空等现象。阶梯推杆推出的 3 双筷子呈并排阶梯状。伸出箱体最长的筷子被抽取走后，如果上方筷子不能自由下落，则再抽取伸出较短的一双，如果抽走后上方的筷子还不能自由下落，则再抽走最短的第三双筷子，由于 3 双筷子较宽，故 3 双都抽走后，上方筷子必然失去支撑而下落到箱体底部。

阶梯推杆斜面的作用：一是起振动作用；二是防止筷子未对准出口时被顶断，如图 3-16 所示。

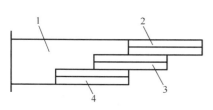
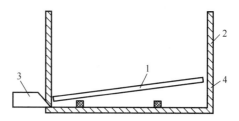

图 3-15　阶梯推杆推筷示意图　　　　　　　　图 3-16　斜面推杆作用示意图
1—阶梯推杆；2—推出最长筷；3—推出较短筷；4—推出最短筷　　　1—筷子；2—箱体；3—斜面推杆；4—筷子出口

当筷子未对准出口、顶在箱体壁上时，筷子在阶梯推杆的斜面上滑过。经过多次作用，只有当筷子对准出口时才能被顶出。

4）主要创新点

（1）产品创新

该产品属国内外首创，经过市场调查及网上查询，国内外还没有自出筷机等自动出筷装置。由于市场容量很大，产品又获得专利权，投放市场后将取得良好的社会效益及经济效益。

（2）机构创新点

将曲柄滑块机构与移动轮机构（阶梯斜面推杆）有机组合，能实现多项功能：一是机构组合本身结构非常简单、紧凑，可大幅度降低成本及缩小机器的结构尺寸；二是阶梯推杆可有效地防止筷子被卡住而不能自由下落的现象；三是斜面推杆能有效防止筷子未对准出口而被机器顶断的现象；四是斜面推杆可适用所有不同横截面的筷子。

3.3.5　反求设计

在现代社会中，科技成果的应用已成为推动生产力发展的重要手段。把已有的科技成果加以引进、消化吸收、改进提高，再进行创新设计，进而发展自己的新技术，是学习借鉴、发展自身技术水平的捷径，该过程称为反求工程。反求工程是消化吸收先进技术的一系列工作方法和技术的综合工程，同时通过反求工程在掌握先进技术的过程中创新，是机械创新设计的重要途径之一。

发展经济，特别是世界进入知识经济的时代，主要依赖高新科学技术。发展高新科学技术，一是依靠我们自己的科研力量，开发研制新产品；二是引进已有的先进科学技术成果，消化吸收，加以改进提高，也就是现在常说的反求工程。

1. 反求设计

反求设计是对已有的产品或技术进行分析研究，掌握其功能原理、零部件的设计参数、材料、结构、尺寸、关键技术等指标，再根据现代设计理论与方法，对原产品进行仿造设计、改进设计或创新设计。反求设计已成为世界各国发展科学技术、开发新产品的重要设计方法之一。反求设计中应注意如下问题。

1）探索原产品的设计思想

探索原产品的设计思想是产品改进设计的前提。如某减速器有两个输入轴，一个用电动机驱动，另一个考虑停电情况用柴油机驱动，其设计的指导思想一定是应用在非常重要的场合。

2）探索原产品的原理方案设计

各种产品都是按一定的要求设计的，而满足一定要求的产品，可能有多种不同的形式，所以产品的功能目标是产品设计的核心问题，不同的功能目标可引出不同的原理方案，如设计一个夹紧装置时，把功能目标定在机械手段上，则可能设计出螺旋夹紧、凸轮夹紧、连杆机构夹紧、斜面夹紧等原理方案。如把功能目标扩大，则可能出现液压、气动、电磁夹紧等原理方案。探索原产品的原理方案设计，可以了解功能目标的确定原则，这对产品的改进设计有极大的帮助。

3）研究产品的结构设计

产品中零部件的具体结构是产品功能目标的保证，对产品的性能、成本、寿命、可靠性有着极大的影响。

4）对产品的零部件进行测绘

对产品的零部件进行测绘是反求设计中工作量很大的一部分工作。用现代设计方法对所测的零件进行分析，进而确定反求时的设计方法。

5）对产品的零件公差与配合公差进行分析

公差的分析是反求设计中的难点之一。通过测量只能得到零件的加工尺寸，不能获得几何精度的分配。合理设计其几何精度，对提高产品的装配精度和机械性能至关重要。

6）对产品中零件的材料进行分析

通过零件的外观比较、质量测量、硬度测量、化学分析、光谱分析、金相分析等手段，对物料的物理成分、化学成分、热处理进行鉴定。参照同类产品的材料牌号，选择满足力学性能和化学性能要求的国产材料代用。

7）对产品的工作性能进行分析

通过分析产品的运动特性、动力特性及其工作特性，了解产品的设计方法，提出改进措施。

8）对产品的造型进行分析

对产品的造型及色彩进行分析，从美学原则、顾客需求心理、商品价值等角度进行构型设计和色彩设计。

9）对产品的维护与管理进行分析

分析产品的维护与管理方式，了解重要零部件及易损的零部件，有助于维修、改进设计和创新设计。

由于已存在真实的东西，人的设计方式是从形象思维开始的，用抽象思维去思考。这种思维方式符合大部分人所习惯的形象—抽象—形象的思维方式。由于对实物有了进一步的了解，并以此为参考，发扬其优点，克服其缺点，再凭借基本知识、思维、洞察力、灵感与丰富的经验，为创新设计提供了良好的环境。因此，反求设计是创新的重要方法之一。

世界各国利用反求工程进行创新设计的实例很多。日本的 SONY 公司从美国引入在军事领域中应用的晶体管专利技术后，进行反求工程设计，将其反求结果用于民用，开发出晶体管收音机，并迅速占领了国际市场，获得了显著的经济效益。

日本的本田公司从世界各国引进 500 多种型号的摩托车，对其进行反求设计，综合其优点，研制出耗油少、噪声低、成本低、性能好、造型美的新型本田摩托车，风靡全世界，垄断了国际市场，为日本的出口创汇做出巨大的贡献。

日本的钢铁公司从国外引进高炉、连铸、热轧、冷轧等钢铁技术，几大钢铁公司联合组成了反求工程研究机构，经过消化、吸收、改造和完善，建立了世界一流水平的钢铁工业。在反求工程的基础上，创新设计出国产转炉，并向英美等发达国家出口，使日本一跃成为世界钢铁大国。

2．新产品的引进原则

对于新产品的引进，在实施反求工程时一般要经历以下过程。

1）引进技术的应用过程

学会引进产品或生产设备的技术操作和维修，令其在生产中发挥作用，并创造经济效益。在生产实践中，了解其结构、生产工艺、技术性能、特点及不足之处，做到"知其然"。

2）引进技术的消化过程

对引进产品或生产设备的设计原理、结构、材料、制造工艺、管理方法等内容进行深入的分析研究，用现代的设计理论、设计方法及测试手段对其性能进行计算测定，了解其材料配方、工艺流程、技术标准、质量控制、安全保护等技术条件，特别要找出它的关键技术，做到"知其所以然"。

3）引进技术的创新过程

在上述基础上，消化、综合引进的技术，采众家之长进行创新设计，开发出具有特色的新产品，最后完成从技术引进到技术输出的过程，创造更大的经济效益。这一过程是反求工程中最重要的环节，也是利用反求工程进行创新设计的最后结果阶段。

由于各国科学技术发展的不平衡，经济发展速度的差距很大。一些发达国家在计算机技术、微电子技术、人工智能技术、生命科学技术、信息工程技术、材料科学技术、空间科学技术、制造工程技术等领域处于领先地位。引进发达国家的先进技术为己用，是发展本国经济的最佳途径。

在科学技术快速发展的今天，任何一个国家的科学技术都不能全部领先世界。因此，开展反求工程研究是掌握先进科学技术的重要途径。

3．反求设计方法

1）已知机械设备的反求与创新设计

已知机械设备的反求设计，因存在具体的机器实物，故又称实物的反求设计，也有人称硬件的反求设计，是反求工程中最常用的设计方法。

根据反求的目的，机械设备反求设计可分为三种。

（1）整机的反求

整机的反求是指对整台机械设备进行反求设计，如一台发动机、一辆汽车、一台机车、一台机床、整套设备中的某一设备等。一些不发达国家在经济起步阶段常用这种方法，以加快工业发展的速度。

（2）部件反求

反求对象是机械装置中的某一些部件，如机床中的主轴箱、汽车中的后桥、内燃机车中的液力变矩器、飞机中的起落架等部件。反求部件一般是机械中的重点或关键部件，也是各国进行技术控制的部件。如空调、电冰箱中的压缩机，就是产品的关键部件。

（3）零件反求

反求对象是机械中的某些零件，如发动机中的凸轮轴、汽车后桥中的圆锥齿轮、滚动轴承中的滚动体等零件。反求的零件一般是机械中的关键零件，如发动机中的凸轮轴一直是发动机反求设计的重点。

采用哪种反求实物，取决于技术引入国的引入目的、需求、生产水平、科技水平及经济能力。机械设备反求设计主要包括以下方面的主要内容。

（1）零部件的测绘与分析

在进行测绘之前，应备齐、读懂有关资料，为反求设计做前期准备工作，如产品说明书、维修手册、同类产品样本及产品广告等。还要收集与测绘有关的资料，如机器的装配与分解方法、零件的公差及测量、典型零件（齿轮、轴承、螺纹、花键、弹簧等）的画法、标准件的有关资料、制图及国家标准等资料。同时，在进行零部件的测绘之前，首先要明确待反求设备中各零部件的功能，这是测绘过程中进行分析的不可缺少的内容。

（2）公差的反求设计

机械零件的尺寸公差确定的优劣，直接影响部件的装配和整机的工作性能。反求设计中，因为零件的公差是不能测量的，所以尺寸公差只能通过反求设计来解决。

（3）机械零件材料的反求设计

机械零件材料的选择与热处理方法直接影响零件的强度、刚度、寿命、可靠性等指标，材料的选择是机械设计中的重要问题，主要涉及材料的成分分析、材料的组织结构分析、材料的硬度分析等内容。

（4）关键零件的反求设计

因为机械是可见的实物，容易仿造，所以任何机器中都会有一些关键零件，也就是生产商要控制的技术，这些零件是反求的重点，也是难点。在进行反求设计时，要找出这些关键零件，如发动机中的凸轮轴、纺织机械中的打纬凸轮、高速机械中的轴承、重型减速器中的齿轮等都是反求设计中的关键零件，特别是高速凸轮的反求，要把实测的凸轮廓线坐标值拟合为若干光滑曲线，而且要和其运动规律相一致，难度很大，因此，发动机厂家都把凸轮作为发动机的垄断技术。对机械中关键零件反求成功，技术上就有突破，就会有创新。不同的机械设备，其关键零件不同。关键零件的确定，要视具体情况，关键零件的反求都需要较深的专门知识和技术。

（5）机构系统的反求

根据已有的设备，画出其机构系统的运动简图，对其进行运动分析、动力分析及性能分析，并根据分析结果改进机构系统的运动简图，称为反求设计。机构系统的反求设计就属此类，它是反求设计中的重要创新手段。进行机构系统的反求时，要注意产品的设计策略反求，一般情况下，产品的反求设计策略有：

① 功能不变，降低成本；

② 增加功能，降低成本；

③ 增加功能，成本不变；

④ 减少功能，降低更多的成本；

⑤ 增加功能，增加成本。

2）已知技术资料的反求与创新设计

在技术引进过程中，常把引进的机械设备等实物称为硬件引进，而把与产品生产有关的技术图样、产品样本、专利文献、影视图片、设计说明书、操作说明、维修手册等技术文件的引进称为软件引进。硬件引进模式以应用或扩大生产能力为主要目的，并在此基础上进行仿造、改造或创新设计新产品。软件引进模式则以增强本国的设计、制造、研制能力为主要目的，是为了解决国家建设中急需的任务的。软件引进模式要比硬件引进模式经济，但要求具备现代化的技术条件和高水平的科技人员。

进行技术资料反求设计时，其过程大致如下。

① 论证对引进技术资料进行反求设计的必要性。对引进技术资料进行反求设计要花费大量时间、人力、财力、物力，反求设计之前，要充分论证引进对象的技术先进性、可操作性、市场预测等内容，否则会导致经济损失。

② 根据引进技术资料，论证进行反求设计成功的可能性。并非所有的引进技术资料都能反求成功，因此要进行论证，避免走弯路。

③ 分析原理方案的可行性、技术条件的合理性。

④ 分析零部件设计的正确性、可加工性。

⑤ 分析整机的操作、维修是否安全与方便。

⑥ 分析整机综合性能的优劣。

已知技术资料的反求与创新主要涉及以下几种软件反求设计方法。

（1）图片资料的反求设计

图片反求资料容易获得，通过广告、照片、录像带可以获得有关产品的外形资料。通过照片等图像资料进行反求设计逐步被采用，并引起世界各国的高度重视。

（2）专利文献的反求设计

专利技术越来越受到人们的重视，专利产品具有新颖性、实用性。使用专利技术发展生产的实例很多，不论是过期的专利技术，还是受保护的专利技术，都有一定的使用价值，但是没有专利持有人的参与，实施专利很困难，因此，对专利进行深入的分析研究实行反求设计，已成为人们开发新产品的一条途径。

一般情况下，专利技术含说明书摘要（应用场合、技术特性、经济性、构成等）、说明书（主要是专利产品的组成原理）、权利要求书（说明要保护的内容）及附图。对专利文献的反求设计主要依据以下内容。

① 根据说明书摘要判断该专利的实用性和新颖性，决定是否采用该项技术。

② 结合附图阅读说明书，并根据权利要求书判断该专利的关键技术。

③ 分析该专利技术能否产品化。专利只是一种设想、产品的实用新型设计、外观设计或发明，专利并不等于产品设计，并非所有的专利都能产品化。

④ 根据专利文献研究专利持有者的思维方法，以此为基础进行原理方案的反求设计。

⑤ 在原理方案反求设计的基础上，提出改进方案，完成创新设计。

⑥ 进行技术设计，提交技术可行性、市场可行性报告。

（3）已知设备图样的反求设计

引入国外先进产品的图样直接仿造生产，是我国 20 世纪 70 年代技术引进的主要方法。这是洋为中用、快速发展本国经济的一种途径。我国的汽车工业、钢铁工业、纺织工业等许多行业都是靠这种技术引进发展起来的。实行改革开放政策以后，增加了企业的自主权，技术引进快速增加，缩短了与发达国家的差距，但世界已进入了代表高科技的知识经济时代，仿造可加快发展速度，但不能领先世界水平，所以要在仿造的基础上有创新，研究出更先进的产品返销国外，才能产生更大的经济效益。

4．反求设计与知识产权

科学技术的发展与知识产权的保护密切相关。知识产权是无形资产，无形资产具有很大的潜在价值，是客观存在的经济要素，具有有形资产不可替代的价值，甚至具有超乎想象的价值，因此，世界各国都加强了对本国知识产权的保护。

在进行反求设计时，一定要懂知识产权，不要侵害别人的专利权、著作权、商标权等受保护的知识产权，同时也要注意保护自己所创新部分的知识产权。引入技术与知识产权密切相关，而对引入技术的反求设计与知识产权更是密切相关，所以，一定要处理好引入技术与反求设计的知识产权关系。

复习思考题

1．机构和机器的区别是什么？
2．机械设计发展到现在，经历了哪些阶段？
3．机械的现代设计方法与传统设计方法有哪些主要区别？
4．简述机械设计的一般步骤，以身边的产品为例说明一个产品产生的过程。
5．什么是优化设计？优化设计包含哪几个基本概念？
6．简述优化设计的基本过程。
7．创新设计的实质和过程是什么？
8．创新设计包含哪几种基本创新方法？
9．试说明有限元法解题的主要步骤。
10．何为产品的可靠性？如何计算可靠度？
11．零件失效在不同失效期具有哪些特点？
12．可靠性设计与常规静强度设计有何不同？可靠性设计的出发点是什么？
13．机械系统的可靠性与哪些因素有关？机械系统可靠性设计的目的是什么？

参 考 文 献

[1] 张鄂. 现代设计理论与方法[M]. 北京：科学出版社，2007.
[2] 黄雨华. 现代机械设计理论和方法[M]. 沈阳：东北大学出版社，2001.
[3] 姚建华. 机械工程导论[M]. 杭州：浙江科学技术出版社，2009.
[4] 张春林. 机械工程概论[M]. 北京：北京理工大学出版社，2011.
[5] 濮良贵. 机械设计[M]. 北京：高等教育出版社，2013.

第4章　机械制造工艺技术

4.1　机械制造工艺概述

4.1.1　机械制造工艺及其阶段划分

普遍来讲,机械制造是指将毛坯(或材料)和其他辅助材料作为原材料,输入机械系统,经过存储、运输、加工、检验等环节,最后从系统输出符合要求的零件或产品。概括来讲,机械制造就是将原材料转变为各种产品的各种劳动总和。而机械制造工艺是将各种原材料通过改变其形状、尺寸、性能或相对位置,使之成为成品或半成品的方法和过程的总称。机械制造应以机械制造工艺为本。

图 4-1 所示为机械制造工艺流程图,它由原材料和能源的提供、毛坯和零件成形、机械加工、材料改性和处理、装配和包装、质量检测与控制等多个工艺环节组成。按各工艺环节的不同功能,可将机械制造工艺大致分为如下三个阶段。

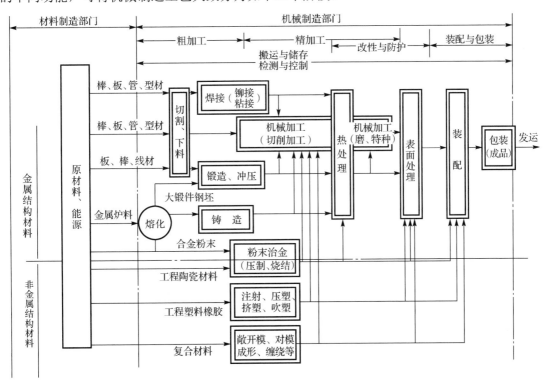

图 4-1　机械制造工艺流程图

(1)零件毛坯的成形准备阶段

毛坯可用不同的方法获得,获得零件毛坯的常用方法有原材料(一般指型材、棒、板、管、金属炉料等）的切割、焊接、铸造、锻压、冲压、注塑等。

（2）机械加工阶段

机械加工阶段主要包括以切削加工为核心的机械冷加工技术、机械装配技术（如车削、钻削、铣削、磨削、装配工艺等）和特种加工工艺（如电火花加工、激光加工、超声波加工、电子束加工等）。

（3）表面改性处理阶段

表面改性处理阶段包括热处理、电镀、化学镀、热喷涂、涂装等。此外，机械制造工艺还应包括机械产品质量检测和控制工艺环节，而检测和控制并不独立地构成工艺过程，它们附属于各个工艺过程而存在，其目的是提高各个工艺过程的技术水平和产品质量。

随着机械制造业的发展，机械制造工艺的内涵和面貌不断发生变化，主要体现在：常规工艺不断得到优化并普及；原来十分严格的工艺界限和分工，如下料和加工、毛坯制造和零件加工、粗加工和精加工、冷加工和热加工、成形与改性等工艺在界限上逐渐淡化，在功能上趋于交叉；新型加工方法不断出现和发展，出现了如特种加工技术、快速原型制造技术（3D打印）、表面覆层技术等加工方法。

4.1.2　机械制造工艺的成形学分类

从成形学的角度出发，机械制造工艺属于成形工艺，即是在成形学的指导下，研究与开发产品制造的技术、方法和程序。按照现代成形学的观点，根据物质的组织方式的不同，可把机械制造的成形方式分为如下三类（如图4-2所示）。

（1）受迫成形[如图4-2(a)所示]

受迫成形是一种液态或固态材料的质量不变的成形工艺，利用材料的可成形性（如塑性等），在特定边界和外力约束下成形的方法，如铸造、锻压、粉末冶金和高分子材料注塑成形等工艺方法。受迫成形加工多用于毛坯成形和特种材料成形等。

（2）去除成形[如图4-2(b)所示]

去除成形是一种固态材料的质量减少的成形工艺，运用物理或者化学的方法，把多余的材料有序地从基体中分离出去而成形的办法，如车、铣、刨、磨、镗及现代的电火花加工、激光切割等加工方法。去除成形加工最先实现数字化控制（如数控技术），是目前最主要的机械制造成形方法。

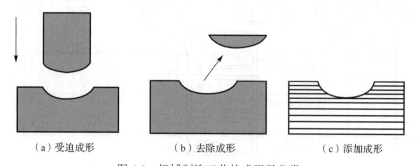

（a）受迫成形　　　　　（b）去除成形　　　　　（c）添加成形

图4-2　机械制造工艺的成形学分类

（3）添加成形[如图4-2(c)所示]

添加成形是一种材料质量增加的成形工艺，运用堆积、结合与连接的办法，把材料（气相、液相、固相）有序地合并堆积起来的成形方法，如快速原型制造技术（3D打印）、表面覆层技术等，传统的焊接、胶接、机械连接也属于这类成形工艺。添加成形加工便于实现自动化，适合加工复杂的零件。

近年来，出现了一种颇具潜力和发展前景的成形工艺——生长成形。生长成形是一种利用材料的活性进行成形的方法，生物制造中的生物约束生长成形就属于这个范畴，图 4-3 所示为生长成形中的细胞繁殖成形。随着活性材料、仿生学、生物化学、生命科学的快速发展，生长成形工艺将会有更加广阔的应用前景。

图 4-3　生长成形——细胞繁殖成形

4.1.3　机械制造工艺的发展特征

1. 数字化

计算机技术的普遍应用推动机械制造工艺朝数字化的方向发展。机械制造工艺的数字化有如下三个组成部分。

（1）设计环节数字化

利用计算机的强大计算功能，模拟机械制造的过程和零件的使用情况，以此对零件结构和工艺进行合理化设计和改进，大大地缩短了设计周期。此外，还可利用数字化传输和处理系统，将设计数据直接应用到生产过程中，保证了生产的准确性。

（2）生产过程数字化

利用计算机实现生产流程全部自动化，将整个生产系统和物料运输系统结合起来，完成机械制造的整个生产过程。

（3）生产过程管理数字化

数字信号成为生产和管理的重要基础，利用数字信号的传输和处理，管理者可实现对整个生产过程甚至整个企业的全面管理，并且能够将内外部的信息结合起来，为企业的长远发展做出正确的决策。

2. 智能化

智能化是 21 世纪机械制造工艺技术发展的主要方向，遍布生产制造的各个环节。在机械制造过程中，通过智能化技术将系统整合并模拟人类的智能化活动，取代传统制造系统中的脑力劳动部分，实现自动化监测过程，并可自动优化参数，使机械运行始终处于最佳状态，提高产品的质量和生产效率，同时又可降低成本，减轻工人的劳动强度。

3．精密化

精密化对机械制造尖端技术的发展起着非常重要的作用。20世纪所谓的超精密加工使误差降低到10μm，随后达到1μm，进而是0.1μm，20世纪末达到了0.01μm，如今已经达到了1nm。未来随着纳米技术的不断发展，机械制造工艺将进入纳米时代，而超精密加工水平也成为衡量一个国家制造工业水平的重要指标之一。

4．集成化

集成化是机械制造高度自动化的产物。机械制造工艺由原来的分散型逐级加工转化为连续性的集成化加工。现阶段，机械制造工艺集成化主要是设备、技术的集成，即利用机电一体化技术，一次性完成某个零部件的生产；而未来的集成化将是整个成品的集成化生产，即使产品的设计、生产、装配、成品检验、出厂的全过程都在一个自动化系统内完成。

5．网络化

网络通信技术的迅速发展和普及为企业的生产、经营等活动带来了新的变革，零件制造、产品设计、产品销售与市场开拓都可在异地或者异国进行。同时网络通信技术的发展也加快了技术信息的交流，加强了企业之间产品开发的合作和经营管理模式的学习，在一定程度上推动企业向竞争与合作并存的方向发展。

6．绿色化

21世纪的主题词是"环境保护"，绿色化是时代的趋势。在传统机械制造工艺中，毛坯尺寸大，大部分能量由于机械加工过程中的摩擦挤压被转化为内能及其他形式的能量而消耗掉，这不仅导致了机械磨损严重、加工效率低，同时还造成了能源、资源浪费和环境污染。绿色制造工艺就是针对以上这些问题，在机械制造过程中，通过提高毛坯质量，适当利用可再生资源，使用绿色设备等措施，实现资源节约、能源节约、环境保护的目的。

4.1.4　机械制造工艺中的新技术

1．自动化技术

自动化技术是集机械制造数字化、智能化、集成化于一体的技术。目前，机械制造工艺领域已逐渐实现自动化制造单元，即应用单台或者多台数控机床、加工中心等，实现小型化、灵活化的自动运作，既可支持自动化生产过程，也可有效控制成本，提高劳动生产效率。而自动化制造系统则是由若干数控机床、加工中心，自动物料运储、检测装置等组成的，在计算机的支配与控制作用下，将原本单一化的制造环节连接起来，形成一个强大、完备的储运系统，使材料采购、加工制造、零件装配及检验成品等各道工序均在自动化过程中完成。

2．激光加工技术

激光加工技术是机械制造绿色化的一个重要体现，它是利用激光束与物质相互作用的特性对材料（包括金属与非金属）进行切割、焊接、表面处理、打孔、微加工等的一门技术。目前，使用较成熟的激光加工技术主要包括：激光快速成形技术、激光焊接技术、激光打孔技术、激光切割技术等。该技术广泛应用于汽车、电子、电器、航空、冶金、机械制造等国民经济重要部门，在提高产品质量、提高劳动生产率、提高自动化程度、无污染、减少材料消耗等方面起着举足轻重的作用。

3. 高精度技术

高精度技术体现了机械制造技术的精密化，其中主要涉及微型机械、超精密切削技术、研磨加工技术及复合加工技术等多方面。当前，纳米技术正逐渐在纳米材料制备、纳米尺度加工等方面广泛应用，而机械制造工艺的高精度技术也朝着纳米技术方向发展。因此，纳米技术与微型机械的发展必将成为高精度技术今后发展的关键技术。

此外，传统技术是机械制造新工艺的基础，因此在继承与发展传统技术的基础上全面应用高新技术，极大提高机械制造的效率与质量水平，必将成为今后发展的趋势。

4.2 受迫成形加工工艺（$\Delta m = 0$）

4.2.1 铸造成形

将液态金属浇注到具有与零件形状、尺寸相适应的铸型型腔中，待其冷却凝固后获得毛坯或零件的方法，称为铸造（Metal Casting）。它是毛坯或机器零件成形的重要方法之一。

铸造在工业生产中应用广泛，机械零件中铸件所占的比重非常大，如在机床和内燃机产品中，铸件占总质量的 70%～90%，在拖拉机和农用机械中占 50%～70%。

铸造过程中，金属材料是液态一次成形的，因而具有很多优点。

（1）适应性广泛。工业上常用的金属材料如铸铁、碳素钢、合金钢、非铁合金等，均可在液态下成形，特别是对于不宜压力加工或焊接成形的材料，铸造具有特殊的优势。并且铸件的大小、形状几乎不受限制，质量可从零点几克到数百吨，壁厚可从 1mm 到 1000mm。

（2）可以铸造形状复杂的零件。具有复杂内腔的毛坯或零件，如复杂箱体、机床床身、阀体、泵体、缸体等都能成形。

（3）生产成本较低。铸造用原材料大都来源广泛、价格低廉。铸件与最终零件的形状相似，尺寸相近，加工余量小，因而可减少切削加工量。

铸造成形也存在缺点，如：生产工序较多，生产过程中废品率较高；铸件内部常出现缩孔、缩松、气孔等缺陷，导致铸件的某些力学性能较低；铸件表面粗糙，尺寸精度不高；工作环境较差，工人劳动强度大等。但随着特种铸造方法的发展，铸件质量有了很大的提高，工作环境也有了改善。

从造型方法来分，铸造可分为砂型铸造和特种铸造两大类。

1. 砂型铸造

砂型铸造（Sand Casting）是在砂型中生产铸件的方法。型（芯）砂通常是由硅砂、粘土或粘接材料和水按一定比例混制而成的。砂型铸造是实际生产中应用最广泛的一种铸造方法，其基本工艺过程如图 4-4 所示。

砂型铸造是传统的铸造方法，它适用于各种形状、大小、批量及各种常用合金的生产。

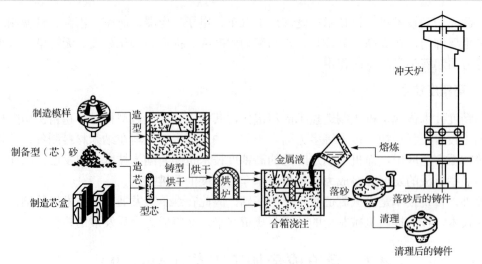

图 4-4　砂型铸造工艺过程

制造砂型的工艺过程称为造型。造型是砂型铸造最基本的工序，通常分为手工造型和机器造型两大类。

（1）手工造型

手工造型（Hand Molding）时，填砂、紧实和起模都用手工来完成。操作方便灵活，适应性强，但生产率低，劳动强度大，铸件质量不易保证，故只适用于单件或小批量生产。

（2）机器造型

机器造型（Machine Molding）用机器来完成填砂、紧实和起模等造型操作过程，是现代化铸造车间的基本造型方法。与手工造型相比，可以提高生产率和铸型质量，减轻劳动强度。但设备及工装模具投资较大，生产准备周期较长，主要用于成批及大量生产。

2. 特种铸造

生产中采用的铸型用砂较少或不用砂，使用特殊工艺装备进行铸造的方法，统称为特种铸造（Special Casting），如熔模铸造、金属型铸造、压力铸造、低压铸造、离心铸造、陶瓷型铸造和实型铸造等。与砂型铸造相比，特种铸造具有铸件精度和表面质量高、内在性能好、原材料消耗低、工作环境好等优点。每种特种铸造方法均有其优越之处和适用的场合。

1）熔模铸造

熔模铸造（Fusible Pattern Molding）是用易熔材料制成模样，然后在模样上涂挂耐火材料，经硬化之后，再将模样熔化排出型外，从而获得无分型面的铸型。由于模样一般采用蜡质材料来制造，故又将熔模铸造称为"失蜡铸造"。

（1）熔模铸造工艺过程

熔模铸造工艺过程如图 4-5 所示，包括蜡模制造、结壳、脱蜡、焙烧和浇注等过程。

① 蜡模制造。若干蜡模粘合在一个浇注系统下，构成的蜡模组如图 4-5(f)所示，以便一次浇出多个铸件。

② 结壳。把蜡模组放入粘结剂与硅粉配制的涂料里浸润，使涂料均匀地覆盖在蜡模表层，然后在上面均匀地撒一层硅砂，再放入硬化剂中硬化。如此反复 4～6 次，最后在蜡模组外表面形成由多层耐火材料组成的坚硬的型壳，如图 4-5(g)所示。

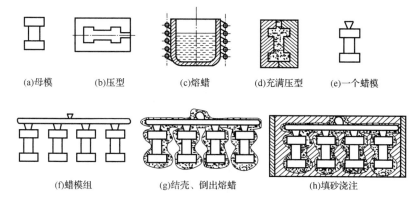

(a)母模　　(b)压型　　(c)熔蜡　　(d)充满压型　　(e)一个蜡模

(f)蜡模组　　　　(g)结壳、倒出熔蜡　　　　(h)填砂浇注

图 4-5 熔模铸造工艺过程

③ 脱蜡。通常将附有型壳的蜡模组浸入 85℃～95℃的热水中，使蜡料熔化并从型壳中脱除，形成形腔。

④ 焙烧和浇注。型壳在浇注前，必须在 800℃～950℃下进行焙烧，以彻底去除残蜡和水分。为了防止型壳在浇注时变形或破裂，可将型壳排列于砂箱中，周围用砂填紧，如图 4-5(h)所示。焙烧通常趁热（600℃～700℃）进行浇注，以提高充型能力。

待铸件冷却凝固后，将型壳打碎取出铸件，切除浇口，清理毛刺。

（2）熔模铸造的特点和应用

熔模铸造的特点如下。

① 铸件精度高、表面质量好，是少、无切削加工工艺的重要方法之一，其尺寸精度可达 IT11～IT14，表面粗糙度为 R_a 为 12.5～1.6μm。如熔模铸造的涡轮发动机叶片，铸件精度已达到无加工余量的要求。

② 可制造形状复杂的铸件，其最小壁厚可达 0.3mm，最小铸出孔径为 0.5mm。对由几个零件组合成的复杂部件，可用熔模铸造一次铸出。

③ 铸造合金种类不受限制，对于高熔点和难切削合金，更具显著的优越性。

④ 生产批量基本不受限制，既可成批、大批量生产，又可单件小批生产。

但熔模铸造也存在工序繁杂、生产周期长、原辅材料费用比砂型铸造高等缺点，生产成本较高。另外，受蜡模与型壳强度、刚度的限制，铸件不宜太大太长，一般限于 25kg 以下。

熔模铸造主要用于生产汽轮机及燃汽轮机的叶片、泵的叶轮、切削刀具，以及飞机、汽车、拖拉机、风动工具和机床上的小型零件。

2）金属型铸造

金属型铸造（Gravity Die Casting）是将液态金属浇入金属型内，以获得铸件的铸造方法。由于金属型可重复使用，所以又称永久型铸造。

金属型的结构有整体式、水平分型式、垂直分型式和复合分型式几种。图 4-6 所示为铸造铝活塞的金属型铸造垂直分型示意图。该金属型由左半型 1 和右半型 2 组成，采用垂直分型，活塞的内腔由组合式型芯构成。铸件冷却凝固后，先取出中间型芯 4，再取出左、右两侧型芯 3，然后沿水平方向拔出左右销孔型芯 5，最后分开左右两个半型，即可取出铸件。

金属型铸造的特点如下。

（1）有较高的尺寸精度（IT12～IT16）和较小的表面粗糙度（R_a 为 12.5～6.3 μm），机械加工余量小。

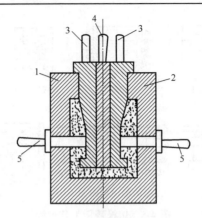

图 4-6　金属型铸造示意图

1—左半型；2—右半型；3—左、右两侧型芯；4—中间型芯；5—左右销孔型芯

（2）金属型的导热性好，冷却速度快，铸件的晶粒较细，力学性能好。

（3）可实现"一型多铸"，提高劳动生产率，且节约造型材料，可减轻环境污染，改善劳动条件。

但金属铸型的制造成本高，不宜生产大型、形状复杂和薄壁铸件。由于冷却速度快，铸铁件表面易产生白口，使切削加工困难。受金属型材料熔点的限制，熔点高的合金不适宜用金属型铸造。

金属型铸造主要用于铜合金、铝合金等非铁金属铸件的大批量生产，如活塞、连杆、气缸盖等。铸铁件的金属型铸造目前也有所发展，但其尺寸限制在 300mm 以内，质量不超过 8kg，如电熨斗底板等。

3）压力铸造

压力铸造（Pressure Die Casting）是将熔融的金属在高压下快速压入金属铸型中，并在压力下凝固，以获得铸件的方法。高压和高速是压铸法区别于一般金属型铸造的两大特征。

（1）压铸工艺过程

压力铸造通常在压铸机上完成。压铸机分为立式和卧式两种。图 4-7 所示为立式压铸机工作过程示意图。合型后，用定量勺将金属注入压室中，压射活塞向下推进，将金属液压入铸型，金属凝固后，压射活塞退回，下活塞上移顶出余料，动型移开，取出铸件。

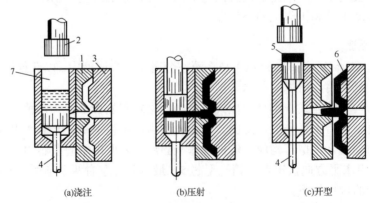

(a)浇注　　　　　(b)压射　　　　　(c)开型

图 4-7　立式压铸机工作过程示意图

1—定型；2—压射活塞；3—动型；4—下活塞；5—余料；6—压铸件；7—压室

（2）压力铸造的特点

① 压铸件尺寸精度高，表面质量好，尺寸公差等级为 ITII～IT13，表面粗糙度 R_a 值为 6.3～1.6μm，可不经机械加工直接使用。

② 可以压铸壁薄、形状复杂及具有很小孔和螺纹的铸件。

③ 压铸件的强度和表面硬度较高。

④ 生产率高，可实现半自动化及自动化生产。

但压铸也存在一些不足。由于充型速度快，故型腔中的气体难以排出，在压铸件皮下易产生气孔，金属凝固快，易产生缩孔和缩松。设备投资大，铸型制造周期长，造价高，不宜小批量生产。

压力铸造应用广泛，可用于生产锌合金、铝合金、镁合金和铜合金等铸件。在压铸件产量中，占比重最大的是铝合金压铸件，为 30%～50%。应用压铸件最多的是汽车、拖拉机制造业，其次为仪表和电子仪器工业。

4）低压铸造

低压铸造（Low-Pressure Die Casting）是液体金属在压力作用下由下而上充填型腔，以形成铸件的一种方法。由于所用的压力较低（0.02～0.06MPa），所以称为低压铸造。

（1）低压铸造装置和工艺过程

低压铸造装置如图4-8(a)所示。其下部是一个密闭的保温坩埚炉，用于储存熔炼好的金属液。坩埚炉的顶部紧固着铸型（通常为金属型，也可为砂型），垂直升液管使金属液与朝下的浇注系统相通。

铸型在浇注前必须加热到工作温度，并在型腔内喷刷涂涂料。压铸时，先缓慢地向坩埚炉内通入干燥的压缩空气，金属液受气体压力的作用，由下而上沿着升液管和浇注系统充满型腔，如图 4-8(b)所示。这时将气压上升到规定的工作压力，使金属液在压力下结晶。当铸件凝固后，使坩埚炉内与大气相通，金属液的压力恢复到大气压，于是升液管和浇注系统中尚未凝固的金属液因重力作用而流回到坩埚中，升起铸型，取出铸件，如图 4-8(c)所示。

（2）低压铸造的特点及应用

低压铸造的特点如下。

① 浇注时的压力和速度可以调节，故可适用于不同的铸型，如金属型、砂型等，铸造各种合金及各种大小的铸件。

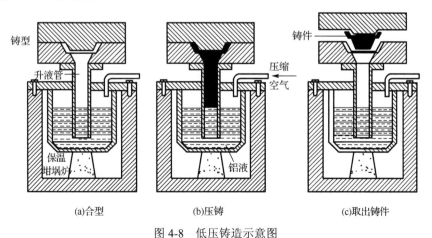

图 4-8 低压铸造示意图

② 采用底注式充型，金属液充型平稳型壁和型芯的冲刷，提高了铸件的合格率。

③ 铸件在压力下结晶，铸件组织致密，对于大型薄壁件的铸造尤为有利。无飞溅现象，可避免卷入气体，铸件轮廓清晰，表面光洁，力学性能较好。

④ 省去补缩冒口，金属利用率提高到 90%～98%。

⑤ 劳动强度低，劳动环境好，设备简易，易实现机械化和自动化。

低压铸造目前广泛应用于铝合金铸件的生产，如汽车发动机缸体、缸盖、活塞、叶轮等。还可用于铸造各种铜合金铸件（如螺旋桨等）及球墨铸铁曲轴等。

5）离心铸造

离心铸造（True Centrifugal Casting）是指将熔融金属浇入旋转的铸型中，使液体金属在离心力作用下充填铸型并凝固成形的一种铸造方法。

（1）离心铸造类型及工艺

为使铸型旋转，离心铸造必须在离心铸造机上进行。根据铸型旋转轴空间位置的不同，离心铸造机通常可分为立式和卧式两大类，如图 4-9 所示。卧式离心铸造适合于生产长度较大的套筒、管类铸件，是常用的离心铸造方法。立式离心铸造主要用于高度小于直径的圆环类铸件。

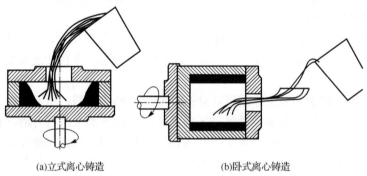

(a)立式离心铸造　　　　　　　(b)卧式离心铸造

图 4-9　离心铸造机原理图

（2）离心铸造的特点及应用

离心铸造的特点如下。

① 不用型芯即可铸出中空铸件。液体金属能在铸型中形成中空的自由表面，大大简化了套筒、管类铸件的生产过程。

② 可以提高金属液充填铸型的能力。由于金属液体旋转时产生离心力作用，因此一些流动性较差的台金和薄壁铸件可用离心铸造法生产，形成轮廓清晰、表面光洁的铸件。

③ 改善了补缩条件。气体和非金属夹杂物易于从金属中排出，产生缩孔、缩松、气孔和夹渣等缺陷的比例很小。

④ 无浇注系统和冒口，节约金属。

⑤ 便于铸造"双金属"铸件，如钢套壤铜轴承等。

离心铸造也存在不足。由于离心力的作用，金属中的气体、熔渣等夹杂物，因密度小而集中在铸件的内表面上，所以内孔的尺寸不精确，质量也较差，必须增加机械加工余量；铸件易产生成分偏析和密度偏析。

目前，离心铸造已广泛用于制造铸铁管、汽缸套、铜套、双金属轴承、特殊钢的无缝管坯、造纸机滚筒等铸件的生产。

除以上常见铸造方式外，铸造还有陶瓷型铸造、实型铸造、磁型铸造等方式。

4.2.2　压力加工

金属塑性成形是利用金属材料所具有的塑性变形规律，在外力作用下通过塑性变形，获得具有一定形状、尺寸和力学性能的零件或毛坯的加工方法。由于外力多数情况下是以压力的形式出现的，因此也称为金属压力加工（Mechanical Working of Metal）。

金属塑性成形的基本生产方式有：自由锻、模锻、板料冲压、挤压、拉拔、轧制等。

由于各类钢和非铁金属都具有一定的塑性，故它们可以在冷态或热态下进行压力加工。加工后的零件或毛坯组织细密，比同材质的铸件力学性能好，对于承受冲击或交变应力的重要零件如机床主轴、齿轮、曲轴、连杆等，都应采用锻件毛坯加工。所以塑性成形加工在机械制造、军工、航空、轻工、家用电器等行业得到了广泛应用。例如，飞机上的塑性成形零件约占 85%；汽车、拖拉机上的锻件占 60%～80%。

压力加工的不足之处是不能加工脆性材料和形状特别复杂或体积特别大的零件或毛坯。

将金属坯料放在上、下砧铁或锻模之间，使之受到冲击力或压力而变形的加工方法称为锻造（Forging）。锻造是金属零件的重要成形方法之一，可以分为自由锻造和模型锻造两种类型。

1. 自由锻造

自由锻造（Open Die Forging）是利用冲击力或压力，使金属在上、下砧铁之间产生塑性变形，从而获得所需形状、尺寸及内部质量的锻件的一种加工方法。自由锻造时，除与上、下砧铁接触的金属部分受到约束外，盒属坯料朝其他各个方向均能自由变形流动，不受外部的限制，故无法精确控制变形的发展。

自由锻造分为手工锻造和机器锻造两种。手工锻造只能生产小型锻件，生产率较低；机器锻造是自由锻造的主要方法。

自由锻造的特点主要如下。

① 所用的工具简单，具有很强的通用性，主要有铁砧、大锤、手锤、夹钳、冲子、錾子和型锤等。

② 自由锻造准备周期短，应用广泛。

③ 锻造的质量范围可从 1kg 到 300t。对于大型锻件，自由锻造是唯一的加工方法，如水轮机主轴、多拐曲轴、大型连杆、重要的齿轮等零件在工作时都承受很大的载荷，要求具有较高的力学性能，因此常采用自由锻造生产毛坯。

④ 自由锻件的形状与尺寸主要靠人工操作来控制，所以锻件的精度较低，加工余量大，操作中劳动强度大，生产率低。

因此，自由锻主要应用于单件、小批量生产，大型锻件的生产、修配、新产品的试制等。

2. 模型锻造

模型锻造（Die Forging）是使金属坯料在冲击力或压力的作用下，在锻模模膛内变形，从而获得锻件的工艺方法。模锻生产广泛应用于机械制造业和国防工业。

与自由锻相比，模型锻造的主要特点如下。

① 锻件的尺寸和精度比较高，机械加工余量较小，材料利用率高。

② 可以锻造形状较复杂的锻件。

③ 锻件内部流线分布合理，操作方便，劳动强度低，生产率高。

④ 模型锻造生产由于受模锻设备吨位的限制，锻件质量不能太大，一般在 150 kg 以下。

⑤ 制造锻模成本很高，所以模锻不适合于单件小批量生产，而适合于中小型锻件的大批量生产。

模锻按使用的设备不同，可分为锤上模锻、压力机上模锻、胎模锻等。

3. 板料冲压

板料冲压（Slumping）是金属塑性加工的基本方法之一，它是通过装在压力机上的模具对板料施压，使之产生分离或变形，从而获得一定形状、尺寸和性能的零件或毛坯的加工方法。因为通常是在常温条件下加工，故又称为冷冲压，只有当板料厚度超过 8mm 或材料塑性较差时才采用热冲压。

板料冲压与其他加工方法相比具有以下特点。

① 冲压件尺寸精度高，表面光洁，质量稳定，互换性好，一般不再进行机械加工即可装配使用。

② 生产率高，操作简便，成本低，工艺过程易实现机械化和自动化。

③ 可利用塑性变形的冷变形强化提高零件的力学性能，在材料消耗少能情况下获得强度高、刚度大、质量小的零件。

④ 冲压模具结构较复杂，加工精度高，制造成本高，因此板料冲压加工一般适用于大批量生产。

由于冲压加工具有上述特点，因而其应用范围极广，几乎在一切制造金属成品的工业部门中都被广泛采用，尤其在现代汽车、拖拉机、家用电器、导弹、兵器及日用品生产中占有重要地位。

板料冲压所用原材料，特别是制造中空的杯状产品，必须具有足够的塑性。常用的金属板料有低碳钢、高塑性的合金钢、不锈钢、铜合金、铝合金、镁合金等。非金属材料中的石棉板、硬橡胶、皮革、绝缘纸等也广泛采用冲压成形。

冲压生产的基本工序有分离工序和变形工序两大类。分离工序是使坯料的一部分与另一部分相互分离的工序，如落料、冲孔、切断和修整等；变形工序是使坯料的一部分与另一部分产生位移而不破裂的工序，如拉伸、弯曲、翻边、成形等。

4.2.3　粉末冶金

粉末冶金是用金属粉末或金属粉末与非金属粉末的混合物作为原料，经过压制、烧结及后续处理等工序，制造某些金属制品或金属材料的工艺技术。

粉末冶金是先将均匀混合的粉料压制成形，借助粉末原子间的吸引力与机械咬合作用，使制品结合成为具有一定强度的整体，然后在高温下烧结，由于高温下原子活动能力增强，使粉末间接触面积增大，进一步提高了粉末冶金制品的强度。

1. 粉末冶金的特点

（1）粉末冶金制品种类繁多，主要有难熔金属及其合金（如钨、钨-钼合金），组元彼此不熔合、熔点悬殊的烧结合金（如钨-铜的电触点材料），难熔金属及其碳化物的粉末制品（如硬质合金），金属与陶瓷材料的粉末制品（如金属陶瓷），含油轴承和摩擦零件及其他多孔性制品等。以上种类的制品，用其他工业方法是不能制造的，只能用粉末冶金法制造。

（2）粉末冶金法可直接制造出尺寸准确、表面光洁的零件，是一种少无切削的生产工艺，既节约材料，又可省去或大大减少切削加工工时，显著降低生产成本。还有一些机械结构零件（如齿轮、凸轮等），虽然可用铸、锻、冲压及机加工等工艺方法制造，但用粉末冶金法制造更加经济，因此，粉末冶金在工业上得到了广泛应用。

（3）粉末冶金也存在一定的局限性。由于制品内部总有孔隙，普通粉末冶金制品的强度比相应的锻件或铸件要低 20%～30%。此外，由于成形过程中粉末的流动性远不如液态金属，因此对产品的结构形状有一定的限制。压制成形所需的压强高，因而制品一般小于 10kg。

（4）压模成本高，一般只适用于成批或大量生产。

2．粉末冶金工艺过程

1）粉末的制取

粉末冶金（Powder Metallurgy）工艺过程的第一步就是制取粉末（Powder）。粉末冶金成形的粉末可以是纯金属、非金属或化合物。粉末的一个重要特点是它的表面积与体积之比很大，如 $1m^3$ 的金属可制成约 2×10^5 个直径 $1\mu m$ 的球形颗粒，其表面积约为 $6\times10^6m^2$，可见所需能量是很大的。常用的制粉方法有机械方法、物理方法和化学方法等。

2）粉末制品的成形

（1）粉末预处理

粉末成形前需要进行一定的准备，即粉末退火、筛分、混合、制粒、加润滑剂。

（2）压制成形

对装入模具型腔的粉料施压，使粉料集聚成有一定密度、形状和尺寸的制件。

（3）烧结

烧结是将压坯按一定的规范加热到规定温度并保温一段时间，使压坯获得一定的物理力学性能的工序，是粉末冶金的关键工序之一。

（4）后处理

金属粉末压坯烧结后的进一步处理，称为后处理。后处理的种类很多，一般根据产品的要求来决定，常用的几种后处理方法有浸渗、表面冷挤压、切削加工、热处理、表面保护处理等。

4.2.4 高分子材料塑性成形

高分子材料也称为聚合物材料，是以树脂为主要成分，加入能够改善其加工和使用性能的添加剂，在一定温度、压力和溶剂的作用下，能够塑制成设计要求的形状，并且能够在常温常压下保持其形状的一类材料。高分子材料按特性，可分为橡胶、纤维、塑料、高分子胶粘剂、高分子涂料和高分子基复合材料等。

随着工业化技术的发展和人民生活水平的提高，人们对塑料产品种类和质量的需求也越来越高。高分子材料是通过制造各种制品来实现其使用价值的，因此从应用角度来讲，以对高分子材料赋予形状为主要目的的成形加工技术有着重要的意义。高分子材料的主要成形方法有注射成形、挤出成形、吹塑成形、压延成形等。

1．注射成形

注射成形是目前塑料加工中最普遍的采用的方法之一，可用来生产空间几何形状非常复杂的塑料制件。由于它具有应用面广、成形周期短、花色品种多、制件尺寸稳定、产品效率高、模具服役条件好、塑料尺寸精密度高、生产操作容易、可实现机械化和自动化等诸方面的优点，因此，在整个塑料制件生产行业中，注射成形占有非常重要的地位。目前，除少数几种塑料品种外，几乎所有的塑料（即全部热塑性塑料和部分热固性塑料）都可以采用注塑成形。

注射成形技术的发展主流一般以多种方式的组合为基础，具有如下技术特征。

① 以组合不同材料为特征的注射成形方法，如镶嵌成形、夹心成形、多材质复合成形、多色复合成形等；

② 以组合惰性气体为特征的注射成形方法，如气体辅助注射成形、微孔泡沫塑料注射成形等；

③ 以组成化学反应过程为特征的注射成形方法，如反应注射成形、注射涂装成形等；

④ 以组合压缩或压制过程为特征的注射成形方法，如注射压缩成形、注射压制成形、表面贴合成形等；

⑤ 以组合混合混配为特征的注射成形方法，如直接（混配）注射成形等；

⑥ 以组合取向或延伸过程为特征的注射成形方法，如磁场成形、注拉吹成形、剪切场控制取向成形、推拉成形、层间正交成形等；

⑦ 以组合模具移动或加热等过程为特征的注射成形方法，如自切浇口成形、模具滑合成形、热流道模具成形等。

2．挤出成形

挤出成形主要是利用螺杆旋转加压方式，连续地将塑化好的成形物料从挤出机的机筒中挤入机头，熔融物料通过机头口模成形为与口模形状相仿的型坯，用牵引装置将成形制品连续地从模具中拉出，同时进行冷却定型，制得所需形状的制品。

挤出成形主要包括加料、塑化、成形、定型等过程。要获得外观和内在质量均优良的型材制品，是与原材料配方、挤出设备水平、机头模具设计与加工精度、型材断面结构设计及挤出成形工艺条件等分不开的。挤出成形工艺参数的控制包括成形温度、挤出机工作压力、螺杆转速、挤出速度、牵引速度、排气、加料速度及冷却定型等。挤出工艺条件又随着挤出机的结构、塑料品种、制品类型、产品的质量要求等的改变而改变。

挤出成形工艺的特点如下。

① 连续成形，产量大，生产效率高。

② 制品外形简单，是断面形状不变的连续型材。

③ 制品质量均匀密实，尺寸准确较好。

④ 适应性很强，几乎适合除 PTFE 外的所有热塑性塑料，只要改变机头口模，就可改变制品形状。可用来塑化、造粒、染色、共混改性，也可同其他方法混合成形。此外，还可作压延成形的供料。

3．其他塑性成形工艺

1）吹塑成形技术

吹塑，这里主要指中空吹塑（又称吹塑模塑），是借助气体压力使闭合在模具中的热熔型坯吹胀形成中空制品的方法，是第三种最常用的塑料加工方法，同时也是发展较快的一种塑料成形方法。吹塑用的模具只有阴模（凹模），与注塑成形相比，其设备造价较低，适应性较强，可成形性能好（如低应力）、可成形具有复杂起伏曲线（形状）的制品。

2）高温吹塑成形技术

在过去的 10 年间主要吹塑成形加工处于低温的挤出吹塑成形，近年来，吹塑制品采用了高耐热热塑性塑料，如 PPS、PEEK 等，吹塑成形加工温度 250℃～350℃，为此，吹塑成形机和模具的冷却装置能够适应高温和低温冷却频繁交替热胀冷缩，成为高温吹塑成形的技术关键，一股采用高温进气吹塑成形方法。

3）多层吹塑成形技术

多层吹塑成形工艺常用于加工防渗透性容器，特别是大型容器，其改进工艺是增设一个阀门系统，在连续挤出过程中可更换塑料原料，因而可交替生产出硬质和软质制品。生产大型制件如燃油箱或汽车外结构板材时，在冷却过程中需降低模腔内压力以调整加工循环周期。解决方法是先将熔料储存在挤出螺杆前端的熔槽中，再在相当高速下挤出型坯，以最大限度减少型坯壁厚的变化，从而确保消除垂缩和挤出膨胀现象。

汽车用大型吹塑零部件的广泛应用，促进了吹塑成形加工技术的发展。为了满足汽车燃料油箱、筒等技术要求，必须采用多层不同材质的吹塑成形，一般为 4～6 层，如主材内、外层采用超高分子量 PE 占 40%，阻隔层 3%，粘接层为改性 PE，占 2%，回收层占 40%。多层复合采用的材质不同，外观、性能也不尽相同。

4）吹塑发泡技术

吹塑发泡技术也是一门新兴的工艺，它的基本过程与普通塑料的中空吹塑成形相似，主要包括：用挤出法或注射法生产预成形坯件；将未发泡或少量发泡（注法）、已发泡（挤出法）的坯件放入中空成形模具，进一步加热使坯件变软并完成发泡；通过压缩空气吹胀成形；冷却定型，开模取出制件。加拿大一个公司使用氮气作为中空吹塑发泡剂，生产出低发泡中空吹塑制件，并使用专门设计的螺杆来定量控制氮气的注入。日本的一些公司共同开发了一种将吹塑成形与发泡成形相结合的结皮发泡成形技术，它的关键工艺是在外皮树脂（型坯）未冷却固化时，就立即将发泡泡沫充注入该中空体内，再用蒸汽将此发泡泡沫加热，使发泡泡沫相互合，并同时使此泡沫与外皮树脂的内面融合，冷却后即为结皮发泡成形品，该制品具有重量小、刚性强、隔热性好等优点。

5）塑料激光塑性成形

（1）塑料激光塑性成形机理与金属激光塑性成形机理相同，并且都向吸收激光能量的一面弯曲。

（2）聚乙烯塑料的拉伸屈服应力和弯曲强度在加热温度达到 60℃时下降，在温度达到 160℃之前，拉伸屈服应力和弯曲强度变化不大。

（3）材料表面温度必须在材料结晶融解温度以下进行加工，才能保证激光塑性成形不降低材料的机械性能。

（4）设计不同的激光扫描路径和涂料的涂抹方法、位置，可以制造各科形状的塑料零件。

6）半结晶塑料激光焊接技术

迄今为止，除无定形热塑性塑料如聚碳酸酯（PC）或聚甲基丙烯酸甲酯（PMMA）外，激光焊只能用于连接相似的热塑性塑料。然而德国亚琛工业大学塑料加工研究所（IKV）完成了一项研究项目，其初步结果表明，通过使用激光传输焊接和隔层薄膜的方法，也可以将聚酰胺-12（PA-16）焊接到热塑性塑料上，如聚丙烯（PP）、聚乙烯（PE）、对苯二甲酸丁二醇酯（PBT）（也就是半结晶聚合物）。事实上，这种隔层膜技术是以两个制品之间连接区中放置的吸收薄膜为基础的。激光束使吸收膜熔化，通过热传导，两个制品焊接完成。

7）激光烧结技术

激光烧结技术可在 CAD 造型的基础上对塑料零件直接进行加工，节省了生产模具的成本，是一种很有潜力的节省模具和存货成本的技术。它能帮助公司突破设计，为大规模生产做好准备。

这种由 EOS 公司提供的系统，可将聚酰胺粉末加工成原型的内饰件、发动机零件等。生产出的零部件，如进气歧管、门内板、仪表板、车内通风管和车灯外壳等的强度足以满足试验车辆在跑道上进行测试的要求，比注塑技术更能降低开发和制造成本。

4.3　去除成形加工工艺（$\Delta m < 0$）

4.3.1　切削加工

1. 金属切削基础知识

1）金属切削加工基本概念

金属切削加工是利用刀具和工件作相对运动，从毛坯（铸件、锻件、条料等）上切去多余的金属，以获得尺寸精度、形状精度、位置精度和表面粗糙度完全符合图纸要求的机器零件。

在日常生产生活中，很多零件都是通过金属切削加工来完成的，如图 4-10 所示。

图 4-10　机械加工零件示例

2）切削运动

切削运动是指在切削加工中刀具与工件的相对运动，也称为表面成形运动。切削运动可分为主运动和进给运动。主运动（速度用 v_c 表示）是使工件与刀具产生相对运动以进行切削的最基本运动，其速度最高，消耗的功率也最大。在切削运动中，主运动只有一个，它可以由工件或者刀具完成，可以是旋转运动或者是直线运动。进给运动（用 f 或 v_f 表示）是不断地把被切削层投入切削，使加工实现连续进行。进给运动一般速度较低，可由一个或多个运动组成，可以是连续或者间断的。如图 4-11 所示为常见切削加工的切削运动。

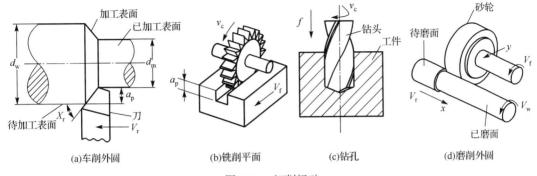

(a)车削外圆　　　(b)铣削平面　　　(c)钻孔　　　(d)磨削外圆

图 4-11　切削运动

3）切削刀具

（1）刀具材料

机械加工的实质就是用比工件材料硬的刀具，切除工件表面多余的材料。刀具工作时除要承受很大的力外，还要承受与工件和切屑间强烈摩擦而产生的高温。刀具材料一般应满足以下基本要求。

① 硬度和耐磨性。刀具材料的硬度应比工件材料的硬度高，材料硬度越高，耐磨性也越好，可保证刀具有足够寿命。

② 强度和韧性。刀具材料必须有足够的强度和韧性，以便在承受振动和冲击时不产生崩刃和折断。

③ 耐热性。刀具材料应在高温下保持硬度、耐磨性、强度和韧性的性能，以保证在高温下能正常切削。

④ 工艺性。为便于制造成形，刀具材料应具备较好的可加工性。

⑤ 经济性。刀具材料的价格应低廉，便于推广。

常用刀具材料主要有碳素工具钢、合金工具钢、高速钢、硬质合金、陶瓷、金刚石、立方氮化硼等，其中使用最广泛的是高速钢和硬质合金。

高速钢是含有 W、Mo、Cr、V 等合金元素较多的合金工具钢。高速钢是一种综合性能好、应用最广泛的刀具材料。特别适合制造结构复杂的成形刀具、钻头、滚刀、拉刀和螺纹刀具等。但由于高速钢的硬度、耐磨性、耐热性不及硬质合金，因此只适于制造中、低速切削的各种刀具。如图 4-12 所示为常见高速钢刀具。

硬质合金是由高硬度的难熔金属碳化物（如 WC、TiC、TaC、NbC 等）和金属粘结剂（如 Co、Ni、Mo 等）经粉末冶金方法制成的。硬质合金的硬度（特别是高温硬度）、耐磨性、耐热性都高于高速钢，硬质合金在 800℃～1000℃ 范围内仍能进行切削，其切削性能优于高速钢，刀具耐用度也比高速钢高几倍到几十倍。但硬质合金较脆，抗弯强度低，韧性也很低。比较常见的是将硬质合金做成各种刀片，焊接或夹持在刀杆上。

现代生产中还经常会用到涂层刀具。即在强度和韧性较好的硬质合金或高速钢基体表面上，涂覆一薄层耐磨性好的难熔金属或非金属化合物。涂层刀具表面硬度高、耐磨性好、化学性能稳定、耐热耐氧化、摩擦系数小，切削时可比未涂层刀具寿命提高 3～5 倍，切削速度和工件加工精度均可提高。

图 4-12　常见高速钢刀具示例照片

图 4-13　硬质合金刀具示例照片

（2）刀具切削部分的组成

金属切削刀具的种类很多，但它们参加切削的部分具有相同的几何特征。下面以外圆车刀为例，对刀具各几何参数进行定义。如图 4-14 所示，车刀由切削部分和刀柄两部分组成。切削部分由三个刀面、两条切削刃和一个刀尖组成。

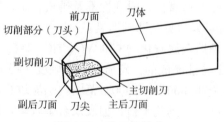

图 4-14　车刀的组成

前刀面（A_γ）：切削过程中切屑流出所经过的刀具表面。

后刀面（A_α）：切削过程中与工件过渡表面相对的刀具表面。

副后面（A'_γ）：切削过程中与工件已加工表面相对的刀具表面。

主切削刃（s）：前刀面与后刀面的交线，它担负主要的切削工作。

副切削刃（s'）：前刀面与副后面的交线，它配合主切削刃完成切削工作。

刀尖：主切削刃与副切削刃连接处的一小段切削刃。

2．金属切削原理

金属切削就是用刀具把工件表面上多余的金属切掉，以获得需要的工件形状、尺寸和位置的加工过程。切削过程的实质是工件表层材料在刀具前刀面的挤压下产生塑性变形，最后变成切屑的复杂过程，如图 4-15 所示。

图 4-15 金属切削过程

在金属切削过程中，工件和刀具间有强烈的挤压和摩擦作用，会产生切削热和切削温度。切削热由切屑、工件、刀具及周围的介质传导出去。切削温度一般指切屑与前刀面接触区域的平均温度。当工件的温度升高时，就会降低工件加工精度。当刀具温度升高时，会加剧刀具的磨损。精密加工时，应充分使用切削液，以有效降低切削温度。

3．金属切削机床

机床是制造机器的机器，又称工作母机，金属切削机床是用切削或磨削的加工方法加工各种金属工件，使之获得所要求的尺寸、形状和位置精度及表面质量的机床。

1）金属切削机床的分类与型号编制

（1）金属切削机床的分类

机床的传统分类方法，主要是按加工性质和所用的刀具进行分类的。根据国家制定的机床型号编制方法，目前将机床分为 11 大类：车床、钻床、镗床、磨床、齿轮加工机床、螺纹加工机床、铣床、刨插床、拉床、锯床和其他机床。在每一类机床中，又按工艺范围、布局形式和结构，分为若干组及若干系（系列）。

在上述基本分类方法的基础上，同类型机床还可根据机床的其他特征进一步区分。

按应用范围（通用性程度）又可分为：通用机床、专门化机床和专用机床。

通用机床：它可用于多种零件不同工序的加工，加工范围较广，通用性较强。这种机床主要适用于单件小批生产，如卧式车床、万能升降台铣床等。

专门化机床：它的工艺范围较窄，专门用于某一类或几类零件某一道（或几道）特定工序的加工，如丝杆车床、曲轴主轴颈车床、凸轮轴凸轮车床等。

专用机床：它的工艺范围最窄，只能用于某一种零件某一道特定工序的加工，适用于大批量生产。如机床导轨的专用磨床和各种组合机床等。

按工作精度又可分为：普通精度机床、精密机床和高精度机床。

一般情况下，机床根据加工性质分类，再用机床的某些特点加以进一步描述，如高精度万能外圆磨床、立式钻床等。

（2）机床型号的编制

机床型号是机床产品的代号，用以简明地表示机床的类型、通用和结构特性、主要技术参数等。GB/T 15375—2008 规定：机床的型号由汉语拼音字母和阿拉伯数字按一定规律排列组成，适用于各类通用机床和专用机床（组合机床除外）。

通用机床型号的表示方法如下：

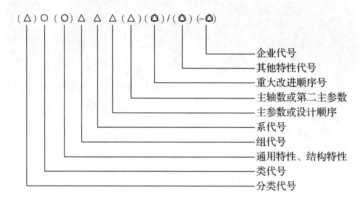

注：△表示阿拉伯数字；○表示大写的汉语拼音字母；括号中表示可选项，当无内容时不表示，有内容时不带括号；◊表示大写的汉语拼音字母，或阿拉伯数字，或两者兼有。

机床的类别代号用大写的汉语拼音字母表示，如表 4-1 所示。若每类又有分类，则在类别代号之前用阿拉伯数字表示。

表 4-1　普通机床类别代号

类　别	车床	钻床	镗床	磨　床			齿轮加工机床	螺纹加工机床	铣床	刨插床	拉床	锯床	其他机床
代号	C	Z	T	M	2M	3M	Y	S	X	B	L	G	Q
读音	车	钻	镗	磨	2磨	3磨	牙	丝	铣	刨	拉	割	其

机床其他通用特性、结构特性代号和组系代号的详细情况可查阅 GB/T15375—2008，如型号 CM6140 表示最大加工工件直径为 400mm 的精密卧式车床。

2）典型切削机床及加工工艺

（1）车床与车削加工

① 车床

车床主要用于加工各种回转表面，如内外圆柱面、圆锥面、回转成形面、螺纹面和回转体的端面等，是生产中应用最广泛的一种机床。

车床按结构和用途的不同，可分为卧式车床、立式车床、转塔车床、单轴（或多轴）自动车床和半自动车床、仿形车床、多刀车床、专门化车床（如曲轴车床、凸轮轴车床）等。

其中卧式车床应用最广。卧式车床的组成如图 4-16 所示。加工时，车床的主运动是工件的旋转，进给运动是刀具的横向或纵向移动。

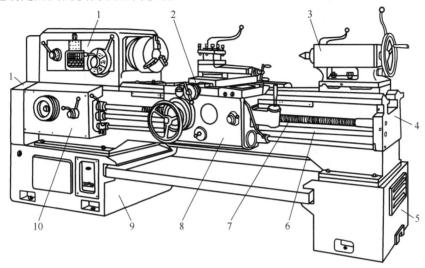

图 4-16　卧式车床

1—主轴箱；2—刀架；3—尾座；4—床身；5、9—床腿；6—光杆；
7—丝杠；8—溜板箱；10—进给箱；11—挂轮变速机构

② 车刀与车削加工

车床上主要使用各种车刀、各种孔加工刀具（如钻头、扩孔钻、铰刀等）和螺纹刀具（板牙、丝锥等）进行加工，图 4-17 所示为常见焊接车刀及其加工表面。

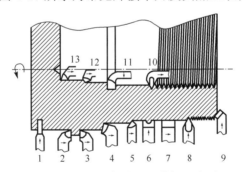

图 4-17　常见焊接车刀及其加工表面

1—切断刀；2、3—90°偏刀；4—弯头刀；5—直头刀；6—成形车刀；7—宽刃精车刀；
8、10—螺纹车刀；9—端面车刀；11—内槽车刀；12—通孔车刀；13—盲孔车刀

现在生产中更多采用机夹可转位式车刀。这类刀具不经过焊接，刀具寿命高，同时刀柄可重复使用，生产成本低，如图 4-18 所示。

（2）铣床与铣削加工

铣床主要用于加工各种平面、斜面、沟槽、台阶、齿轮、凸轮等表面。由于铣刀加工时有多个刀齿同时参加切削，所以生产率较高。

铣床主要有升降台式铣床、工具铣床、龙门铣床、仿形铣床和各种专门化铣床（如花键铣床、曲轴铣床）等，其中应用最广的是升降台式铣床。万能升降台式铣床的主要结构如

图 4-19 所示，其主运动是刀具的旋转运动，进给运动是工作台在水平和垂直任一方向上的移动。铣刀与铣床加工的典型表面如图 4-20 所示。

图 4-18　机夹式车刀

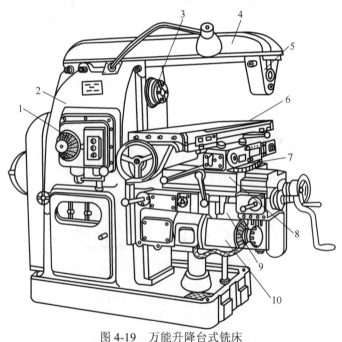

图 4-19　万能升降台式铣床

1—主轴变速机构；2—床身；3—主轴；4—横梁；5—刀杆支架；6—工作台；
7—回转盘；8—横滑板；9—升降台；10—进给变速机构

（3）钻床与钻削加工

钻床主要用来进行钻孔和扩孔加工，也可以进行铰孔、攻螺纹、锪凸台端面和锪沉头孔等。钻床分为台式钻床、立式钻床、摇臂钻床、深孔钻床、中心孔钻床等。应用最广泛的是立式钻床、摇臂钻床。

图 4-21 所示为一摇臂钻床，主轴箱装在机床摇臂上，并可沿摇臂的导轨作水平移动，摇臂可沿立柱作垂直升降运动，还可以绕立柱轴线回转，以方便加工不同高度和不同位置的工件。工作时钻头的旋转运动为主运动，刀具的轴向移动为进给运动。

钻床常见加工如图 4-22 所示。

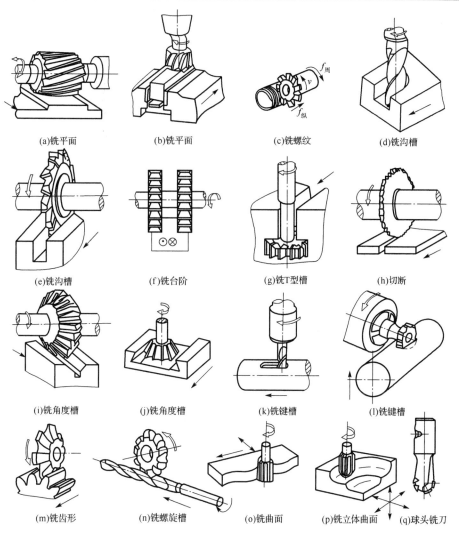

(a)铣平面　　(b)铣平面　　(c)铣螺纹　　(d)铣沟槽

(e)铣沟槽　　(f)铣台阶　　(g)铣T型槽　　(h)切断

(i)铣角度槽　　(j)铣角度槽　　(k)铣键槽　　(l)铣键槽

(m)铣齿形　　(n)铣螺旋槽　　(o)铣曲面　　(p)铣立体曲面　(q)球头铣刀

图 4-20　铣刀与铣床加工的典型表面

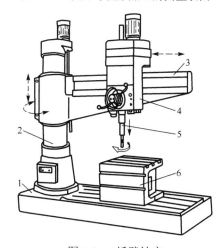

图 4-21　摇臂钻床

1—底座；2—立柱；3—摇臂；4—主轴箱；5—主轴；6—工作台

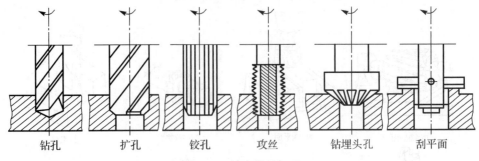

图 4-22　钻床常见加工

（4）镗床与镗削加工

镗床的主要工作是用镗刀镗孔，适合加工各种大型箱体、床身、机壳、机架等工件。镗床的主要类型有卧式镗铣床、坐标镗床、金刚镗床等，其中以卧式镗铣床应用最广泛，其主要结构如图 4-23 所示。卧式镗床的主要运动有：镗杆或平旋盘的旋转主运动；镗杆的轴向进给运动；主轴箱的垂直进给运动（加工端面）；工作台的纵向、横向进给运动；平旋盘上的径向刀架进给运动（加工端面）。且工作台还能沿上滑座的圆轨道在水平面内转动，以适应加工互相成一定角度的平面和孔。

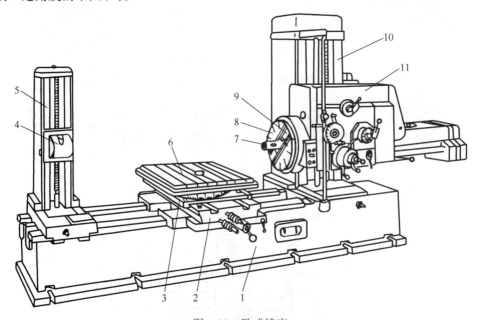

图 4-23　卧式镗床

1—床身；2—下滑座；3—上滑座；4—后支架；5—后立柱；6—工作台；
7—镗轴；8—平旋盘；9—径向刀架；10—前立柱；11—主轴箱

镗床还可用来钻孔、扩孔、铰孔、车螺纹、铣平面等加工。其典型加工方法如图 4-24 所示。

（5）磨床与磨削加工

磨床是用磨料或磨具（砂轮、砂带、油石或研磨料等）作为工具对工件表面进行磨削加工的机床。磨床的种类很多，常见的有平面磨床、外圆磨床、内圆磨床、万能磨床、无心磨床、各种工具磨床和各种专门化磨床（如曲轴磨床、螺纹磨床、导轨磨床）等。此外，还有研磨机、珩磨机和超精加工机床等。图 4-25 所示为万能外圆磨床，用于磨削内、外旋转表面。

其中砂轮高速旋转作主运动，进给运动有工件的纵向进给运动和周向的旋转进给运动，另外还有砂轮架间歇进行的横向切入进给运动。

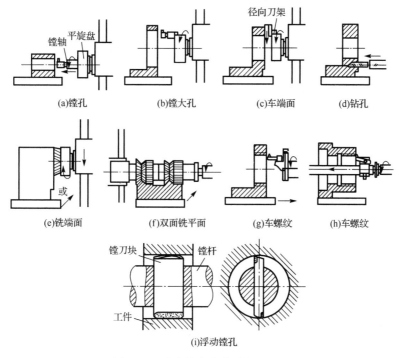

图 4-24　卧式镗床的典型加工方法

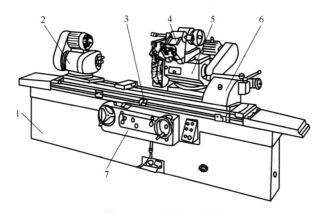

图 4-25　万能外圆磨床

1—床身；2—工作头架；3—工作台；4—内圆磨具；5—砂轮架；6—尾座；7—液压控制箱

（6）齿轮加工机床与齿形加工

加工齿轮齿形的机床称为齿轮加工机床。按照加工原理的不同，齿形加工可以分为成形法和展成法两大类，成形法是利用与被切齿槽形状相符的成形铣刀，在齿坯上切出齿形，一般在普通铣床上进行，如图 4-26 所示；展成法是利用两齿轮啮合（或齿轮齿条啮合）原理，将其中的一个齿轮（或齿条）开出刀刃，在啮合的过程中对齿坯进行加工，常用机床有滚齿机、插齿机、刨齿机、剃齿机、珩齿机、磨齿机等。图 4-26 所示为滚齿加工，滚齿机主要用于滚切直齿和斜齿圆柱齿轮及蜗轮。如图 4-27 所示为滚齿和插齿加工。

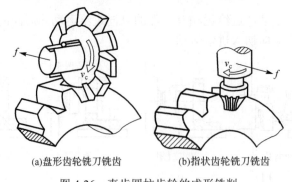

(a)盘形齿轮铣刀铣齿　　　　(b)指状齿轮铣刀铣齿

图 4-26　直齿圆柱齿轮的成形铣削

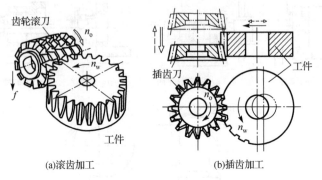

(a)滚齿加工　　　　　　　(b)插齿加工

图 4-27　滚齿和插齿加工

（7）数控机床及数控加工

数字控制机床简称数控机床，是一种装有程序控制系统的自动化机床。数控机床一般由计算机数控系统和机床两部分组成。

计算机数控（CNC）装置是数控机床的核心，它根据输入数据插补出理想的运动轨迹，然后输出到执行部件加工出所需要的零件。

机床是数控机床的主体，它主要由支承件（床身、底座、立柱）、主运动部件、进给运动部件（工作台及相应的传动机构）、特殊部件（如自动刀具装置）和辅助装置（如排屑、冷却、润滑和夹紧装置等）组成。它是在数控机床上自动地完成各种切削加工的机械部分。

按照数控机床的加工方法不同，数控机床有数控铣床、数控车床、数控磨床、数控齿轮加工机床、加工中心和柔性制造单元等。一般来说，普通机床可以进行的加工，数控机床均可进行。图 4-28 所示为生产中常用数控机床。

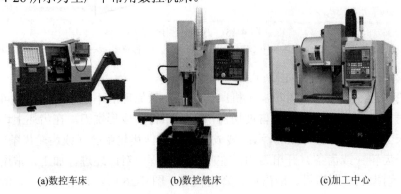

(a)数控车床　　　　　(b)数控铣床　　　　　(c)加工中心

图 4-28　生产中常用数控机床

数控机床在加工零件时，不需要像普通机床一样经常调整，它主要取决于加工程序，因此适应于加工零件品种不断更换的场合；数控机床定位精度高，当采用同样的加工程序和加工装备加工相同零件时，刀具走刀轨迹完全相同，所以加工质量稳定；数控机床加工前需调整好，加工时，操作者只需输入程序，装卸工件，准备好刀具后，加工在密封状态下自动连续进行，生产率高，工人省力且安全；在数控机床上加工零件，可以精确预估加工时间，加工所需的刀具和夹具可实现规范化管理，能实现加工信息的标准化，当其和计算机辅助设计与制造有机结合时，可实现现代化集成制造。

4.3.2　特种加工去除工艺

特种加工是指传统切削加工以外的加工方法。由于特种加工主要不是依靠机械能、切削力进行加工的，因而可以用软的工具（甚至不用工具）加工硬的工件，可以用来加工各种难加工材料、复杂表面和有某些特殊要求的零件。

常见的特种加工方法有电火花加工、超声加工、激光加工、电子束与离子束加工等。

1．电火花加工

电火花加工是在加工时将工具和工件浸在工作液中，分别连接不同电极，两电极间不断产生脉冲性的火花放电，利用其电蚀作用将工件表面材料去除。因为在放电过程中有火花产生，故称之为电火花加工，又称放电加工、电蚀加工和电脉冲加工。

1）电火花加工基本原理

图 4-29 所示为电火花加工原理图。工作时，工具电极和工件电极均浸泡在工作液中，工具电极缓慢下降与工件电极保持一定的放电间隙。整个电火花加工过程一般可分为 4 个连续的加工阶段。

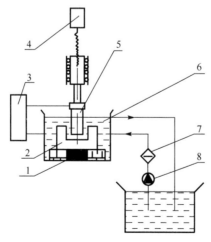

图 4-29　电火花加工原理

1—工作台；2—工件；3—脉冲电源；4—自动进给调节装置；5—工具电极；6—工作液；7—过滤器；8—工作液泵

（1）因工具和工件电极微观表面不平，两极间介质有杂质，在电场作用下极间介质电离、击穿，从而形成放电通道；

（2）放电通道形成后，两极表面形成瞬时高温（5000℃以上温度），使极间介质热分解，金属材料融化，甚至沸腾和气化，从而迅速热膨胀；

（3）热膨胀产生很高的瞬时压力，通道中心和其他部位的压力差使融化或气化的金属材料被抛出；

（4）当脉冲电压结束时，脉冲电流迅速降为零，间隙介质消除电离。

由于电火花加工是脉冲放电，其加工表面由无数个脉冲放电小凹坑所组成，工具的轮廓和截面形状就在工件上形成。

2）电火花加工的基本工艺

影响电火花加工的因素主要有下列几项。

（1）极性效应。在电火花加工中，无论是工具电极还是工件电极，都会产生电蚀，但由于正负极性不同，蚀除量也不同，这种现象即为极性效应。将工件接阳极为正极性加工，将工件接阴极为负极性加工。在脉冲放电初期，由于电子的质量小、惯性小，很快就能获得高速度而轰击阳极，因此阳极的蚀除量比阴极大。随着放电时间的增加，离子速度变大，由于离子的质量大，轰击阴极产生的动能也大，因此阴极的蚀除量将大于阳极。控制脉冲宽度就可以控制两极的蚀除量大小。一般窄脉宽时，选择正极性加工，精加工时常用；长脉宽时，选择负极性加工，粗加工和半精加工时常用。

（2）工作液。应能压缩放电通道的区域，提高放电的能量密度，并能加剧放电时流体动力过程，加速蚀除物的排出。工作液还应加速极间介质的冷却和消电离过程，防止电弧放电。常用的工作液有煤油、去离子水和乳化液等。

（3）电极材料。必须是导电材料，要求在加工过程中损耗小、稳定、机械加工性好，常用的材料有紫铜、石墨、铸铁、钢和黄铜等。蚀除量与工具电极和工件材料的热学常数有关，如熔点、沸点、热导率和比热容等。熔点、沸点越高，热导率越大，则蚀除量越小；比热容越大，则耐蚀性越高。

3）电火花加工的类型

按工具电极和工件相对运动的方式和用途不同，电火花加工大致可分为电火花穿孔成形加工、电火花线切割加工、电火花磨削和镗磨、电火花回转加工、电火花高速小孔加工、电火花表面强化和刻字六大类，其中以电火花穿孔成形加工和电火花线切割应用最为广泛。

（1）电火花穿孔成形加工

电火花成形加工是利用火花放电使工件表面材料不断被蚀除，在工件上复制出工具电极的形状，从而达到成形加工目的的加工方法。

电火花穿孔成形加工的应用主要有穿孔加工和型腔加工。穿孔加工主要用于冲模（凹模）、型孔零件、小孔、小异形孔和深孔加工；型腔加工主要用于加工型腔模（锻模、塑料模、压铸模）、型腔零件。电火花加工零件如图4-30所示。

（2）电火花线切割加工

电火花线切割加工是用连续移动的钼丝或铜丝（工具）作为工具电极，工件为阳极，两极通以直流高频脉冲电源，利用数控技术，就可以切割成形各种二维或三维形状工件。

按电极丝移动的方向和速度大小，电火花线切割加工机床可分为两大类，即往复高速走丝（快走丝）机床和单向低速走丝（慢走丝）机床。快走丝线切割机床的电极丝绕在卷丝筒上，并通过上下导丝轮形成锯弓状，当电动机带动卷丝筒正、反转时，卷丝筒装在走丝溜板上一起在 x 方向作往复移动，从而使电极丝得到周期往复移动，走丝速度一般为 8～10m/s。加工时，电极丝与工作台垂直或倾斜一定角度，工作台在水平面内按既定轨迹移动。快走丝是我国独创的电火花线切割加工模式。电极丝使用一段时间后要更换新丝，以免因损耗丝断而影响工作。低速走丝线切割机床是以成卷铜丝作为电极丝，经张紧机构和导丝轮形成锯弓状，电极丝走丝平稳无振动，单向走丝速度为 2～8m/min，电极丝为一次性使用。慢走丝时电极丝损耗小，加工精度高，是线切割机床的发展方向。电火花慢走丝线切割机床如图 4-31 所示。

图 4-30　电火花加工零件图形示例

图 4-31　电火花慢走丝线切割机床

现在的电火花线切割机床（无论是快走丝还是慢走丝）都具有四坐标数控功能，因此可以加工复杂的直纹表面和各种锥面。切线割零件示例如图 4-32 所示。

(a)啮合的齿轮　　　　　　　　　　　(b)上下不同图形零件

图 4-32　线切割零件示例

电火花加工可以加工所有导电材料。在加工时工件几乎不受力，可以加工刚性很差的工件，同时可以在一次装夹中进行粗精加工，能加工精密、微细的零件。只能加工金属导电材料，不易加工不导电的非金属材料。

2．超声加工

超声加工是利用工具作超声（频率在16000Hz以上）振动，通过工件与工具之间的磨料悬浮液而进行的加工。

超声加工不仅能加工硬质合金、淬火钢等脆硬金属材料，而且更适合加工玻璃、陶瓷、半导体锗和硅片等不导电的非金属脆硬材料，同时还可以用于清洗、焊接和探伤等工作。

1）超声加工设备

主要由超声波发生器、超声频振动系统、磨料悬浮液系统和机床本体等组成。超声波发生器是将50Hz的工频交流电转变为有一定功率的超声频振荡，一般为16000～25000Hz。超声振动系统主要由换能器、变幅杆和工具所组成，换能器的作用是把超声频电振荡转换成机械振动，一般利用磁致伸缩效应或压电效应来实现，由于振幅太小，通过变幅杆放大，工具是变幅杆的负载，其形状为欲加工的形状。

2）超声加工的特点

（1）适用于加工各种硬脆金属材料和非金属材料，如硬质合金、淬火钢、金刚石、石墨和陶瓷等。被加工材料的脆性越大，越容易加工，材料越硬或强度、韧性越大，则越难加工。

（2）加工过程受力小，热影响区小，可加工薄壁、窄缝和薄片等易变形零件。

（3）被加工表面无残余应力，无破坏层，加工精度较高，表面粗糙度值较低。

（4）可加工各种复杂形状的型孔、型腔和型面，还可进行套料、切割和雕刻。

（5）生产率较低。

3）超声加工方法的应用

超声加工的应用范围十分广泛。除一般加工外，还可进行超声波旋转加工，这时用烧结金刚石材料制成的工具绕其本身轴线作高速旋转，因此除超声撞击作用外，尚有工具回转的切削作用，易成功地用于加工小深孔、小孔槽等，加工精度大大提高，生产率较高。此外还有超声波机械复合加工、超声波焊接和涂覆、超声清洗等。

3．激光加工

激光加工是利用激光的能量，经过透镜聚焦后在焦点上达到很高的能量密度，靠光热效应来进行加工的。

激光加工不需要加工工具、加工速度快、表面变形小，可以加工各种材料。激光加工可以进行打孔、切割、电子器件的微调、焊接、热处理及激光存储等。

1）激光加工的原理

某些具有亚稳态能级的物质，在一定外来光子能量的激发下会吸收光能，使处于高能级原子的数目大于低能级原子的数目——粒子数反转，此时若有一束光照射该物质，光子的能量恰好等于这两个能级相对应的差，这时就会产生受激辐射，输出大量的光能，这就是激光。激光具有强度高、单色性好、相干性好和方向性好的特性。

能量密度极高的激光束照射工件的被加工部位，使其材料瞬间熔化或蒸发，并在冲击波作用下，将熔融物质喷射出去，从而可以对工件进行穿孔、蚀刻、切割，或采用较小能量密度，使加工区域材料熔融黏合或改性，可以对工件进行焊接或热处理。激光加工原理如图 4-33 所示。

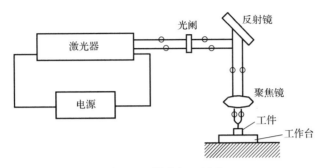

图 4-33　激光加工原理

2）激光加工设备

主要有激光器、电源、光学系统和机械系统等。激光器的作用是把电能转化为光能，产生所需要的激光束。电源为激光器提供所需能量，有连续和脉冲两种。光学系统的作用是把激光聚焦在加工工件上。

3）激光加工的特点和应用

（1）聚焦后，激光加工的功率密度可高达 $10^8 \sim 10^{10} \mathrm{W/cm^2}$，光能转化为热能，几乎可以融化、气化任何材料，如陶瓷、玻璃、宝石、金刚石等各种金属和非金属材料都能加工。

（2）激光光斑大小可以聚焦到微米级，输出功率可以调节，因此可用于精密微细加工。

（3）加工所用工具是激光束，是非接触加工，所以没有明显的机械力，没有工具损耗问题。加工速度快，热影响区小，容易实现加工过程自动化。还能通过透明体进行加工，如对真空管内部进行焊接加工等。

（4）激光加工是一种瞬时、局部熔化、气化的热加工，影响因素很多，因此，精微加工时，精度（尤其是重复精度）和表面粗糙度不易保证，必须进行反复试验，寻找合理的参数，才能达到一定的加工要求。由于光的反射作用，对于表面光泽或透明材料的加工，必须预先进行色化或打毛处理，使更多的光能被吸收后转化为热能用于加工。

（5）加工速度快，效率高。

（6）价格比较昂贵。

4．电子束与离子束加工

电子束和离子束加工是近年来得到较大发展的新兴特种加工。它们在精密微细加工方面，尤其是在微电子学领域中得到较多的应用。电子束加工主要用于打孔、焊接等热加工和电子束光刻化学加工。离子束加工则主要用于离子刻蚀、离子镀膜和离子注入等表面加工。近期发展起来的亚微米和纳米加工技术，即主要是用电子束与离子束加工的。

1）电子束加工

电子束加工是在真空条件下，利用聚焦后能量密度极高（$10^6 \sim 10^9 \mathrm{W/cm^2}$）的电子束，以极高的速度冲击到工件表面的极小面积上，在极短的时间（几分之一微秒）内，其能量的大部分转化为热能，使被冲击部分的工件材料达到几千摄氏度以上的高温，从而引起材料的局部熔化和气化，被真空系统抽走。

控制电子束能量密度的大小和能量注入的时间，就可以达到不同的加工目的。如果只使材料局部加热就可以进行电子束热处理；使材料局部熔化就可以进行电子束焊接；提高电子束能量密度，使材料熔化和气化，就可以进行打孔和切割等工作；利用能量密度较低的电子束轰击高分子材料时产生化学变化的原理，即可进行电子束光刻加工。

电子束可用来在不锈钢、耐热钢、合金钢、陶瓷、玻璃和宝石等材料上打圆孔、异形孔和车槽，最小孔径或缝宽可达 0.02～0.03mm。电子束还可用来焊接难熔金属、化学性能活泼的金属及一般金属。另外电子束还用于微细加工的光刻中。

2）离子束加工

离子束加工的原理和电子束加工的原理类似，也是在真空条件下，将离子源产生的离子束经过加速聚焦，使之撞击到工件表面。不同的是离子带正电荷，其质量是电子的数千、数万倍，所以一旦离子加速到较高速度，离子束就比电子束具有更大的撞击动能，它是靠微观的机械撞击能量，而不是靠动能转化成热能来加工的。

离子束加工被认为是最有前途的超精密加工微细加工方法，其应用范围很广。离子束去除加工可用于非球面透镜的成形、金刚石刀具和压头的刃磨、集成电路芯片图形的曝光和刻蚀。离子束镀膜加工是一种干式镀，比蒸镀有更高的附着力，效率也高。离子束注入加工可用于半导体材料掺杂、高速钢或硬质合金刀具材料切削刃表面改性等。

4.4　添加成形加工工艺（$\Delta m > 0$）

4.4.1　累积加工

材料累积制造工艺是将零件以微元叠加方式逐渐累积生长出来的。在制造过程中，将零件三维实体模型数据经计算机处理，控制材料的累积过程，形成所要的零件。此类工艺方法的优点是无须刀具、夹具等生产准备活动，就可以成形任意复杂形状的零件。制造出来的原型可供设计评估、投标或样件展示。因此，这一工艺又称为快速成形技术。快速成形技术用于产品样件的制造、模具制造和少量零件的制造，成为加速新产品开发及实现并行工程的有效技术，使企业的产品能快速响应市场，提高企业的竞争能力。

快速成形技术的发展十分迅速，现在有几种方法已经进入应用阶段，主要有光固化法（Stereo Lithography，SL）、层叠制造法（Laminated Object Manufacturing，LOM）、激光选区烧结法（Selective Laser Sintering，SLS）、熔化堆积造型法（Fused Deposition Modeling，FDM），其中光固化法是最早投入商业应用的快速成形技术。如图 4-34 所示，光固化法以光敏树脂为原料，将计算机控制的紫外激光按预定零件分层截面对液态树脂逐点扫描，使被扫描区域的树脂薄层产生光聚合反应，从而形成零件一个薄层截面。当一层固化完毕后，托盘下降一个薄层高度。在原先固化好的树脂表面再敷上一层新的液态树脂以便下一次扫描固化。新固化的一层牢固地与前一层粘合，如此重复，直到整个零件原型制造完毕。

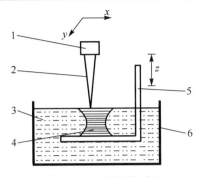

图 4-34 光固化法原理

1—扫描镜；2—激光束；3—光敏树脂；4—零件原型；5—树脂槽；6—托盘

4.4.2 结合加工

结合加工成形工艺包括表面覆层、表面化学热处理及连接成形等工艺。

1. 表面涂覆技术

表面涂覆是在基质表面上形成一种膜层，以改善表面性能的技术。涂覆层的化学成分、组织结构可以和基质材料完全不同，它以满足表面性能、涂覆层与基质材料的结合强度能适应工况要求、经济性好、环保性好为准则。涂覆层的厚度可以是几毫米，也可以是几微米。通常在基质零件表面预留加工余量，以实现表面具有工况需要的涂覆层厚度。表面涂覆与表面改性和表面处理相比，由于它的约束条件少，而且技术类型和材料的选择空间很大，因而属于表面涂覆类的表面工程技术非常多，而且应用最为广泛。这一类表面工程技术主要包括电镀、电刷镀、化学镀、物理气相沉积、化学气相沉积、热喷涂、堆焊、激光束或电子束表面熔覆、热浸镀等。其中，每一种表面工程技术又分为许多分支。

图 4-35 所示为电刷镀工艺原理示意图。将表面处理好的工件与专用的直流电源的负极连接作为阴极，镀笔与电源的正极连接作为阳极，电刷镀时，使棉花包套中浸满电镀液的镀笔以一定的相对运动速度及适当的压力在被镀工件表面上移动,在镀笔与被镀工件接触的部分，镀液中的金属离子在电场力的作用下扩散到工件表面，在表面获得电子，被还原成金属原子而沉积在工件表面形成镀层。因电刷镀时阴、阳极处在动态条件下，故镀层是一个断续的电结晶过程。

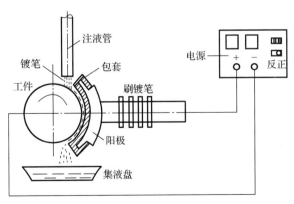

图 4-35 电刷镀工艺原理示意图

热喷涂的原理及过程如图 4-36 所示。

从喷涂材料进入热源，到形成涂层，都要连续经历以下三个阶段。

① 材料被加热熔化。对于线（棒）材，当其端部进入热源高温区域即被加热熔化，形成熔滴；对于粉末，进入高温区域后在行进的过程中即被加热软化或熔化。

② 熔滴雾化。在外加压缩气流或热源自身射流的作用下，熔滴雾化成粒径为 10～100m 的微粒向前喷射，而粉末则是被气流或热源射流推动而高速向前喷射。

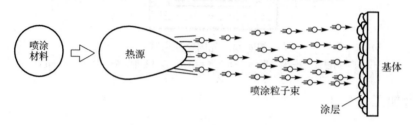

图 4-36 　热喷涂的原理及过程

2．表面化学热处理

化学热处理是将工件放入一定的化学介质中，经过加热保温，使介质中分解产生一种或几种元素的活性原子，被工件表面吸收，并向表层一定深度扩散，从而改变其表层化学成分、组织和性能的一种热处理工艺方法。通过化学热处理可以提高工件表层的硬度、耐磨性和疲劳强度，也可以提高工件表层的耐蚀性及抗氧化性等。

化学热处理基本工艺过程包括分解、吸收和扩散三步，即渗入的介质在高温下分解出渗入元素的活性原子；渗入的活性原子被钢件表面吸收；被吸收的活性原子由钢件表面层逐渐向内层扩散，形成一定厚度的扩散层。

生产中常用的化学热处理方法有渗碳、渗氮（氮化）、碳氮共渗（氰化）、渗硼、渗金属（如渗铝、渗铬）等。

图 4-37 所示为井式气体渗碳电阻炉结构示意图。气体渗碳用的渗碳介质多为碳氢化合物如煤气、天然气等气体介质，煤油、丙酮、丙烷、丁烷等易气化分解的液体介质。渗碳介质在高温下分解出活性的碳原子，渗入工件。工件的渗碳层深度取决于渗碳温度、活性的碳原子浓度和渗碳时间。渗碳层深度一般为 0.2～2.0mm，表面层含碳量可提高到 0.85%～1.0%。渗碳层深度由工件的工作条件及截面尺寸大小而定。渗碳层太厚，会使冲击韧性降低；渗碳层太薄，容易引起表面疲劳剥落。渗碳后的工件必须进行淬火和低温回火才能有效地发挥渗碳的作用。气体渗碳的生产效率较高，渗碳过程容易控制，渗碳层质量较好，易于实现自动化生产，应用最为广泛。

3．连接成形技术

在制造金属结构和机器的过程中，经常要把两个或两个以上的构件组合起来，而构件之间的组合必须通过一定的连接方式才能成为完整的产品。金属的连接有很多种方法，按拆卸时是否损坏被连接件，可分为可拆连接和不可拆连接。

可拆连接是指不必损坏被连接件或起连接作用的连接件就可以完成拆卸，如键连接和螺纹连接，只需将键打出或将螺母松开抽出螺栓，就可以完成拆卸。螺纹连接是应用最广泛的可拆连接。不可拆连接是指必须损伤被连接件或起连接作用的连接件才能完成拆卸，如焊接和铆接。

焊接是通过加热或加压（或两者并用），在用或不用填充材料的条件下，使两个分离表面的原子达到晶格距离从而形成冶金结合，而获得不可拆卸接头的工艺过程。焊接是一种永久性连接材料的工艺方法。

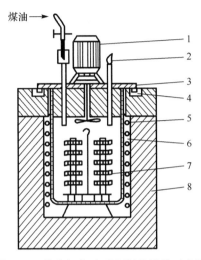

图 4-37　井式气体渗碳电阻炉结构示意图

1—风扇发动机；2—废气火焰；3—炉盖；4—砂封；5—电阻丝；6—耐热罐；7—工件；8—炉体

焊条电弧焊的焊接过程如图 4-38 所示。电弧在焊条与被焊工件之间燃烧，电弧热使工件和焊芯同时熔化形成熔池，同时也使焊条的药皮熔化和分解。药皮熔化后与液态金属发生物理化学反应，所形成的熔渣不断从熔池中浮起；药皮受热分解产生大量的二氧化碳、一氧化碳和氢等保护气体，围绕在电弧周围，熔渣和气体能防止空气中氧和氮的侵入，起保护熔化金属的作用。

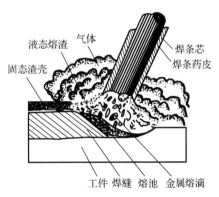

图 4-38　焊条电弧焊的焊接过程

随着电弧向前移动，工件焊接区域和焊条不断熔化汇成新的熔池。原来的熔池则不断冷却凝固，构成连续的焊缝。覆盖在焊缝表面的熔渣也逐渐凝固成为固态渣壳。这层熔渣和渣壳对焊缝质量和减缓金属的冷却速度有着重要的作用。

4.5　先进制造工艺简介

4.5.1　光整加工技术

光整加工是指不切除或从工件上切除极薄材料层，以减小工件表面粗糙度为目的的加工方法，常见的光整加工方法有研磨、珩磨、精密磨削、抛光和滚压加工等。主要表面的光整加工一般放在加工的最后阶段进行，加工后的表面粗糙度值 $R_a0.8\mu m$ 以下，轻微的碰撞都会损坏表面。在光整加工后，工件一般要用绒布进行保护，绝对不准直接接触工件，以免由于工序间的转运和安装而使光整加工的表面受到损伤。

1. 研磨

研磨是利用涂敷或压嵌在研具上的磨料颗粒，通过研具与工件在一定压力下的相对运动对加工表面进行的精整加工。研磨可用于加工各种金属和非金属材料，加工的表面形状有平面、内、外圆柱面和圆锥面，凸、凹球面，螺纹，齿面及其他型面。加工精度可达 IT5～01，表面粗糙度 R_a 可达 0.63～0.01μm。

研具是使工件研磨成形的工具，同时又是研磨剂的载体，硬度应低于工件的硬度，又有一定的耐磨性，常用灰铸铁制成。研磨 M5 以下的螺纹和形状复杂的小型工件时，常用软钢研具。研磨小孔和软金属材料时，大多采用黄铜、紫铜研具。

2. 抛光

抛光是在抛光盘添加抛光剂，利用机械、化学或电化学的作用，使工件表面粗糙度降低，以获得光亮、平整表面的加工方法。抛光盘一般采用沥青、石蜡、合成树脂和人造革等弹性材料制成。例如，当汽车表面受损时，可以通过研磨、抛光、还原恢复原来的光泽，找回新车的状态。

抛光并不能提高工件的尺寸、形状和位置精度，而是为了降低工件表面的粗糙度。图 4-39 所示为抛光机抛光洗手盆底部以使其光洁亮丽。

3. 珩磨

用镶嵌在珩磨头上的油石（又称珩磨条）对精加工表面进行的精整加工，又称镗磨。主要加工直径 5～500mm 甚至更大的各种圆柱孔，孔深与孔径之比可达 10 或更大。在一定条件下，也可加工平面、外圆面、球面、齿面等。珩磨头外周镶有 2～10 根长度约为孔长 1/3～3/4 的油石，在珩孔时既旋转运动又往返运动，同时通过珩磨头中的弹簧或液压控制而均匀外涨，所以与孔表面的接触面积较大，加工效率较高。珩磨后孔的尺寸精度为 IT7～4 级，表面粗糙度 R_a 可达 0.32～0.04μm。珩磨余量的大小取决于孔径和工件材料，一般铸铁件为 0.02～0.15mm，钢件为 0.01～0.05mm。珩磨头的转速一般为 100～200r/min，往返运动的速度一般为 15～20m/min。为冲去切屑和磨粒、改善表面粗糙度和降低切削区温度，操作时常需用大量切削液，如煤油或内加少量锭子油，有时也用极压乳化液。珩磨发动机箱体孔如图 4-40 所示。

珩磨工艺特点如下。

（1）可加工铸铁件、淬硬和不淬硬钢件及青铜件等，但不宜加工韧性大的有色金属件。

图 4-39　抛光机抛光洗手盆底部　　　　　　图 4-40　珩磨发动机箱体孔

（2）珩磨主要用于孔加工。在孔珩磨加工中，以原加工孔中心来进行导向。加工孔径范围为 $\phi5\sim\phi500$mm，深径比可达 10。

（3）珩磨广泛用于大批大量生产中加工汽缸孔、油缸筒、阀孔及多种炮筒等，亦可用于单件小批生产中。

（4）珩磨时同轴度无法确定。

（5）与研磨相比，珩磨具有可减轻工人体力劳动、生产率高、易实现自动化等特点。

4．精密磨削

精密磨削是指加工精度为 $1\sim0.1\mu$m、表面粗糙度 R_a 达到 $0.2\sim0.025\mu$m 的磨削方法，主要用于量规、机床主轴、轴承、液压滑阀和滚动导轨等的精密加工。

精密磨削主要是靠砂轮的精细修整，使磨粒具有微刃性和等高性，磨削后，被加工表面留下大量极微细的磨削痕迹，残留高度极小，加上无火花磨削阶段的作用，获得高精度和低表面粗糙度表面。

5．滚压加工

滚压加工是一种无切屑加工，通过一定形式的滚压工具向工件表面施加一定压力。在常温下利用金属的塑性变形，使工件表面的微观不平度碾平，从而达到改变表层结构、机械特性、形状和尺寸的目的。因此这种方法可同时达到光整加工及强化两种目的。

滚压加工是将高硬度且光滑的滚柱与金属表面滚压接触，使其表面层发生局部微量的塑性变形后得到改善表面粗糙度的塑性加工法的一种。我们经常看到铺设道路时，轧路机将凹凸不平的马路压得很平整。滚压加工原理也是如此，用滚柱滚压金属表面，将表面凸起部分碾平，而使凹陷部分隆起，加工成平滑如镜的表面。与切削加工不同，这是一种塑性加工。被滚压加工的工件不仅表面粗糙度 R_a 瞬间就可以达到 $0.1\sim0.8\mu$m，而且加工面硬化后，在其耐磨性得到提高的同时，疲劳强度也增加了 30%，具有切削加工无法得到的优点。由于可简单并低成本地进行零部件的超精密加工，滚压加工日益被以汽车产业为首的精密机械、化学、家电等产业广泛采用。

图 4-41 所示为液压缸镗滚复合加工，滚压加工后表面粗糙度 R_a 可达到 0.4μm。

图 4-41　镗滚复合加工

4.5.2　微细加工技术

1．微细加工技术的概念及其特点

微细加工技术是指制造微小尺寸零件的加工技术。从广义的角度讲，微细加工包含各种传统精密加工方法（如切削加工、磨削加工）和各种新加工方法（如电火花加工、电解加工、化学加工、超声加工、微波加工、激光加工、电子束和离子束加工、光刻加工、电铸加工等）。从狭义的角度讲，微细加工主要是指半导体集成电路制造技术，因为微细加工技术是在半导体集成电路制造技术的基础上形成并发展的，它是大规模集成电路和计算机技术的技术基础，是光电子时代、微电子时代、信息时代的关键技术之一。因此其加工方法多偏重于指集成电路制造中的一些工艺，如化学气相沉积、热氧化、光刻、离子束溅射、真空蒸镀及整体微细加工技术。

微小尺寸和一般尺寸的加工是不同的，其不同点主要表现在以下三个方面。

（1）精度的表示方法。一般尺寸零件加工时，精度是用公差等级进行描述的。在微小尺寸加工时，由于加工尺寸很小，精度就必须用尺寸的绝对值来表示，即用取出的一块材料的大小来表示，从而引入加工单位尺寸的概念。加工单位就是去除的一块材料的大小，如当微细加工 0.01mm 尺寸零件时，必须采用微米加工单位进行加工；当微细加工微米尺寸零件时，必须采用亚微米加工单位来进行加工，现在的微细加工已采用纳米加工单位。

（2）微观机理。以切削加工为例，一般金属材料是由微细的晶粒组成的，晶粒直径为数微米到数百微米。一般加工时，金属切除量较大，可以忽略晶粒的大小，而作为一个连续体来看待；微细加工时，因工件尺寸很小，当吃刀量小于材料晶粒直径时，切削就在晶粒内进行，这时晶粒就作为一个一个的不连续体来进行切削。

（3）生产方式。由微细加工工艺生产的零件通常需要用显微镜来观察。微细加工一般在专门进行微小件或精密加工的车间进行。

2．微细加工方法

1）微细加工方法分类

微细加工方法可以分为切削加工、磨料加工、特种加工和复合加工四类。在微细加工中，最主要的加工方法就是光刻加工。

2）光刻加工技术

光刻加工又称光刻蚀加工或刻蚀加工，简称刻蚀。目前，光刻加工技术主要用于在集成电路制作中得到高精度微细线条所构成的高密度微细复杂图形。

光刻加工分为两个阶段，第一阶段为原版制作阶段，主要生成工作原版（光刻时的模板），第二阶段为光刻。

3．微细加工的应用

微细加工通常用在医疗器械领域和电子领域。如进行集成电路芯片的制造，印制电路板等，也可以在集成电路基片上制造出各种微型运动机械。

4.5.3　纳米加工技术

纳米加工技术是指至少一个维度方向为纳米级 $0.1\sim100\mathrm{nm}$（$1\mathrm{nm}=10^{-9}\mathrm{m}$，即 10 亿分之一米）的加工技术，它是当前先进制造技术发展的重点和热点。

纳米加工的物理实质与传统的切削加工不同，一些常规切削加工方法和加工规律并不能适用于纳米级加工。因为欲得到 $1\mathrm{nm}$ 的加工精度，加工的最小单位必然在亚纳米级。由于原子间的距离为 $0.1\sim0.3\mathrm{nm}$，纳米加工中直接将试件表面的一个个原子或分子作为加工对象，因此纳米加工的物理实质就是要切断原子间的结合，实现原子或分子的去除，因此需要很大的能量密度。

生产中，纳米加工的主要方向和方法一般是直接利用光子、电子、离子等基本能子进行加工。近年来纳米加工有很大的突破，如用电子束光刻加工超大规模集成电路时，已实现 $0.1\mu\mathrm{m}$ 线宽的加工；离子刻蚀已实现微米级和纳米级表层材料的去除；扫描隧道显微技术已实现单子原子的去除、搬迁、增添和原子的重组。纳米加工技术现在已成为现实的、有宽广发展前景的全新加工领域。

复习思考题

1．手工造型和机器造型各自的特点是什么？适用于何种制造场合？
2．什么是熔模铸造？试述其工艺过程。
3．金属型铸造有何优越性？为什么金属型铸造未能取代砂型铸造？
4．压力铸造有何优缺点？它与熔模铸造的适用范围有何不同？
5．低压铸造的工作原理与压力铸造的有何不同？
6．锻造主要分为哪两种？适用范围如何？
7．板料冲压有哪些特点？主要的冲压工序有哪些？
8．通过对粉末冶金制品制造工艺过程的了解，你认为粉末冶金制品主要存在哪些缺陷？
9．高分子材料主要的成形技术有哪些？
10．常用的刀具材料有哪些？各用在哪些场合？
11．外圆和平面一般用什么方法进行加工？
12．钻削和镗削加工孔有何区别？
13．数控加工有哪些特点？

参 考 文 献

[1] 陈家元. 机械制造工艺发展现状与未来发展趋势[J]. 机械研究及应用，2011（1）：121-122.

[2] 马利杰. 先进制造技术[M]. 北京：北京师范大学出版社，2011.

[3] 刘永贤，蔡光起. 机械工程概论[M]. 北京：机械工业出版社，2010.

[4] 许本枢. 机械制造概论[M]. 北京：机械工业出版社，2000.

[5] 曾晓. 绿色机械制造工艺技术应用的探讨[J]. 科技信息，2013（35）：62-63.

[6] 王德文，王鹏. 浅谈机械制造工艺的新技术的应用与发展[J]. 科技创新导报，2013（24）：60-61.

[7] 佟济. 机械制造工艺发展现状分析[J]. 工艺与技术.

[8] 汤酞则. 材料成形工艺基础[M]. 长沙：中南大学出版社，2003.

[9] 刘建华. 材料成型工艺基础[M]. 西安：西安电子科技大学出版社，2007.

[10] 余世浩，杨梅. 材料成型[M]. 北京：清华大学出版社，2012.

[11] 吴智华，杨其. 高分子材料成型工艺学[M]. 成都：四川大学出版社，2006.

[12] 王贵成. 机械制造学[M]. 北京：机械工业出版社，2001.

[13] 刘贯军，郭晓琴. 机械工程材料与成型技术[M]. 北京：电子工业出版社，2011.

[14] 倪晓丹，杨继荣，熊运昌. 机械制造技术基础（第 2 版）[M]. 北京：清华大学出版社，2014.

第5章 机电一体化与机械制造自动化技术

5.1 机电一体化技术简介

5.1.1 概述

1. 机电一体化的基本概念

机电一体化（Mechatronics）最初于 1971 年由日本学者提出，这个词是由英文 Mechanics（机械学）的前半部分和 Electronics（电子学）的后半部分结合而构成的，意思是机械技术与电子技术的有机结合，现已取得世界范围内的认可。

随着计算机网络和通信技术的广泛应用，机电一体化技术实现了机械技术（机械学、机构学等）、微电子技术（半导体技术、计算机技术等）和信息技术等技术的高度融合，图 5-1 所示为机电一体化技术与其他技术的关系。

机电一体化一般包含机电一体化技术和机电一体化产品（系统）两层含义，机电一体化技术和机电一体化产品（系统）可分别定义如下。

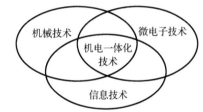

（1）机电一体化技术不是机械技术与电子技术简单地叠加，从系统的观点出发，将机械技术、微电子技术、信息技术、控制技术等在系统工程基础上有机地加以综合，以实现整个系统最佳化的一门新科学技术。

图 5-1 机电一体化技术与其他技术的关系

（2）机电一体化产品（系统）是新型机械与微电子器件，特别是微处理器、微型机相结合而开发出来的新一代电子化机械产品，图 5-2 所示为机电一体化系统的组成，包括机械本体（机构）、能源部分（动力源）、执行器、检测部分（传感器）和电子控制单元（计算机）等。典型的机电一体化产品（系统）有数控机床、机器人、汽车电子化产品、智能化仪器仪表、电子排版印刷系统、CAD/CAM 系统等。

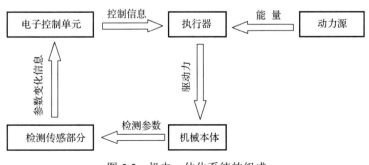

图 5-2 机电一体化系统的组成

2. 机电一体化技术的特点

1）提高精度

机电一体化技术使机械本体传动部件减少，因而由于机械磨损、配合间隙及受力变形等所引起的误差大大减小，同时采用电子技术实现自动检测、控制、补偿和校正因各种干扰因素造成的动态误差，可达到单纯机械装置所不能达到的工作精度。如采用微型计算机误差分离技术的电子化圆度仪，其测量精度可由原来的 0.025μm 提高到 0.01μm；大型镗铣床安装感应同步器数显装置可将加工精度从 0.006mm 提高到 0.002mm。

2）增强功能

现代高新技术的引入极大地改变了传统机械工业产品的面貌，具备多种复合功能成为机电一体化产品和技术的一个显著特征。例如，加工中心可将多台普通机床上的多道工序在一次装夹中完成，并且还有刀具磨损自动补偿、自动显示刀具动态轨迹图形、自动控制和自动故障诊断等极强的应用功能；而配有工业机器人的大型激光加工中心，能完成自动焊接、划线、切割、钻孔、热处理等操作，可加工金属、塑料、陶瓷、木材、橡胶等各种材料。

3）提高生产效率，降低成本

机电一体化生产系统能够减少生产准备时间和辅助时间，缩短新产品的开发周期，提高产品质量和合格率，提高生产效率，减少操作人员，降低成本。例如，数控机床生产效率要比普通机床高 5～6 倍，柔性制造系统可使生产周期缩短 40%，生产成本降低 50%。

4）节约能源，降低消耗

机电一体化产品通过采用低能耗的驱动机构、最佳的调节控制和能源利用率高的设备来达到显著的节能效果。例如，汽车电子点火器，由于控制最佳点火时间和状态，可大大节约汽车的耗油量；工业锅炉若采用微机精确控制燃料与空气的混合比，可节煤 5%～20%；还有被称为电老虎的电弧炉，是最大的耗电设备之一，如改用微型计算机实现最佳功率控制，可节电 20%。

5）提高安全性、可靠性

机电一体化系统具有自动检测监控功能，能够对各种故障和危险情况自动采取保护措施和及时修正运行参数，提高系统的安全可靠性。例如，大型火力发电设备中锅炉和汽轮机的协调控制、汽轮机的电液调节系统、自动启停系统、安全保护系统等，不仅提高了机组运行的灵活性，而且提高了机组运行的安全性和可靠性，使火力发电设备逐步实现全自动控制。

6）改善操作性和适用性

机电一体化装置中相关传动机构的动作顺序及功能协调关系，可由程序控制自动实现，并建立良好的人-机界面，对操作参量加以提示，因而可以通过简便的操作实现复杂的控制功能，获得良好的使用效果。例如，一座高度复杂的现代大型熔炉作业控制系统，其控制内容包括最优配料、多台电炉的功率控制、球化和孕育处理、记忆球铁浇铸情况。铁水成分、计划熔化和造型之间的协调平衡等，从整个系统的启动到熔炉全部作业完毕，只需操作几个按钮就能完成。有些机电一体化装置可实现操作全部自动化，如示教再现工业机器人，在由人工进行一次示教操作后，即可按示教内容自动重复实现全部动作。有些更高级的机电一体化系统，可通过被控对象的数学模型和目标函数，以及各种运行参数的变化情况，随机自寻最佳工作过程，协调对内对外关系，以实现自动最优控制，如电梯全自动最优控制系统、智能机器人等。

7）减轻劳动强度，改善劳动条件

机电一体化系统一方面能够将制造与生产过程中极为复杂的人的智力活动和资料数据记忆查找工作改由计算机来完成，另一方面又能由程序控制自动运行，代替人的紧张和单调重复的操作及在危险或有害环境下的工作，大大减轻了人的脑力和体力劳动，改善了人的工作环境条件。例如，CAD 和 CAPP 极大减轻了设计人员的劳动复杂性，提高了设计效率；搬运、焊接和喷漆机器人取代了人的单调重复劳动；武器弹药装配机器人、深海机器人、太空工作机器人、在核反应堆和有毒环境下的自动工作系统，则成为人类谋求解决危险环境中的作业问题的最佳途径。

8）简化结构，减轻重量

由于机电一体化系统采用新型电力电子器件和新型传动技术代替笨重的老式电器控制的复杂机械变速传动机构，由微处理机与集成电路等微电子元件和程序逻辑软件，完成过去靠机械传动链来实现的关联运动，从而使机电一体化产品的体积减小、结构简化、质量减轻。例如，数控精密插齿机可节省齿轮等传动部件 30%；一台现金出纳机用微处理机控制可取代几百个机械传动部件。采用机电一体化技术来简化结构、减轻质量，对于航天航空技术的发展而言具有更加特殊的意义。

9）降低成本

由于机电一体化系统结构简化，材料消耗减少，降低了制造成本，同时由于微电子技术的高速度发展，微电子器件价格迅速下降，机电一体化产品价格低廉，且维修性能得到改善，使用寿命得到延长，进一步降低了成本。例如，石英晶振电子表以其多功能、使用方便及价格优势，迅速占领了计时商品市场。

10）增强柔性

机电一体化系统可以根据使用要求的变化，通过编制用户程序，实现工作方式的改变，满足用户多样化的使用要求。例如，工业机器人具有较多的运动自由度，手爪部分可以换用不同工具，通过修改程序来改变运动轨迹和运动姿态，可以适应不同的作业过程和工作内容；利用数控加工中心或柔性制造系统，可以通过调整系统运行的程序，适应不同零件的加工工艺。

3. 机电一体化技术与其他技术的区别

综上所述，机电一体化技术有着自身的显著特点和技术范畴，为了恰当运用机电一体化技术，我们必须认识机电一体化技术和其他技术之间的区别。

1）与传统机电技术的区别

传统机电技术的操作控制主要通过具有电磁特性的各种电器来实现，如继电器、接触器等，在设计中不考虑或很少考虑彼此间的内在联系，并且机械本体和电气驱动界限分明，整个装置是刚性的，不涉及软件和计算机控制。机电一体化技术以计算机为控制中心，在设计过程中强调机械部件和电气部件间的相互作用和影响，整个装置在计算机控制下具有一定的智能性。

2）与自动控制技术的区别

自动控制技术的侧重点是讨论控制原理、控制规律、分析方法和自动系统的构造等。机电一体化技术将自动控制原理及方法作为重要支撑技术，将自控部件作为重要控制部件应用自控原理和方法，对机电一体化装置进行系统分析和性能测算。

3）与计算机应用技术的区别

机电一体化技术只是将计算机为核心部件应用，目的是提高和改善系统性能。计算机在机电一体化系统中的应用仅仅是计算机应用技术中的一部分，它还可以在办公、管理及图像处理等方面得到广泛应用。机电一体化技术研究的是机电一体化系统，而不是计算机应用本身。

4．机电一体化技术的应用与发展

现代高新技术（如微电子技术、生物技术、新材料技术、新能源技术、空间技术、海洋开发技术、光纤通信技术及现代医学等）的发展需要具有智能化、自动化和柔性化的机械设备，机电一体化技术正是在这种巨大的需求推动下产生的新兴技术。微电子技术、微型计算机使信息与智能和机械装置与动力设备有机结合，使得产品结构和生产系统发生了质的飞跃。机电一体化产品除具有高精度、高可靠性、快速响应等功能外，还将逐步实现自适应、自控制、自组织、自管理等功能。

由于机电一体化技术对现代工业和技术的发展具有巨大的推动力，因此世界各国均将其作为工业技术发展的重要战略之一。从 20 世纪 70 年代起，在发达国家兴起了机电一体化热，而在 20 世纪 90 年代，中国也把机电一体化技术列为重点发展的十大高新技术产业之一。

机电一体化技术在制造业的应用从一般的数控机床、加工中心和机械手发展到智能机器人、柔性制造系统（FMS）、无人生产车间和将设计、制造、销售、管理集于一体的计算机集成制造系统（CIMS）。机电一体化产品涉及工业生产、科学研究、人民生活、医疗卫生等各个领域，如集成电路自动生产线、激光切割设备、印刷设备、家用电器、汽车电子化、微型机械、飞机、雷达、医学仪器、环境监测等。

机电一体化技术是其他高新技术发展的基础，机电一体化的发展又依赖于其他相关技术的发展。可以预测，随着信息技术、材料技术、生物技术等新兴学科的高速发展，在数控机床、机器人、微型机械、家用智能设备、医疗设备、现代制造系统等产品及领域，机电一体化技术将得到更加蓬勃的发展。

5.1.2　机电一体化系统的基本组成

机电一体化技术是在大规模集成电路和微型计算机为代表的微电子技术高度发展并向传统机械工业领域迅速渗透（机械技术与电子技术深度结合）的现代化工业基础上，综合运用机械技术、微电子技术、自动控制技术、信息技术、传感测试技术、电力电子技术、接口技术、信号变换技术及软件编程技术等群体技术，根据系统功能目标和优化组织结构目标，合理配置机械本体、执行机构、动力驱动单元、传感测试原件、控制计算机接口等硬件要素，并使之在软件程序和微电子电路逻辑的有目的的信息流向导引下，相互协调、有机融合和集成，形成物质和能量的有序规则运动，在高功能、高质量、高可靠性、低能耗的意义上实现特定功能价值的系统工程技术。由此而产生的功能系统，则称为一个以微电子技术为主导的，在现代高新技术支持下的机电一体化系统（产品）。

一个典型机电一体化系统包含以下几个基本要素：机械本体、动力与驱动部分、执行机构、检测传感部分、控制及信息单元，机电一体化系统的基本组成见 5.1.1 节。将这些部分归纳为：结构组成要素、动力组成要素、运动组成要素、感知组成要素、智能组成要素，这些组成要素内部及其之间，形成通过接口耦合来实现运动传递、信息控制、能量转换等有机融合的一个完整系统，机电一体化系统的组成要素、功能及与人体的对应部分的相应功能的关系如图 5-3 所示。

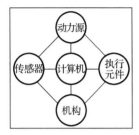
(a)机电一体化系统的组成要素

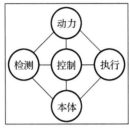
(b)机电一体化系统的功能

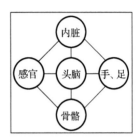
(c)机电一体化系统的功能与人体的对应部分的相应功能的关系

图 5-3 机电一体化系统的组成要素、功能及与人体的对应部分的相应功能的关系

1．机械本体

机电一体化系统的机械本体包括机架、机械连接、机械传动等。所有的机电一体化系统都含有机械部分，它是机电一体化系统的基础，起着支撑系统中其他功能单元、传递运动和动力的作用。与纯粹的机械产品相比，由于机电一体化系统的技术性能得到提高、功能得到增强，机械本体要在机械结构、材料、加工工艺性及几何尺寸等方面适应产品高效率、多功能、高可靠性和节能、小型、轻量、美观等要求。

2．动力与驱动部分

动力部分是机电一体化产品能量供应部分，其功能是按照系统控制要求，为系统提供能量和动力，使系统正常运行。提供能量的方式包括电能、气能和液压能，以电能为主。除要求可靠性好以外，机电一体化产品还要求动力源的效率高，即用尽可能小的动力输入获得尽可能大的功率输出。

驱动部分的功能是在控制信息的作用下提供动力，驱动各执行机构完成各种动作和功能。机电一体化系统一方面要求驱动的高效率和快速响应特性，另一方面要求对水、油、温度、尘埃等外部环境具有适应性和可靠性。随着电力电子技术的高度发展，高性能的步进驱动、直流伺服和交流伺服等驱动方式大量应用于机电一体化系统。

3．检测传感部分

检测传感部分包括各种传感器及其信号检测电路，传感测试部分的功能是对机电一体化系统运行工作过程中所需要的本身和外界环境的各种有关参数及状态进行检测，生成相应的可识别信号，传输到信息处理单元，经过分析、处理后产生相应的控制信息，并向执行器发出相应的控制指令。这一功能一般由专门的传感器及转换电路完成。

4．执行机构

执行机构的功能是根据电子控制单元的控制信息和指令，驱动机械部件完成要求的动作。

执行机构是运动部件，一般采用机械、电磁、电液等机构。根据机电一体化系统的匹配性要求，执行机构需要考虑改善系统的动态、静态性能，如提高刚性、减小质量和保持适当的阻尼，应尽量考虑组件化、标准化和系列化，以提高系统的整体可靠性。

5．控制及信息单元

控制及信息单元又称电子控制单元 ECU（Electrical Control Unit），是机电一体化系统的核心，它的功能是将来自各传感器的检测信息和外部输入命令进行集中、存储、分析、加工，根据信息处理结果，按照一定的程序和节奏发出相应的指令，控制整个系统有目的地运行。控制及信息单元由硬件和软件组成：系统硬件一般由计算机、可编程逻辑控制器（PLC）、数控装置及逻辑电路、A/D 与 D/A 转换、I/O（输入/输出）接口和计算机外部设备等组成；系统软件为固化在计算机存储器内的信息处理和控制程序，根据系统正常工作的要求编写。机电一体化系统对控制和信息处理单元的基本要求是提高信息处理速度和可靠性，增强抗干扰能力及完善系统自诊断功能，实现信息处理智能化。

通常将以上这五部分称为机电一体化系统的五大组成要素。它们之间并非彼此无关或简单拼凑、叠加在一起，工作中它们各司其职、互相补充、互相协调，共同完成所规定的功能，即在机械本体的支持下，由传感器检测产品的运行状态及环境变化，将信息反馈给控制及信息单元，电子控制单元对各种信息进行处理，并按要求控制执行器的运动，执行器的能源则由动力部分提供。在结构上，各组成要素通过各种接口及相关软件有机地结合在一起，构成一个内部合理匹配、外部效能最佳的完整产品。

例如，日常使用的全自动照相机就是典型的机电一体化产品，其内部装有测光测距传感器，测得的信号由微处理器进行处理，根据信息处理结果控制微型电动机，由微型电动机驱动快门、变焦及卷片倒片机构，从测光、测距、调光、调焦、曝光，到卷片、倒片、闪光及其他附件的控制都实现了自动化。

又如，汽车上广泛应用的发动机燃油喷射控制系统也是典型的机电一体化系统。分布在发动机上的空气流量计、水温传感器、节气门位置传感器、曲轴位置传感器、进气歧管绝对压力传感器、爆燃传感器、氧传感器等连续不断地检测发动机的工作状况和燃油在燃烧室的燃烧情况，并将信号传给电子控制单元 ECU，ECU 首先根据进气歧管绝对压力传感器或空气流量计的进气量信号及发动机转速信号，计算基本喷油时间，然后根据发动机的水温、节气门开度等工作参数信号对其进行修正，确定当前工况下的最佳喷油持续时间，从而控制发动机的空燃比。此外，根据发动机的要求，ECU 还具有控制发动机的点火时间、怠速转速、废气再循环率、故障自诊断等功能。

机电一体化系统的五个基本单元和它们内部各环节之间均遵循接口耦合、运动传递、信息控制、能量转换的"四大原则"。

5.1.3　机电一体化技术体系

机电一体化系统曾以机械为主要产品，如机床、汽车、缝纫机、打字机、照相机等，由于应用了微型计算机等微电子技术，它们提高了性能并增添了"头脑"。机电一体化是一门新兴的边缘学科，是多学科技术的综合应用，是技术密集型的系统工程。其技术体系主要包括机械技术、检测传感技术、伺服驱动技术、计算机与信息处理技术、自动控制技术和系统总体技术等。而现代的机电一体化产品还包含光、声、化学、生物等技术的应用。要掌握机电一体化，开发机电一体化产品，就必须了解和掌握这些关键技术。

1. 机械技术

机械技术是机电一体化的基础。机电一体化产品中的主功能和构造功能往往是以机械技术为主实现的。在机械与电子相互结合的实践中，机械技术不再是单一地完成系统间的连接，而是要优化设计系统的结构、质量、体积、刚性和寿命等参数对机电一体化系统的综合影响。机械技术的着眼点在于如何与机电一体化技术相适应，随着新机构、新原理、新材料、新工艺等不断出现，现代设计方法不断发展和完善，利用其他这些高新技术来更新概念，实现结构上、材料上、性能上及功能上的变更，以满足机电一体化产品对机械部分提出的结构更新颖、质量更轻、体积更小、精度更高、刚度更大、动态性能更好、功能更多等要求。特别是关键部件，如导轨、滚珠丝杠、轴承、传动部件等的材料、精度对机电一体化产品的性能、控制精度等多方面的要求。

在制造过程的机电一体化系统中，经典的机械理论与工艺应借助计算机辅助技术，同时采用人工智能与专家系统等，形成新一代的机械制造技术。这里原有的机械技术以知识和技能的形式存在，是任何其他技术代替不了的，如计算机辅助工艺规程编制（CAPP）是目前 CAD/CAM 系统研究的瓶颈，其关键问题在于如何将各行业、企业、技术人员中的标准、习惯和经验进行表达和陈述，从而实现计算机的自动工艺设计管理。

机电一体化系统的机械系统是在计算机控制系统的控制下，完成一定的机械运动，实现一定的功能，主要包括传动机构、支承机构、执行机构三个部分。

（1）传动机构

传动机构是将原动机和执行机构联系起来，传递运动和力（力矩）或改变运动形式的机构。一般是将原动机的高转速和小扭矩转换成执行机构所需要的较低速度和较大的力（力矩）。常见的机械传动机构有齿轮传动、螺旋传动、带传动、链传动、曲柄连杆机构等。不同的机械系统，传动机构也可以相同或类似，它是各种不同机械系统具有的共性部分。图 5-4 所示为常用传动机构。

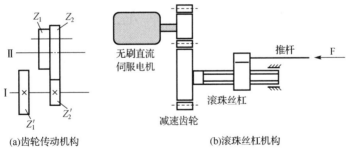

(a)齿轮传动机构　　　　　(b)滚珠丝杠机构

图 5-4　常用传动机构

（2）支承机构

支承机构是连接和支承机器的各组成部分，承受工作外载荷和整个机器质量的装置。它是机器的基础部分，一般指导轨、轴承等。支承机构的变形、振动和稳定性直接影响机械系统的可靠性和安全性。

（3）执行机构

执行机构是完成机械系统预定功能的组成部分。机械系统种类不同，其执行机构的结构和工作原理就不同。执行机构是一个机械系统区别于另一个机械系统的最具有特性的部分。

通常，机电一体化系统的机械部分还包括机座、支架、壳体等辅助部件。

2．计算机与信息处理技术

信息处理技术包括信息的交换、存取、运算、判断和决策等，实现信息处理的主要工具是计算机，因此计算机技术与信息处理技术是密切相关的。计算机技术包括计算机软件技术和硬件技术、网络与通信技术和数据技术等。

在机电一体化产品中，计算机与信息处理装置指挥整个产品的运行，信息处理是否正确、及时，会直接影响产品工作的质量和效率。因此，计算机及信息处理技术已成为促进机电一体化技术和产品发展的最活跃的因素。人工智能、专家系统、神经网络技术等都属于计算机与信息处理技术。

机电一体化系统主要采用工业控制机进行信息处理，常用的工业控制机主要有单片微型计算机、可编程序控制器（PLC）、总线式工业控制机等。

（1）单片微型计算机（简称为单片机），是将 CPU、RAM、ROM 和 I/O 接口集成在一块芯片上，同时具有定时/计数、通信和中断等功能的微型计算机。自 1976 年 Intel 公司首片单片机问世以来，随着集成电路制造技术的发展，单片机的 CPU 依次出现了 8 位和 16 位机型，并使运行速度、存储器容量和集成度不断提高。现在比较常用的单片机一般具有数十 K 的闪存、16 位的 A/D 转换及看门狗等功能，而各种满足专门需要的单片机也可由生产厂家定做。单片机具有体积小、功能齐全、价格低等优点，被广泛地应用在机电一体化产品中，特别是在数字通信产品、智能化家用电器和智能仪器等领域。

（2）可编程控制器（Programmable Logic Controller，PLC），早期主要用于顺序控制，只能实现逻辑运算。随着电子技术、计算机技术的迅速发展，可编程控制器的功能已远远超出了顺序控制的范围。被称为可编程控制器（Programmable Controller，PC）。为区别于 Personal Computer（PC），故沿用 PLC 这个略写。PLC 的机构示意图如图 5-5 所示，它由中央控制处理单元（CPU）、存储器 、输入/输出接口、电源等组成。

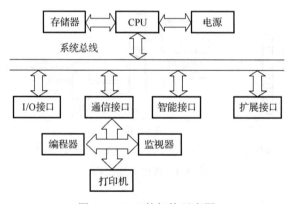

图 5-5　PLC 的机构示意图

（3）总线式工业控制机，是目前工业领域应用相当广泛的工业控制计算机，具有丰富的过程输入/输出接口功能、迅速响应的实时功能和环境适应能力。总线工控机的可靠性较高，例如，STD 总线工控机的使用寿命达到数十年，平均故障间隔时间超过上万小时，且故障修复时间较短。总线工控机的标准化、模板式设计大大简化了设计和维修难度，且系统配置丰富的应用软件，并多以结构化和组态软件形式提供给用户，使用户能够在较短的时间内掌握和熟练应用。

3．自动控制技术

自动控制技术范围很广，包括自动控制理论、控制系统设计、系统仿真、现场调试、可靠运行等从理论到实践的整个过程，即机电一体化的系统设计在基本控制理论指导下，对具体控制装置和控制系统进行设计；对设计后的系统进行仿真和现场调试；最后使研制的系统可靠地投入运行。由于控制对象种类繁多，所以控制技术的内容极其丰富，包括高精度定位控制、速度控制、自适应控制、自诊断、校正、补偿、示教再现、检索等控制技术。

自动控制技术的难点在于自动控制理论的工程化与实用化，这是由于现实世界中的被控对象往往与理论上的控制模型之间存在较大差距，使得从控制设计到控制实施往往要经过多次反复调试与修改，才能获得比较满意的结果。

随着微型计算机的广泛应用，自动控制技术越来越多地与计算机控制技术联系在一起，成为机电一体化中十分重要的关键技术。

4．传感检测技术

传感检测技术是指与传感器及其信号检测装置相关的技术。传感与检测装置是系统的感受器官，它与信息系统的输入端相连并将检测到的信息输送到信息处理部分。传感与检测是实现自动控制、自动调节的关键环节，它的功能越强，系统的自动化程度越高。传感与检测的关键元件是传感器。

在机电一体化产品中，传感器就像人体的感觉器官一样，将各种内、外部信息（如位移、位置、速度、加速度、力、温度等）通过相应的信号检测装置感知并反馈给控制及信息处理装置，转换为统一规格的电信号输入到信息处理系统中，并由此产生出相应的控制信号，以决定执行机构的运动形式和动作幅度。传感器检测的精度、灵敏度和可靠性将直接影响机电一体化的性能。机电一体化要求传感器能快速、精确地获取信息并经受各种严酷环境的考验。但是由于目前检测与传感技术还不能与机电一体化的发展相适应，不少机电一体化产品不能达到满意的效果或无法实现设计。因此，大力开展检测与传感技术的研究对发展机电一体化具有十分重要的意义。下面对传感器进行简单介绍。

传感器是将被测量（包括各种物理量、化学量和生物量等）变换成系统可识别的，与被测量有确定对应关系的有用电信号的一种装置。

一般来说，传感器由敏感元件和转换元件组成。由于传感器输出的信号一般都很微弱，要对其进行传输、处理、记录和显示，还需有必需的信号调节与转换电路。此外，信号调节与转换电路所需的电源也是传感器的重要组成部分。传感器的组成框图如图 5-6 所示。

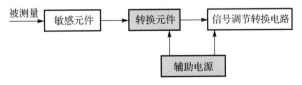

图 5-6　传感器的组成框图

5．伺服驱动技术

伺服驱动技术的主要研究对象是执行元件及其驱动装置，执行元件有电动、气动、液压等多种类型。机电一体化产品中多采用电动式执行元件，其驱动装置主要是指各种电动机的驱动电源电路，目前多采用电力电子器件及集成化的功能电路。执行元件一方面通过电气接口向上与微型机相连，以接收微型机的控制指令，另一方面又通过机械接口向下与机械传动和执行机构相连，以实现规定的动作。

伺服驱动技术是直接执行操作的技术，伺服系统是实现电信号到机械动作的转换装置或部件，对机电一体化系统的动态性能、稳态精度、控制质量和功能具有决定性的影响。

伺服驱动技术主要是指在控制指令的指挥下控制驱动元件，使机械的运动部件按照指令的要求进行运动，并具有良好的动态性能。常见的伺服驱动有电磁铁、脉冲液压缸、步进电机、直流伺服电机和交流伺服电机等。随着变频技术的进步，交流伺服驱动技术取得突破性进展，为机电一体化系统提供高质量的伺服驱动单元，极大地促进了机电一体化技术的发展。

6. 系统总体技术

系统总体技术是一种从整体目标出发，用系统工程的观点和方法将总体分解成相互有机联系的若干功能单元，并以功能单元为子系统继续分解，直至找到可实现的各个功能的技术方案，再把功能和技术方案组合成方案组进行分析、评价和优选的综合应用技术。系统总体技术解决的是系统的性能优化问题和组成要素之间的有机联系问题，即使各个组成要素的性能和可靠性很好，但如果整个系统不能很好地协调，系统也很难正常运行。

机电一体化系统的各功能单元通过接口连接成一个有机的整体。接口技术是系统总体技术的关键环节，主要包括电气接口、机械接口、人-机接口。电气接口实现系统间的信号联系；机械接口则完成机械与机械部分、机械与电气装置部分的连接；人-机接口提供人与系统间的交互界面。系统总体技术是最能体现机电一体化设计特点的技术，其原理和方法还在不断地发展和完善之中。

5.1.4 典型的机电一体化应用实例

1. 数控机床

数字控制（Numerical Control，NC）简称数控，是近代发展起来的一种自动控制技术，是用数字化的信息对机床运动及其加工过程进行控制的一种方法。

采用数控技术实施加工的机床或装备了数控系统的机床，即称为数控机床。数控系统是一种利用预先决定的指令控制一系列加工作业的系统。指令以数码的形式存储在某种形式的输入载体上，如磁带、磁卡等，指令确定位置、方向、速度等。零件的加工程序包含加工零件所要求的全部指令。在加工过程中，数控系统能够自动阅读输入载体上事先给定的数字值，并将其译码，从而使机床动作和加工零件。数控机床是机、电、液、气、光高度一体化的产品，能够进行镗、钻、磨、铣、冲、锯、车、编织（服装）、焊及特种加工等作业。图5-7所示为MJ-860DT数控车床的结构外观图。

1）数控机床的组成

数控机床主要由控制介质、数控装置、伺服装置、辅助控制装置、检测反馈装置和机床本体组成，数控机床加工过程原理如图5-8所示。下面对数控机床的主要组成部分进行简单介绍。

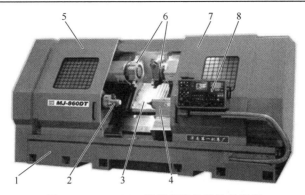

图 5-7　MJ-860DT 数控车床的结构外观图

1—床身；2—三爪卡盘；3—导轨；4—尾架；5、7—防护门；6—回转刀架；8—数控操作面板

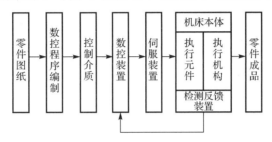

图 5-8　数控机床加工过程原理图

（1）控制介质

控制介质是指将零件加工信息传送到数控装置的程序载体。由于数控装置有不同的类型，常用的有磁盘、移动硬盘、Flash（U 盘）等。

（2）数控装置

数控装置是数控机床的核心。普通数控机床一般由输入装置、存储器、控制器、运算器和输出装置组成。数控装置接收输入介质的信息，并将其代码加以识别、存储、运算，输出相应的指令脉冲以驱动伺服系统，进而控制机床动作。图 5-9 所示为某数控车床的数控操作面板。

图 5-9　某数控车床的数控操作面板

（3）伺服装置

伺服装置是数控机床的执行机构，由伺服电路和伺服驱动元件（如伺服电动机）组成，而伺服电路是将数控系统发出的指令脉冲经控制和功率放大后传给驱动元件。

（4）辅助控制装置

辅助控制装置是介于数控装置和机床机械、液压部件之间的强电控制装置。由于可编程控制器（PLC）具有响应快、性能可靠、易于使用、编程和修改程序，并可直接驱动机床电气等特点，现已广泛用做数控机床的辅助控制装置。

（5）检测反馈装置

检测反馈装置将数控机床各个坐标轴的实际位移量、速度参数检测出来，转换成电信号，并反馈到机床的数控装置中。

（6）机床本体

机床本体是数控机床的主体，是用于完成各种切削加工的机械部分，包括主运动部件、进给运动执行部件（如工作台、滑板及其传动部件）和床身、立柱、支承部件等。图5-10所示为数控机床进给传动系统图。

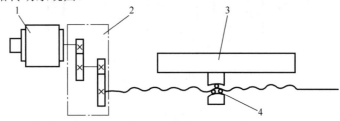

图 5-10　数控机床进给传动系统图

1—驱动元件；2—定比机构；3—执行件；4—转换机构

2）数控机床的工作原理

数控机床加工零件的工作过程如图5-11所示，步骤如下。

① 根据被加工零件的图样与工艺方案，用规定的代码和程序段格式编写加工程序。

② 将所编写加工程序指令输入到机床数控装置中。

③ 数控装置对程序（代码）进行处理之后，向机床各个坐标的伺服驱动机构和辅助控制装置发出控制信号。

④ 伺服机构接收到执行信号指令后，驱动机床的各个运动部件，并控制所需的辅助动作。

⑤ 机床自动加工出合格的零件。

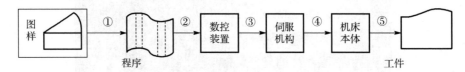

图 5-11　数控机床加工零件的工作过程

数控机床种类很多，几乎各类机床都有成功的数控产品。常见的典型数控机床有数控车床、数控铣床、加工中心、数控钻-镗床、数控磨床、数控电加工机床及一些特殊类型的数控机床。

图5-12所示为一种闭环三坐标数控铣床。它利用闭环系统控制 x、y 及 z 三个坐标位置，x 位置控制器沿 x 方向水平移动工件，y 位置控制器沿 y 方向水平移动铣床头，z 位置控制器

沿 z 方向垂直移动铣刀。图中，箭头表示改变 x 位置的信息传递过程：

① 机床控制单元读取程序中的一条指令，确定 x 位置改变+0.4mm；

② 控制单元传递一个脉冲给机床伺服电动机；

③ 伺服电动机转动丝杠螺母副，并且进给 x 轴位置+0.001mm；

④ 位置传感器测量 x 轴位置的+0.001mm 的变化，并把这一信息反馈给控制器；

⑤ 控制器比较+0.4mm 的希望运动和+0.001mm 的测量运动，然后传送出另一个脉冲；

重复步骤①～⑤，直到测量运动等于希望的+0.4mm。

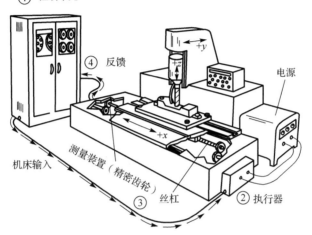

图 5-12　闭环三坐标数控铣床

2．工业机器人

机器人广义上可理解为模仿人的机器，但机器人并不是简单意义上的代替人工劳动，而是综合了人的特长和机器特长的一种拟人的电子机械装置，既有人对环境状态的快速反应和分析判断能力，又有机器可长时间持续工作、精确度高、抗恶劣环境的能力。

工业机器人是用于生产的机器人。20 世纪 20 年代出现了一种附属在自动机、自动线上，代替人传递和装卸工件的机械手；20 世纪 40 年代出现了由作业者直接控制的半自动化操作机；20 世纪 60 年代出现了可以自动控制的实现多种操作的工业机器人。

工业机器人模仿人的能力越来越强，已经出现具有学习和推理能力的智能机器人。从模仿能力意义上来看，也可以把机械手、操作机和工业机器人统称为"工业机器人"。

目前世界各国对机器人还没有统一的定义。我国国家标准 GB/T 12643—90 将工业机器人定义为"一种能自动控制、可重复编程、多功能、多自由度的操作机，能搬运材料、工件或操持工具，用以完成各种作业"；将操作机定义为"具有和人手臂相似的动作功能，可在空间抓放物体或进行其他操作的机械装置"。

1）工业机器人的结构

工业机器人一般由操作机（机械本体-手臂、手腕等）、伺服驱动系统、检测装置、控制器及传感器等组成。图 5-13 所示为工业机器人的组成框图。机器人手臂具有 3 个自由度（运动坐标轴），机器人作业空间由手臂运动范围决定。手腕是机器人工具（如焊枪、喷嘴、机加工刀具、夹爪）与主构架的连接机构，它具有 3 个自由度。伺服驱动系统为机器人各运动部件提供力、力矩、速度、加速度。检测装置用于机器人运动部件的位移、速度和加速度的测量。控制器（RC）用于控制机器人各运动部件的位置、速度和加速度，使机器人手爪或机器人工具的中心点以给定的速度沿着给定轨迹到达目标点。传感器用来获得搬运对象和机器人本身的状态信息，如工件及其位置的识别、障碍物的识别、抓举工件的质量是否过载等。

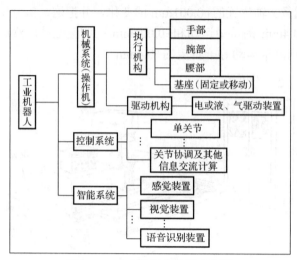

图 5-13　工业机器人的组成框图

图 5-14 所示为工业机器人系统的典型结构，具有 6 个自由度的机械手。图中 6 个运动自由度是：①腰回转（腰左转或右转）；②肩旋转（肩向上或向下）；③肘旋转（肘缩进或伸出）；④腕俯仰（手腕上转或下转）；⑤腕摆动（偏航，手腕左转或右转）；⑥腕旋转（横滚，手腕顺时针转或逆时针转）。每个运动轴都有自己的执行器，连接到机械传动链，以实现关节运动。执行器最常用的是伺服电动机，也可以是气缸、气动马达、液压缸、液压马达或步进电机等。

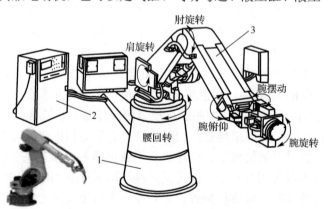

图 5-14　工业机器人系统的典型结构
1—机座；2—控制装置；3—操作机

工业机器人运动由主构架和手腕完成，主构架具有 3 个自由度，其运动由两种基本运动组成，即沿着坐标轴的直线移动和绕坐标轴的回转运动。不同运动的组合形成各种类型的机器人（如图 5-15 所示）：①直角坐标型[如图 5-15(a)所示]是 3 个直线坐标轴；②圆柱坐标型[如图 5-15(b)所示]是两个直线坐标轴和一个回转轴；③球坐标型[如图 5-15(c)所示]是一个直线坐标轴和两个回转轴；④多关节型[如图 5-15(d)所示]是 3 个回转轴关节。

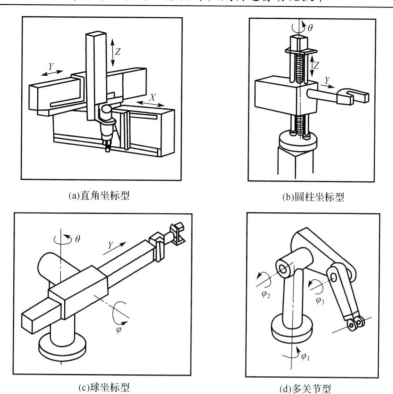

图 5-15　工业机器人的基本结构形式

2）工业机器人的工作原理

机器人的工作原理是一个比较复杂的问题。简单地说，机器人的原理就是模仿人的各种肢体动作、思维方式和控制决策能力。从控制的角度，机器人可以通过如下 4 种方式达到这一目标。

① "示教再现" 方式：它通过 "示教盒" 或人 "手把手" 两种方式教机械手如何动作，控制器将示教过程记忆下来，然后机器人按照记忆周而复始地重复示教动作，如喷涂机器人。

② "可编程控制" 方式：工作人员事先根据机器人的工作任务和运动轨迹编制控制程序，然后将控制程序输入到机器人的控制器，启动控制程序，机器人按照程序所规定的动作一步一步地去完成，如果任务变更，只要修改或重新编写控制程序，非常灵活方便。大多数工业机器人都是按照前两种方式工作的。

③ "遥控" 方式：由人用有线或无线遥控器控制机器人在人难以到达或危险的场所完成某项任务，如防爆排险机器人、军用机器人、在有核辐射和化学污染环境工作的机器人等。

④ "自主控制" 方式：是机器人控制中最高级、最复杂的控制方式，它要求机器人在复杂的非结构化环境中具有识别环境和自主决策的能力，也就是要具有人的某些智能行为。

3）工业机器人的应用

（1）焊接机器人

汽车制造厂已广泛应用焊接机器人进行承重大梁和车身结构的焊接。弧焊机器人需要 6 个自由度，其中，3 个自由度用来控制焊具跟随焊缝的空间轨迹，另 3 个自由度保持焊具与工件表面有正确的姿态关系，这样才能保证良好的焊缝质量。点焊机器人能保证复杂空间结构件上焊接点位置和数量的正确性，而人工作业往往在诸多的焊点中存在遗漏。

（2）材料搬运机器人

材料搬运机器人可用来进行上下料、码垛、卸货及抓取零件重新定向等作业。一个简单抓放作业机器人只需较少的自由度；一个给零件定向作业的机器人要求具有更多的自由度，增加其灵巧性。

（3）检测机器人

零件制造过程中的检测及成品检测都是保证产品质量的关键问题。它主要有两个工作内容：确认零件尺寸是否在允许的公差内；零件质量控制上的分类。

（4）装配机器人

装配是一个比较复杂的作业过程，不仅要检测装配作业过程中的误差，而且要试图纠正这种误差。因此，装配机器人应用了许多传感器，如接触传感器、视觉传感器、接近觉传感器、听觉传感器等。听觉传感器用来判断压入件或滑入件是否到位。

（5）喷漆和喷涂

一般在三维表面作业至少要 5 个自由度。由于可燃环境的存在，驱动装置必须防燃防爆。在大件上作业时，往往把机器人装在一个导轨上，以便行走。

5.2　机械制造自动化技术及实例

5.2.1　概述

1．机械制造自动化的基本概念

人在生产过程中的劳动包括基本体力劳动、辅助体力劳动、脑力劳动三个部分。基本体力劳动是指直接改变生产对象的形态、性能和位置等方面的劳动，如具体的加工；辅助体力劳动是指完成基本体力劳动所必须做的其他辅助性工作，如工件的装卸、检验、刀具更换、工件输送、工艺规程设计等；脑力劳动是指决定生产方法、选择生产工具、质量检验及生产管理工作等。

当制造过程中原来由人力所承担的劳动由机械及其驱动的能源（如各种机械能、水力、电力、热能等）所代替的过程，称为机械化。例如，自动走刀代替手动走刀，称为走刀机械化；皮带输送机代替人工搬运工件，称为工件输送机械化；用气动卡具代替手工操作卡具夹紧工件，称为工件夹紧机械化。机械化生产时，人和机器构成了人机生产系统，需要工人操作看管机器，整个生产在很大程度上仍受操作者的影响。

在机器代替人完成基本劳动的同时，人对机器的操纵看管、对工件的装卸和检验等辅助劳动也由机器代替，并由自动控制系统或计算机代替人的部分脑力劳动的过程，称为自动化。基本劳动机械化加上辅助劳动机械化，再加上自动控制系统所构成的有机集合体，就是一个自动化生产系统。

在机械制造过程中，可以把生产自动化分为三个层次。

1）工序自动化

工序是指一个（或一组）工人，在一台机床（或一个工作地点）对同一工件（或同时对几个工件）所连续完成的那部分工艺过程。任何制造过程都是由若干工艺过程组成的，在一个工艺过程中又包含若干工序，而一个工序又包含着若干基本动作，如传动动作、上下料动作、换刀动作、切削动作以及检验动作等。此外，还有操纵和管理这些基本动作的操纵动作，如开动和关闭传动机构的动作等。这些动作可以手动来完成，也可以用机器来完成。

在一个工序中，若所有的基本动作均实现了机械化，且若干辅助动作也实现了自动化，而工人要做的工作只是对这一工序做总的操纵和监督，称为工序自动化，所构成的集合体通常称为自动机。这种初级层次的单机自动化是机械制造工艺过程自动化的基础。

2）自动生产线

一个工艺过程（如加工工艺过程）中，如果不仅每一个工序都实现了自动化，并且把它们有机地联系起来，使得整个工艺过程（包括加工、工序间的检验和输送）都自动进行，而工人只需对整个工艺过程进行总操纵和监督，这就形成了某一种加工工艺的自动生产线，实现了一个工艺过程自动化。所构成的集合体称为自动生产线，它是实现机械制造自动化的中级层次。

3）自动化制造系统

一个零部件（或产品）的制造包括若干工艺过程，如果不仅每个工艺过程都自动化了，而且各工艺过程之间的联系也自动化，即从原材料到最终成品的全过程都不需要人工干预，这就形成了制造过程的自动化，所构成的集合体称为自动化制造系统。机械制造自动化的高级阶段就是自动化车间甚至自动化工厂。

2．机械制造自动化技术的主要内容

一般来讲，机械制造主要由毛坯制备、物料储运、机械加工、装配、辅助过程、质量控制、热处理和系统控制等过程组成。本部分所涉及的是狭义的机械制造过程，主要是指机械加工过程及与此紧密相关的物料储运、质量控制、装配等过程。因此机械制造过程中的自动化技术主要如下。

① 机械加工自动化技术：包括上下料、装夹、换刀、加工、零件校验等环节的自动化技术。

② 物料储运自动化技术：包括工件、刀具和其他物料的储运自动化技术。

③ 装配自动化技术：包括零部件供应和装配过程等自动化技术。

④ 质量控制自动化技术：包括零件检测、产品检测和刀具检测等自动化技术。

3．机械制造自动化系统的构成

从系统的观点来看，一般的机械制造自动化系统主要由以下 4 个部分构成。

① 加工系统：包括工件的切削加工、排屑、清洗和测量的自动化设备与机构；

② 工件支撑系统：包括工件的输送、搬运和存储功能的工件供给装置；

③ 刀具支撑系统：包括刀具的装配、输送、交换、存储及刀具的预调、管理系统；

④ 控制与管理系统：包括整个制造过程的监控、检测、协调与管理。

4．机械制造自动化的意义

随着全球经济一体化的深入发展及制造业产品竞争战略的不断发展，相应的制造理念和模式不断创新。面对新形势、新格局，机械制造自动化技术发展和广泛应用对机械行业产生越来越大的影响。概括而言，实现机械制造自动化具有如下作用。

（1）提高生产率

生产率是指在一定的时间范围内生产总量的大小。采用自动化技术后可以大幅缩短产品制造过程中的辅助时间，从而提高生产率。

（2）缩短生产周期

机械生产按照产品特点可分为：大批生产，多品种、中小批生产，单件生产。在现代机械制造企业中，单件、小批量的生产约占 85%。而在多品种、中小批生产中，被加工零件处于储运、等待加工的时间约占 95%，而时间有效的加工时间仅有 1.5%，如图 5-16 所示为采用或不采用自动化技术加工时间对比图。采用自动化技术后可以有效缩短零件 98.5% 的无效时间，从而有效缩短生产周期。

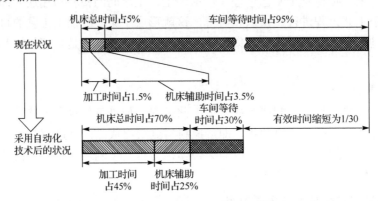

图 5-16　采用或不采用自动化技术加工时间对比图

（3）提高产品质量

由于自动化系统中广泛采用各种高精度的加工设备和自动检测设备，保证零部件的加工、装配精度，从而可以有效地提高产品的质量。

（4）提高经济效益

采用自动化技术后可减小占地面积、减少直接生产工人的数量、减少废品率等，提高投入产出比，因而有效提高经济效益。

（5）降低劳动强度

采用自动化技术后，让机器去完成绝大部分笨重、艰苦、烦琐甚至对人体有害的工作，从而降低了工人的劳动强度。

（6）有利于产品更新

采用现代制造技术使得变更制造对象更容易，适应的范围也较宽，十分有利于产品的更新。

（7）提高劳动者的素质

制造自动化技术要求操作者具有较高的业务素质和严谨的工作态度，无形中提高了劳动者的素质，特别是采用小组化工作方式对劳动者的素质要求更高。

（8）带动相关技术的发展

实现机械制造自动化可以带动自动检测技术、自动化控制技术、产品设计与制造技术、系统工程技术等相关技术的发展。

（9）体现国家的科技水平

如自 1870 年以来，制造自动化技术和设备基本都首先出现在美国，这与美国高度发达的科技水平密切相关。

5.2.2　自动化加工设备

加工设备在机械制造过程中占重要地位，实现自动化可缩短辅助时间、提高生产率、改善工人的劳动条件、减轻工人的劳动强度，也是建立自动生产线的前提条件。加工设备自动化是实现机械制造自动化的基础。本节对常用的自动化加工设备进行简单介绍。

1. 自动化加工设备的概念

自动化加工设备是指实现了加工循环自动化，并实现了装卸工件等辅助工作自动化的设备。其在加工过程中能够高效、精密、可靠地自动进行加工，且能够进一步集中工序和具有一定柔性。

一般情况下，只实现了加工循环自动化的设备称为半自动加工设备；只有既实现了加工过程自动化，又具有自动装卸工件等能力的设备，才称为自动化加工设备。机床加工过程自动化的主要内容是加工循环自动化，其他内容则根据机床的加工要求的不同而有一定差异。自动化水平较高的机床包含的内容就多些。

实现加工设备自动化的方法主要有以下几种（如图 5-17 所示为加工设备自动化的主要内容）。

① 通过对半自动加工设备配置自动上下料装置，以实现加工设备的完全自动化；

② 将通用加工设备运用电气控制技术、数控技术等进行自动化改装；

③ 根据加工工件的特点和工艺要求设计制造专用的自动化加工设备，如组合机床、其他专用自动化机床等；

④ 采用数控加工设备，包括数控机床、加工中心等。

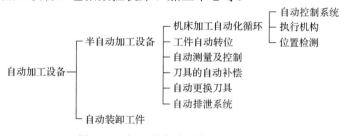

图 5-17　加工设备自动化的主要内容

目前，各机械制造工厂里拥有大量的各类通用机床，对这类机床进行自动化改装，用以实现单机自动化是提高劳动生产率的途径之一。由于通用机床在设计时并未考虑进行自动化改装的需要，所以在改装时常常受到若干具体条件的限制，给改装带来一定的困难。因此进行机床自动化改装时，必须重视以下几点：①被改装的机床必须保证具有足够的精度和刚度；②改装和添置的自动化机构和控制系统必须可靠稳定；③尽可能减少改装工作量，保留机床的原有结构，充分发挥机床原有的性能，减小投资。

2. 常用自动化加工设备

随着加工过程自动化水平的不断提高，生产率大大提高，为适应不同生产率水平要求，先后开发了各种自动化加工设备，主要如下。

（1）全（半）自动单机

半自动化单机是指可以自动地完成单个工艺过程的加工循环（除上、下料外）的机床；而全自动单机是在半自动化单机的基础上增加自动上下料、刀库和换刀机构等辅助装置而形成的自动化机床。全（半）自动单机又分为单轴和多轴两类。利用多种形式的全（半）自动单机的固有性能和特有性能来完成各种零件和各种工序的加工，是实现加工过程自动化普遍采用的方法。机床的形式和规格根据需要完成的工艺、工序及坯料情况选择；此外，还要根据加工品种数、每批产品和品种变换的频度等选用控制方式。

从复杂程度讲，自动化单机实现的是加工自动化的最低层次，但是投资少、见效快，适用于产品品种变化范围和生产批量都较大的制造系统。缺点是调整工作量大，加工质量较差，工人的劳动强度也大。

（2）加工中心

加工中心是带有刀库和自动换刀装置的多工序数控机床，它由机械设备和数控系统组成，是一种适用于复杂零件加工的高效自动化机床。它主要用于箱体类零件和复杂曲面零件的加工，能进行铣镗、钻、攻丝等工序。由于它具有自动换刀功能，工件一次装卡后，能自动地完成或者接近完成工件各面的所有加工工序。如图 5-18 所示为立式加工中心内部机械结构图。

图 5-18　立式加工中心内部机械结构图

加工中心是从数控铣床发展而来的。与数控铣床的最大区别在于加工中心具有自动交换加工刀具的能力，通过在刀库上安装不同用途的刀具，可在一次装夹中通过自动换刀装置改变主轴上的加工刀具，实现多种加工功能。通常，加工中心仅指主要完成镗铣加工的加工中心。这种自动完成多工序集中加工的方法，可扩展到各种类型的数控机床，如车削中心、滚齿中心、磨削中心等。

车削加工中心以轴类零件为主要加工对象，是在车床基础上发展起来的。一般具有 C 轴控制，除可进行车削、镗削外，还可进行端面和周面上任意部位的钻削、铣削和攻丝加工；在具有插补功能的条件下，可以实现各种曲面铣削加工。

大多数加工中心带有轨迹控制。通常在同一系统内可以用增量数据输入（铣削外形），也可以用绝对数据输入（定位），并可实现多轴同时移动，以缩短定位时间。主轴转速由程序设定并可以定向停止。切削进给量和更换刀具也由程序来确定。

加工中心具有自动排屑功能，具备大流量冷却系统和刀具内部冷却装置，用以提高切削用量和增加刀具的耐用度。具备全封闭防护罩及安全装置，防止铁屑和冷却液飞溅，保证操作者安全。如图 5-19 所示为加工中心外形示意图。

图 5-19　加工中心外形示意图

数控加工中心是目前世界上产量最高、应用最广泛的数控机床之一。它的综合加工能力较强，工件一次装夹后能完成较多的加工内容，加工精度较高，对于中等加工难度的批量工件、其效率是普通设备的 5~10 倍，特别是它能完成许多普通设备不能完成的加工，对形状较复杂、精度要求高的单件加工或中小批量多品种生产更为适用。它把铣削、镗削、钻削、攻螺纹和切削螺纹等功能集中在一台设备上，使其具有多种工艺手段。加工中心按照主轴加工时的空间位置分类有：卧式和立式加工中心。按工艺用途分类有：镗铣加工中心，复合加工中心。按功能特殊分类有：单工作台、双工作台和多工作台加工中心；单轴、双轴、三轴及可换主轴箱的加工中心等。

（3）柔性制造单元（FMC）

所谓柔性制造，是指用可编程、多功能的数字控制设备更换刚性自动化设备，用易编程、易修改、易扩展、易更换的软件控制代替刚性联结的工序工程，使刚性生产线实现软性化和柔性化，能够快速响应市场的需求，多快好省地完成多品种、中小批量的生产任务。根据柔性制造理念开发的制造单元称为柔性制造单元 FMC（Flexible Manufacturing Cell）。

FMC 由单台数控机床、加工中心、工件自动输送及更换系统等组成。它是实现单工序加工的可变加工单元，单元内的机床在工艺能力上通常是相互补充的，可混流加工不同的零件。系统对外设有接口，可与其他单元组成柔性制造系统。

① FMC 的组成

一类是加工中心配上托盘交换系统（Automatic Pallet Changer，APC），另一类是数控机床配工业机器人（Robot）。

（a）加工中心配托盘交换系统的 FMC

这样的托盘系统具有存储、运送功能，自动检测功能，工件和刀具的归类功能，切削状态监视功能等，这种 FMC 实现连续 24 小时自动加工是非常有效的，托盘的交换由设在环形交换系统中的液压或电动推拉机构来实现。

如图 5-20 所示为带托盘库的柔性制造单元。单元主机是一台卧式加工中心，刀库 1 的容量为 70 把，采用双机械手 2 换刀，配有 8 工位自动交换托盘库。托盘库 3 为环形转盘，托盘库台面支承在圆柱环形导轨上，由内侧的环链拖动而回转，链轮由电机驱动。托盘的选择和定位由可编程控制器控制，托盘库 3 具有正反向回转、随机选择及跳跃分度等功能。托盘的交换由设在环形台面中央的液压推拉机构实现。托盘库旁设有工件装卸工位，机床两侧设有自动排屑装置。

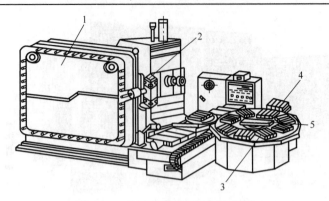

图 5-20　带托盘库的柔性制造单元

1—刀具库；2—换刀机械手；3—托盘库；4—装卸工位；5—托盘交换机构

（b）数控机床配工业机器人（Robot）的 FMC

由两台数控车床配上 Robot，加上工件传输系统组成。在实际方案上还有多种组合形式，如美国公司生产的由三台机床与 Robot 构成的 FMC，由一台车削中心、一台立式加工中心、一台卧式加工中心和一台工业机器人组成，Robot 安装在一台传输小车上，小车安装在固定轨道上，Robot 实现机床至机床之间的工件传送。

图 5-21 所示为数控机床配工业机器人的 FMC，以加工回转体零件为主。它包括 1 台数控车床，1 台加工中心，2 台运输小车 13 和 14 用于在工件装卸工位 3、数控车床 1 和加工中心 2 之间的输送，龙门式机械手 4 用来为数控车床装卸工件和更换刀具，机器人 5 进行加工中心刀具库和机外刀库 6 之间的刀具交换。控制系统由车床数控装置 7、龙门式机械手控制器 8、小车控制器 9、加工中心控制器 10、机器人控制器 11 和单元控制器 12 等组成。单元控制器 12 负责对单元组成设备的控制、调度、信息交换和监视。

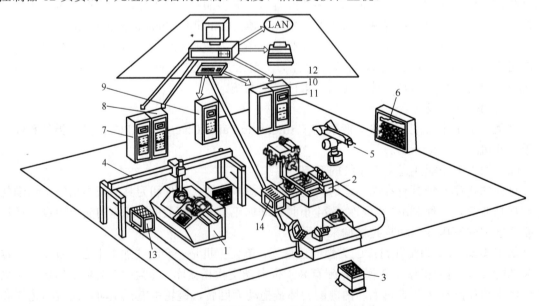

图 5-21　数控机床配工业机器人的 FMC

1—数控车床；2—加工中心；3—装卸工位；4—龙门式机械手；5—机器人；
6—加工中心控制器；7—车床数控装置；8—龙门式机械手控制器；9—小车控制器；
10—加工中心控制器；11—机器人控制器；12—单元控制器；13、14—运输小车

② FMC 控制系统

FMC 控制系统一般分为两级，即设备控制级和单元控制级。

（a）设备控制级

设备控制级是针对各种设备，如机器人、机床、坐标测量机、小车、传送装置等的单机控制。这一级的控制系统向上与单元控制系统用接口连接，向下与设备连接。设备控制器的功能是把工作站控制器命令转换成可操作的、有次序的简单任务，并通过各种传感器监控这些任务的执行。设备控制级一般采用具有较强控制功能的微型计算机、总线控制机或可编程控制器等工控机。

（b）单元控制级

这一级控制系统是指挥和协调单元中各设备的活动，处理由物料储运系统交来的零件托盘，并通过控制工件调整、零件夹紧、切削加工、切屑清除、加工过程中检验、卸下工件及清洗工件等功能对设备级各子系统进行调度。单元控制系统一般采用具有有限实时处理能力的微型计算机或工作站。

③ FMC 的基本控制功能

（a）单元中各加工设备的任务管理与调度，其中包括制订单元作业计划、计划的管理与调度、设备和单元运行状态的登录与上报。

（b）单元内物流设备的管理与调度，这些设备包括传送带、有轨或无轨物料运输车、机器人、托盘系统、工件装卸站等。

（c）刀具系统的管理，包括向车间控制器和刀具预调仪提出刀具请求、将刀具分发至需要它的机床等。

（4）柔性制造系统 FMS

根据柔性制造理念开发的制造系统称为柔性制造系统 FMS（Flexible Manufacturing Systems）。国外有关专家对 FMS 进行了直观的定义"柔性制造系统至少由两台机床、一套具有高度自动化的物料存储运输系统和一套计算机控制系统所组成，通过简单改变软件程序，便能制造出多种零件中的任何一种零件。"

① FMS 的基本组成

FMS 的基本组成部分有自动化加工设备、工件储运系统、刀具储运系统、多层计算机控制系统等，如图 5-22 所示为柔性制造系统（FMS）的基本组成，如图 5-23 所示为柔性制造系统（FMS）示意图。柔性制造系统是用于高效率地制造中、小批量多品种零部件的自动化生产系统，是能适应加工对象变换的自动化机械制造系统。

（a）自动化加工设备

FMS 的自动化加工设备由两台以上数控机床、加工中心或柔性制造单元（FMC）所组成。这些加工设备都由计算机控制，加工零件的改变一般只需要改变数控程序，因此具有很高的柔性。自动化加工设备是自动化制造系统中最基本和最重要的设备。

（b）工件储运系统

FMS 工件储运系统由工件库、工件运输设备和更换装置等组成，能够实现对工件和原材料进行自动装卸、运输和存储。工件库包括自动化立体仓库和托盘（工件）缓冲站。工件运输设备包括各种传送带、运输小车、机器人或机械手等。工件更换装置包括各种机器人或机械手、托盘交换装置等。

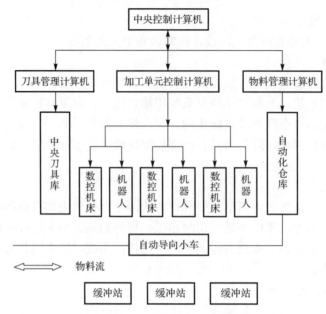

图 5-22　柔性制造系统（FMS）的基本组成

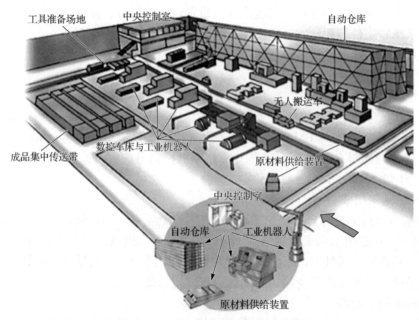

图 5-23　柔性制造系统（FMS）示意图

（c）刀具储运系统

FMS 的刀具储运系统由刀具库、刀具输送装置和交换机构等组成。刀具库有中央刀库和机床刀库。刀具输送装置有不同形式的输送小车、机器人或机械手。刀具交换装置通常是指机床上的换刀机构，如换刀机械手。

（d）辅助设备

FMS 可以根据生产需要配置辅助设备。辅助设备一般包括自动清洗工作站、自动去毛刺设备、自动测量设备、集中切屑运输系统、集中冷却润滑系统等。

（e）多层计算机控制系统

FMS 的控制系统采用三级控制，分别是 FMS 控制级、单元控制级、设备控制级。如图 5-24 所示为 FMS 递阶分布式的控制体系结构图。

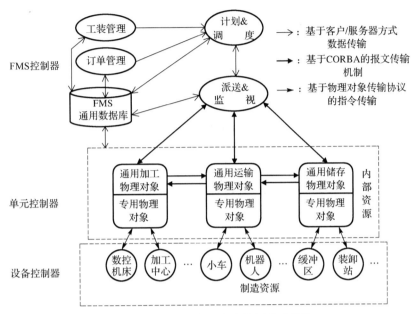

图 5-24　FMS 递阶分布式控制体系结构

- FMS 控制级。该层为管理决策层，为系统运行提供作业计划的制订、零件工艺计划的编制、NC 程序的自动生成。
- 单元控制级。该层为 FMS 系统控制层，单元控制级作为 FMS 的最高一级控制，是全部生产活动的总体控制系统，同时它还是承上启下、沟通与上级（车间）控制器信息联系的桥梁，实现对底层设备的实时、并发、分布式控制。单元控制级一般采用具有较强实时处理能力的小型计算机或工作站。
- 设备控制级。该层为设备层，是针对各种设备，如机器人、机床、坐标测量机、小车、传送装置及存储/检索等进行单机控制。这一级的控制系统向上与工作站控制系统用接口连接，向下与设备连接。设备控制器的功能是把工作站控制器命令转换成可操作的、有次序的简单任务，并通过各种传感器监控这些任务的执行。

② FMS 的工作过程

（a）FMS 接到上级控制系统下达的生产计划信息和技术信息后，由其控制系统进行数据信息的处理、分配，并按一定方式对加工系统和物流系统进行控制。

（b）物料库和夹具库根据生产的品种和调度计划信息，供应相应品种的毛坯，选出加工所需的夹具。

（c）物料运送系统根据指令把工件和夹具运送到相应的机床上。

（d）机床选择正确的加工程序、刀具、切削用量对工件进行加工；加工完毕后，按照信息系统输入的控制信息转换工序进行检验。

（e）全部加工完成后，由装卸和运输系统送入成品库，同时把质量和数量信息送到监视和记录装置，夹具回库。

③ FMS 的应用

如图 5-25 所示为一个具有柔性装配功能的柔性制造系统。图的右部是加工系统，有一台镗铣加工中心 10 和一台车削加工中心 8。9 是多坐标测量仪，7 是立体仓库，14 是装夹具区。图的左部是一个柔性装配系统，其中有一个装载机器人 12、三个装夹具机器人 3、4、13；一个双臂机器人 5、一个手工工位 2 和传送带。柔性加工和柔性装配两个系统由一个自动导引小车作为运输系统 15 连接。测量设备也集成在总控系统范围内。

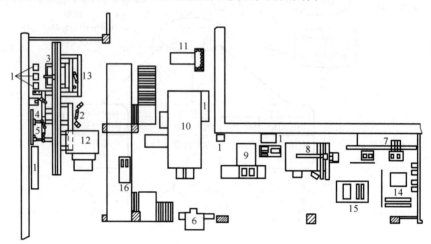

图 5-25　具有柔性装配功能的柔性制造系统

1—控制柜；2—手工工位；3—紧固机器人；4—装配机器人；5—双臂机器人；6—清洗站；
7—仓库；8—车削加工中心；9—多坐标测量仪；10—镗铣加工中心；11—刀具预调站；
12—装配机器人；13—小件装配站；14—装夹站；15—AGV（自动导引小车）；16—控制区

④ FMS 的主要特点

（a）柔性高，适应多品种中小批量生产；

（b）系统内的机床工艺能力上是相互补充和相互替代的；

（c）可混流加工不同的零件；

（d）系统局部调整或维修不中断整个系统的运作；

（e）多层计算机控制，可以和上层计算机联网；

（f）可进行三班无人干预生产。

5.2.3　自动化加工刀具

刀具是金属切削加工中不可缺少的工具之一，无论是普通机床，还是先进的数控机床、加工中心及柔性制造系统，都必须通过刀具才能完成切削加工。加工刀具自动化是指加工设备在切削过程中自动完成选刀、换刀、对刀、走刀等工作过程。

1. 自动化用刀具和辅具

（1）自动化刀具的特点

自动化刀具与普通机床刀具没有太大区别，但为了保证加工设备的自动化，自动化刀具需具备以下特点：

① 刀具的切削性能必须稳定可靠，应具有高的耐用度和可靠性；

② 刀具应能可靠地断屑或卷屑；

③ 刀具应具有较高的精度；

④ 刀具结构应保证其能快速或自动更换和调整；

⑤ 刀具应配有其工作状态的在线检测与报警装置；

⑥ 应尽可能地采用标准化、系列化和通用化的刀具，以便于刀具的自动化管理。

（2）自动化刀具的类型

常用的自动化加工刀具有：可转位车刀、高速钢麻花钻、机夹扁钻、扩孔钻、铰刀、镗刀、立铣刀、面铣刀、丝锥和各种复合刀具等，图 5-26 所示为常用自动化刀具示意图。根据是否标准分，又可分为标准刀具和专用刀具。

在以自动生产线为代表的刚性自动化生产中，应尽可能提高刀具的专用化程度，以取得最佳的效益。在以数控机床、加工中心为主体构成的柔性自动化加工系统中，为了提高加工的适应性，同时考虑加工设备的刀库容量有限，应尽量减少使用专用刀具，而选用通用标准刀具、刀具标准组合件或模块式刀具。

（3）自动化用辅具

自动化加工设备的辅具主要有镗铣类数控机床用工具系统（简称"TSG"系统）和车床类数控机床用

图 5-26　常用自动化刀具示意图

工具系统（简称"BTS"系统）两大类。它们主要由刀具的柄部（刀柄）、接杆（接柄）和夹头等部分组成，更完善的工具系统还包括自动换刀装置、刀库、刀具识别装置和刀具自动检测装置等。图 5-27 所示为车削加工的工具系统，它由机床刀架、刀夹基座及其快换刀夹和预调刀头等组成。

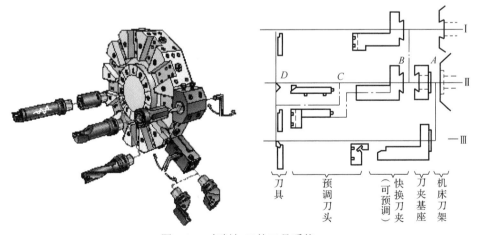

图 5-27　车削加工的工具系统

2．自动化的换刀装置

为了提高数控机床的加工效率，除要提高切削速度外，减少非切削时间也非常重要，现代数控机床正向着工件在一台机床上一次装夹可完成多道工序或全部工序加工的方向发展，不同的工序之间要更换不同的刀具，刀具的更换时间在整个零件的加工过程中占有非常大的比重，实现刀具自动化更换的意义非常重大，因此必须有自动换刀装置，以便选用不同的刀具来完成不同工序的加工。以数控车床为例，可以预先将各种要使用的刀具装入刀库，工件一次装夹就能实现车、钻、镗、铣、铰、忽、扩及攻丝等多道工序。

能够自动地更换加工中所用刀具的装置称为自动换刀装置（Automatic Tool Changer，ATC）。常用自动化换刀装置有回转刀架、主轴与刀库合为一体的自动换刀装置、主轴与刀库分离的自动换刀装置。

（1）回转刀架

回转刀架常用于数控车床，可用转塔头各刀座来安装或夹持各种不同用途的刀具，通过转塔头的旋转分度来实现机床的自动换刀动作。

回转刀架一般有立轴式和卧轴式两种。立轴式一般为四方或六方刀架，分别可安装四把或六把刀具；卧轴式通常为圆盘式回转刀架（如图 5-28 所示），可安装的刀具数量较多，故使用较多。回转刀架定位可靠、重复定位精度高、分度准确、转位速度快、夹紧刚性好，能保证数控车床的高精度和高效率。

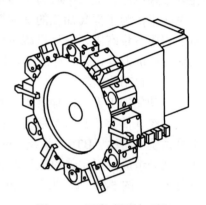

图 5-28　圆盘式回转刀架

（2）主轴与刀库合为一体的自动换刀装置（转塔头式自动换刀装置）

若干主轴（一般为 6～12 根）安装在一个可以转动的转塔头上，每根主轴对应装有一把可以旋转的刀具。根据加工要求可以依次将装有所需刀具的主轴转到加工位置，实现自动换刀，同时接通主运动，主轴带动刀具旋转。

如图 5-29 所示为数控机床上常用的 8 轴立式转塔头换刀装置。正八面体转塔上均布有 8 把可旋转的刀具，它们对应装在 8 根主轴上，转动转塔头即可更换所需的刀具。

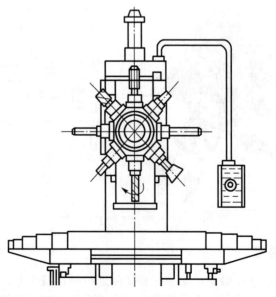

图 5-29　数控机床用更换主轴换刀装置（8 轴立式转塔头）

图 5-30 所示为数控机床上常用的 8 轴水平转轴自动换刀装置。其加工工序为：1—粗车外圆，2—钻孔，3—精车外圆，4—镗孔，5—外圆切槽，6—内孔切槽，7—车螺纹，8—精镗孔。每道工序所使用的是通用刀具。为实现刀具的预调和快速装夹，应具有专用刀夹和刀夹与主轴的连接基础。

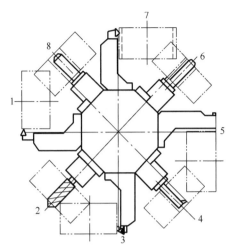

图 5-30　水平转轴自动换刀装置

这种自动化换刀装置的刀库与主轴合为一体，主轴转塔头可视为一个转塔刀库，它的结构简单，换刀时间短，仅为 2s 左右，并且提高了换刀的可靠性；但由于受到空间位置的限制，主轴数目不能太多，主轴部件的结构刚度也有所下降，因此只适用于工序较少、精度要求不太高的数控机床，如数控钻床、数控铣床等。

（3）主轴与刀库分离的自动换刀装置（刀库式自动换刀装置）

一般由刀库、刀具交换装置、刀具传送装置、识刀装置及主轴等几个部分组成。配备独立的刀库，存放较多的刀具，以适应复杂零件的多工序加工；只有一根主轴，全部刀具都应具有统一的标准刀柄，由主轴上的刀具自动装卸机构来保证刀具的自动更换；当需要某一刀具进行切削加工时，将该刀具自动从刀库交换到主轴上，切削完毕后又将用过的刀具自动地从主轴上取下放回刀库。

刀库是自动换刀系统中最主要的装置之一。主要功能是存储各种加工工序所需的刀具；按程序指令，快速、准确地将刀库中的空刀位和待用刀具送到预定位置；接收主轴换下的刀具和便于刀具交换装置进行换刀。刀库的容量、布局及具体结构对数控机床的总体布局和性能有很大影响。

常见的刀库类型有：盘式刀库（如图 5-31 所示）、链式刀库（如图 5-32 所示）、格子盒式刀库（如图 5-33 所示）。盘式刀库结构简单、紧凑，在钻削中心上应用较多，一般存放刀具数目较少。链式刀库是在环形链条上装有许多刀座，刀座的孔中装夹各种刀具，链条由链轮驱动，有单环链式和多环链式等几种，当链条较长时，可以增加支承链轮的数目，使链条折叠回绕，提高空间利用率。格子盒式刀库中，刀具分几排直线排列，由纵、横向移动的取刀机械手完成选刀运动，将选取的刀具送到固定的换刀位置刀座上，有换刀机械手交换刀具。这种形式刀具排列密集，空间利用率高，刀库容量大。

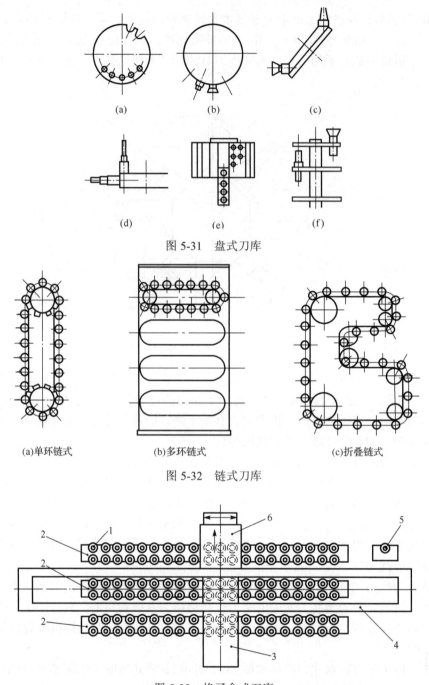

图 5-31　盘式刀库

图 5-32　链式刀库

(a)单环链式　　(b)多环链式　　(c)折叠链式

图 5-33　格子盒式刀库

　　刀具交换装置通常由机械手来完成，图 5-34 所示为换刀机械手。当刀库容量较大、布置得离机床主轴较远时，就需要安排两只机械手和刀具运送装置来完成新旧刀具的交换工作。一只机械手靠近刀库，称为后机械手，完成拔刀和插刀的动作；另一只机械手靠近主轴，称为前机械手，也完成拔刀和插刀的动作。

　　刀具的识别是指自动换刀装置对刀具的识别，通常采用刀具编码法和软件记忆法。

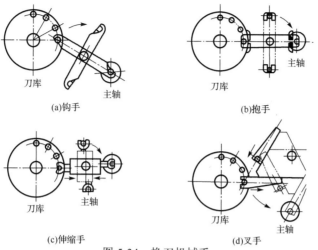

(a)钩手   (b)抱手

(c)伸缩手   (d)叉手

图 5-34 换刀机械手

① 刀具编码法

刀具编码法采用一种特殊的刀柄结构，并对每把刀具进行编码。换刀时通过编码识别装置，根据换刀指令代码，从刀库中寻找所需要的刀具。

如图 5-35 所示为编码刀柄示意图，在刀柄尾部的拉紧螺杆 3 上套装着一组等间隔的编码环 1，并由锁紧螺母 2 将它们固定。编码环的外径有 2 种大小不同的规格，每个编码环的大小分别表示二进制数的"1"和"0"。通过对两种圆环的不同排列，可以得到一系列的代码。例如，图中的 7 个编码环能够区别出 127 种刀具（2^7-1）。每把刀具上都带有专用的编码系统，刀具长度加长，制造困难，刚度降低，刀库和机械手的结构变复杂。

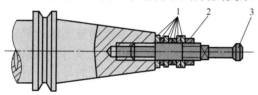

图 5-35 编码刀柄示意图

1—编码环；2—锁紧螺母；3—拉紧螺杆

图 5-36 所示为刀具编码与识别示意图，刀具编码识别基本原理如下：在刀库附近装有一个刀具识别装置，其上有一排与编码环一一对应的触针或传感器。当需要换刀时，刀库旋转，刀具识别装置不断地读出每一个经过的刀具编码，并输入控制系统与换刀指令中的编码进行比较，当二者一致时，控制系统便发出信号，使刀库停转，等待换刀。

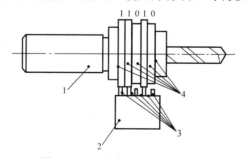

图 5-36 刀具编码及识别示意图

1—刀柄；2—接触式识别装置；3—触针（销）；4—数码环

② 软件记忆法

随着计算机技术的发展，可以利用软件选刀，代替传统的编码环和识刀器。

将刀库上的各个刀座编号，得到各个刀座的地址；将刀库中的各个刀具再编一个刀具号；然后在控制系统内部建立一个刀具数据表，将原始状态刀具在刀库中的地址一一填入，并不得随意变动。刀库上装有检测装置，可以读出刀库在换刀位置的地址。取刀时，控制系统根据刀具号从刀具数据表中找到该刀具地址，按优化原则转动刀库，当刀库的检测装置读出地址与取刀地址相一致时，刀具便停在换刀位置，等待换刀。若欲将换下的刀具送回刀库，也不必寻找刀具原位，只要按优化原则送到任一空位即可，控制系统将根据此时换刀位置的地址更新刀具数据库，并记住刀具在刀库中新的位置地址。优化原则即在刀库机构中通常设有刀库零位，执行自动选刀时，刀库可以正反方向旋转，每次选刀时刀库转动不会超过一圈的 1/2。

5.2.4 物流供输自动化

在制造业中，原材料从入厂，经过冷热加工、装配、检验、油漆及包装等各个生产环节，到产品出厂，机床作业时间仅占 5%，工件处于等待和传输状态的时间占 95%。其中物料传输与存储费用占整个产品加工费用的 30%～40%，因此对物流系统的优化有助于降低生产成本、压缩库存、加快资金周转、提高综合经济效益。

1．物流系统及其组成

物流即物料的流动过程。物流按其物料性质的不同，可分为工件流、工具流和配套流三种。其中工件流由原材料、半成品、成品构成；工具流由刀具、夹具构成；配套流由托盘、辅助材料、备件等构成。物流系统是机械制造系统的重要组成部分之一，它的作用是将制造系统中的物料（如毛坯、半成品、成品、工夹具等）及时地输送到有关设备或仓储设施处。

在自动化制造系统中，物流系统是指工件流、工具流和配套流的移动与存储，它主要完成物料的存储、输送、装卸、管理等功能。

物流系统由以下几部分组成。

（1）单机自动供料装置：完成单机自动上下料任务，包括储料器、隔料器、上料器、输料槽、定向定位装置等。

（2）自动线输送系统：完成自动线上物料输送任务，包括各种连续输送机、通用悬挂小车、有轨导向小车及随行夹具返回装置等。

（3）FMS 物流系统：完成 FMS 物料的传输，包括自动导向小车、积放式悬挂小车、积放式有轨导向小车、搬运机器人、自动化仓库等。

2．单机自动供料装置

单机自动供料装置一般由储料器、隔料器、上料器、输料槽、定向定位装置等组成。储料器中存储一定数量的工件，根据加工设备的需求自动输出工件，经输料槽和定向定位装置传送到指定位置，再由上料器将工件送入机床加工位置。

如图 5-37 所示为最常见的机床自动供料装置。工件由人工装入料仓 1。机床进行加工时，上料器 3 推到最右侧位置，隔料器 2 被上料器 3 的销钉带动逆时针旋转，其上部的工件便落入上料器 3 的接收槽中。当工件加工完毕时,弹簧夹头 4 松开,推料杆 6 将工件从弹簧夹头 4 中顶出,工件随即落入出料槽 7 中。送料时,上料器 3 向左移动将工件送到主轴前端并对准弹簧夹头 4,随后上料杆 5 将工件推入弹簧夹头 4 内。弹簧夹头 4 将工件夹紧后,上料器 3 和上料杆 5 向右退出,工件开始加工。当上料器 3 向左上料时,隔料器 2 在弹簧 8 的作用下顺时针旋转到料仓下方,将工件托住以免落下。图中的料仓 1、隔料器 2 和上料器 3 属于自动供料机构,且垂直于机床主轴布置,其他部件属于机床机构。

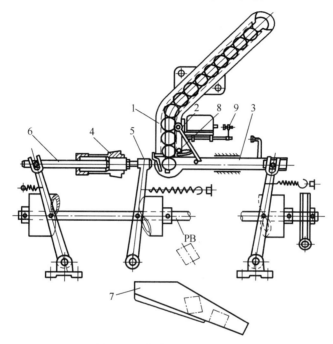

图 5-37　机床自动供料装置

1—料仓；2—隔料器；3—上料器；4—弹簧夹头；5—上料杆；
6—推料杆；7—出料槽；8—弹簧；9—自动停车装置

3. 自动线输送系统

自动线是指按加工工艺排列的若干台加工设备及其辅助设备,并用自动输送系统联系起来的自动生产线。

工件输送装置是自动线中最重要和最富有代表性的辅助设备,它将被加工工件从一个工位传送到下一工位,为保证自动线按生产节奏连续地工作提供条件,并从结构上把自动线的各台自动机床联系成为一个整体。

自动线输送系统的主要类型如下。

（1）带式输送系统

带式输送系统是一种利用连续运动且具有挠性的输送带来输送物料的输送系统。带式输送系统如图 5-38 所示,它主要由输送带、驱动装置、传动滚筒、托辊、张紧装置等组成。传送过程中,传动滚筒依靠摩擦力带动输送带运动,输送带全长靠许多托辊支承,并且由张紧装置拉紧。主要用于输送散状物料,但也能输送单件质量不大的工件,常用于远距离输送。

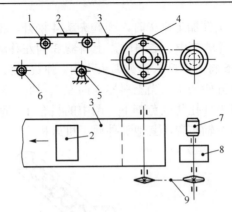

图 5-38　带式输送系统

1—上托辊；2—工件；3—输送带；4—传动滚筒；5—张紧轮；
6—下托辊；7—电动机；8—减速器；9—传动链条

（2）链式输送系统

链式输送系统以链条作为牵引和承载体输送物料，由链条、链轮、电动机、减速器、联轴器等组成，如图 5-39 所示。利用链条与链轮啮合传动方式进行输送，链条由驱动链轮牵引，链条下面有导轨，支承着链节上的套筒辊子。货物直接压在链条上或放在承载托板上，随着链条的运动而向前移动。

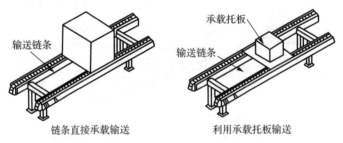

图 5-39　链式输送系统

（3）步伐式传送带

步伐式传送带有棘爪式、摆杆式等多种形式，它能完成向前输送和向后退回的往复动作，实现工件单向输送。步伐式输送装置是组合机床自动线上典型的工件输送装置，在加工箱体类零件的自动线及带随行夹具的自动线中使用非常普遍。

（4）辊子输送系统

辊子输送系统是利用辊子的转动来输送工件的输送系统，它一般分为无动力辊子输送系统和动力辊子输送系统两类。无动力辊子输送系统依靠工件的自重或人的推力使工件向前输送；动力辊子输送系统由驱动装置通过齿轮、链轮或带传动使辊子转动，依靠辊子与工件之间的摩擦力实现工件的输送。

4．FMS 物流系统

FMS 物流系统是为 FMS 服务的，它决定着 FMS 的布局和运行方式。由于大部分的 FMS 工作站点多，输送线路长，输送的物料种类不同，因此物流输送系统的整体布局比较复杂。一般可以采用基本回路来组成 FMS 的输送系统。常见的物流输送形式有直线型输送形式、环型输送形式、网络型输送形式、以机器人为中心的输送形式。

（1）托盘及托盘交换器

在 FMS 物流系统中，工件一般安装在夹具上定位夹紧，而夹具又被安装在托盘上，因而托盘是工件和机床之间的硬件接口。当工件在机床上加工时，托盘成为机床工作台并支撑工件；运输时，托盘又承载着工件和夹具在机床之间进行传送。

在同一个 FMS 之间的所有机床，不管各自的形式如何，都必须采用统一接口，使各台机床连接成为一个整体系统，这就要求系统中的所有托盘采用同一种结构形式。

托盘交换器是加工系统与物流系统间的工件输送接口，当系统阻塞时起到物流系统工件缓冲站的作用。托盘交换器一般有回转式托盘交换器和往复式托盘交换器两种。如图 5-40 所示为两转位回转式托盘交换器，其工作原理为：当机床加工完后，交换器从机床工作台移出装有工件的托盘，将加工好的工件和托盘移至回转工作台的空位上；然后工作台回转 180°，托盘交换器将待加工的工件和托盘移至机床工作台上。

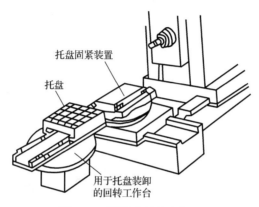

图 5-40　回转式托盘交换器

（2）自动导向小车

自动导向小车（Automated Guided Vehicle，AGV）是一种由计算机控制的，按照一定程序自动完成运输任务的运输工具，是柔性物流系统中物料运输工具的发展趋势。AGV 主要由车架、蓄电池、充电装置、电气系统、驱动装置、转向装置、自动认址和精确停位系统、移栽机构、安全系统、通信单元和自动导向系统等组成，如图 5-41 所示为自动导向小车外形示意图。

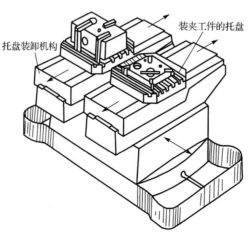

图 5-41　自动导向小车外形示意图

（3）自动化仓库

在整个 FMS 中，当物流系统线内存储功能很小而要求有较多的存储量时，或者要求无人化生产时，一般都设立自动化中央仓库来解决物料的集中存储问题。柔性物流系统以自动化中央仓库为中心，依据计算机管理系统的信息，实现毛坯、半成品、成品、配套件或工具的自动存储、自动检索、自动输送等功能。常见的中央仓库有平面仓库和立体仓库两种。

平面仓库是一种货架布置在输送平面内的仓库，它一般存储一些大型工件，如图 5-42 所示。

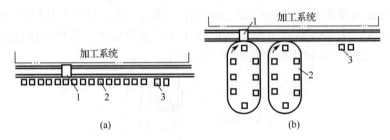

图 5-42　平面仓库

立体仓库又称高层货架仓库，如图 5-43 所示，它主要由高层货架、堆垛机、输送小车、控制计算机、状态检测器等组成。

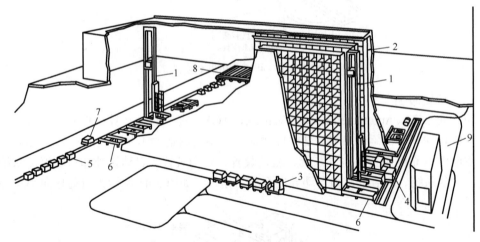

图 5-43　立体仓库

1—堆垛机；2—高层货架；3—场内 AGV；4—场内 RGV；5—中转货位；6—出入库传送滚道；
7—场外 AGV；8—中转货转；9—计算机控制室

5.2.5　装配过程自动化

装配是机械制造过程的最后环节。装配对产品的成本和生产效率有重要影响，研究和发展新的装配技术、大幅度提高装配质量和装配生产效率是机械制造工程的一项重要任务。所谓装配，就是按照规定的技术要求，通过搬送、连接、调整、检查等操作，把具有一定几何形状的零件配合连接成套件、组件、部件和产品的工艺过程。

机械制造自动化的最后阶段通常是装配自动化，据有关资料统计，一些典型产品的装配时间占总生产时间的 50%以上，而目前产品装配的平均自动化水平仅为 10%～15%，因此装配自动化是制造工业中需要解决的关键技术。装配自动化是指对某种产品用某种控制方法和手段，通过执行机构，使其按预先规定的程序自动地进行装配，而无须人直接干预的过程。

1. 自动装配工艺过程分析

结构工艺性是指产品和零件在保证使用性能的前提下，力求能够采用生产率高、劳动量小、材料消耗少和生产成本低的方法制造出来。

自动装配工艺性好的产品零件便于实现自动定向、自我检测、自动供料、简化装配设备、保证装配质量、降低生产成本。因此，在产品结构设计过程中，加强工艺性审查，采用便于自动装配的工艺性设计准则，使产品结构最大限度地具有自动装配工艺性，以提高产品的装配质量和工作效率。

由于自动装配的工艺要求要比人工装配的工艺要求复杂得多，通过手工装配很容易完成的工作，有时采用自动装配却要设计复杂的机构与控制系统。因此，为使自动装配工艺设计先进可靠、经济合理，在设计中应满足以下几个要求：

（1）保证装配工作循环的节拍同步；

（2）除正常传送外，宜避免或减少装配基础件的位置变动；

（3）要合理选择装配基准面；

（4）对装配件要进行分类；

（5）关键件和复杂件的自动定向；

（6）易缠绕零件要能进行定量隔离；

（7）精密配合副要进行分组选配；

（8）要合理确定装配的自动化程度；

（9）要注意不断提高装配自动化水平。

2. 自动装配机械

自动装配机械按类型来分，可分为单工位和多工位两种，可根据装配产品的复杂程度和生产率的要求确定。

（1）单工位自动装配机

单工位自动装配机是指所有装配操作都可以在一个位置上完成，没有传送工具的介入，只有一种或几种装配操作。这种装配机适用于只由几个零部件组成而且不要求有复杂的装配动作的简单部件，也容易适应零件产量的变化。单工位装配机比较适合于在基础件的上方定位并进行装配操作，即基础件布置好后，另一个零件的进料和装配也在同一台设备上完成。图 5-44 所示为单工位自动装配机的布置简图，它由通用设备组成，包括振动料斗、螺钉自动拧入装置等。

（2）多工位自动装配机

对有 3 个以上零部件的产品通常用多工位自动装配机进行装配，装配工作必须由各个工位分别承担。需设置工件传送系统，按传送系统类型要求可选用回转型和直进型等布置形式。如图 5-45 所示为垂直型夹具升降台返回的直进型多工位自动装配机。

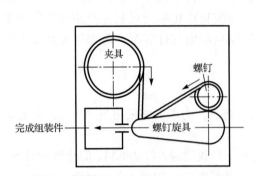

图 5-44　单工位自动装配机的布置简图

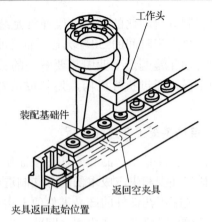

图 5-45　直进型多工位自动装配机

3．柔性装配系统

柔性装配系统具有相应的柔性，可对某一特定产品的变型产品按程序编制的随机指令进行装配，也可根据需要增加或减少一些装配环节，在功能、功率和几何形状允许范围内，最大限度地满足一簇产品的装配。

柔性装配系统的组成部分有：装配机器人系统、灵活的物料搬运系统、零件自动供料系统、工具（手指）自动更换装置及工具库、视觉系统、基础件系统、控制系统和计算机管理系统。它通常有两种形式：一种是模块积木式柔性装配系统，另一种是以装配机器人为主体的可编程柔性装配系统。按其结构又可分为三种。

（1）柔性装配单元。这种单元借助一台或多台机器人，在一个固定工位上按照程序来完成各种装配工作。

（2）多工位的柔性同步系统。这种系统各自完成一定的装配工作，由传送机构组成固定或专用的装配线，采用计算机控制，各自可编程序和可选工位，因而具有柔性。

（3）组合结构的柔性装配系统。这种结构通常要具有三种以上装配功能，是由装配所需的设备、工具和控制装置组合而成的，可封闭或置于防护装置内。

5.2.6　检测过程自动化

检测是机械制造过程的重要环节。检测的直接目的是保证加工设备的安全和产品的加工质量。

检测过程自动化就是利用各种自动化装置和测试仪器，自动和灵敏地对加工对象的有关参数及工艺过程不断地进行在线检测，及时地对制造过程中的被加工工件质量进行控制，确保制造系统的正常运行。

1．工件尺寸精度的检测和控制

工件尺寸精度是直接反映产品质量的指标，因此在许多自动化制造中都采用自动测量工件的方法来保证产品质量和系统的正常运行。

工件尺寸精度的检测方法按其在制造系统中所处的位置，可以分为离线检测、过程中检测和在线检测。

（1）离线检测。这种检测在自动化制造系统生产线以外进行检测，其检测周期长，难以及时反馈质量信息。

（2）过程中检测。这种检测在工序内部，即工步或走刀之间，利用机床上装备的测头检测工件的几何精度或标定工件零点和刀具尺寸。检测结果直接输入机床数控系统，修正机床运动参数，保证工件加工质量。

（3）在线检测。该检测利用坐标测量机综合检测经过加工后机械零件的几何尺寸与形状位置精度。

常用的自动检测装置有专用自动测量装置、三坐标测量机、激光测径仪等。

2．刀具的自动识别和监测

在机械加工过程中最常见的故障便是刀具状态的变化。刀具状态识别、检测与监控是加工过程检测与监控中最重要、最关键的技术之一。刀具状态的识别、检测乃至监控对降低制造成本、减少制造环境的危害、保证产品质量，具有十分重要的意义。

刀具的自动识别主要是在加工过程中能在线识别出切削状态（刀具磨损、破损、切屑缠绕及切削颤振等）。关于刀具状态识别的方法较多，目前主要有基于时序分析刀具破损状态识别、基于小波分析刀具破损状态识别、基于电流信号刀具磨损状态识别及基于人工神经网络刀具磨损状态识别等方法。

刀具检测技术与刀具识别技术往往是紧密联系在一起的，刀具的检测是建立在刀具识别的基础上的。在自动化的制造系统中，必须设置刀具磨损、破损的检测与监控装置，以防止发生工件成批报废和设备损坏的事故。

（1）直接测量法。直接测量法就是直接检测刀具的磨损量，并通过控制系统控制补偿机构进行相应的补偿，保证各加工表面应具有的尺寸精度。

（2）间接测量法。刀具的磨损区往往很难直接测到，常常通过测量切削力、切削力矩、切削温度、振动参数、噪声和加工表面的粗糙度等来判断磨损程度。对于加工中心而言，测量装置是无法装在刀具上的。一般情况下，就装在主轴的轴承上，这种轴承称为测力轴承。通过测量测力轴承的受力情况，来确定刀具的磨损情况。

3．自动化加工过程的检测和监控

对加工过程的监控是机械制造自动化的基本要求之一。加工过程的在线监控涉及很多相关技术，如传感器技术、信号处理技术、计算机技术、自动控制技术、人工智能技术及切削机理等。

自动化加工监控系统主要由信号监测、特征提取、状态识别、决策和控制四个部分组成，加工过程监控系统一般结构如图 5-46 所示。

（1）信号检测。信号检测是监控系统的首要步骤，加工过程的许多状态信号从不同角度反映加工状态的变化。

（2）特征提取。特征提取是对检测信号的进一步加工处理，从大量检测信号中提取出与加工状态变化相关的特征参数，目的在于提高信号的信噪比，增加系统的抗干扰能力。

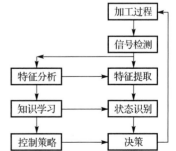

图 5-46　加工过程监控系统一般结构

（3）状态识别。状态识别实质上是通过建立合理的识别模型，根据所获取加工状态的特征参数对加工过程的状态进行分类判断。

（4）决策与控制。根据状态识别的结果，在决策模型指导下对加工状态中出现的故障做出判决，并进行相应的控制和调整，如改变切削参数、更换刀具、改变工艺等。要求决策系统实时、快速、准确、适应性强。

复习思考题

1．什么是机电一体化？机电一体化系统的功能构成和定义是什么？
2．简述机电一体化系统的主要组成部分，并说明各部分的基本功能。
3．简述机电一体化系统技术体系中的关键技术。
4．什么是数控技术、机器人技术？简要介绍各自的定义及特点。
5．实现加工设备自动化的意义是什么？自动化加工设备主要有哪几类？
6．加工中心和数控机床的主要区别是什么？
7．柔性制造系统的基本组成部分有哪些？各部分具有什么作用？
8．什么是刀具自动化？自动化刀具具有哪些特点？
9．常用的自动化换刀装置有哪几种形式？各有什么特点？
10．刀具识别通常采用哪两种方法？各有什么特点？
11．什么是物流？物流的组成及功用是什么？物流系统的组成是什么？
12．托盘及托盘交换器在柔性物流系统中的作用是什么？
13．自动装配的工艺设计应满足什么一般要求？
14．自动装配机械的基本类型有哪两大类？其主要区别是什么？
15．对工件加工尺寸自动测量的方法有哪几种？各有什么特点？
16．什么是刀具的自动识别？当前主要的识别方法有哪几种？
17．在自动化制造系统中为什么要设置刀具检测和监控装置？
18．自动化加工过程监控系统主要由哪几部分组成？

参 考 文 献

[1] 袁中凡. 机电一体化技术[M]. 北京：电子工业出版社，2006.

[2] 全国高等教育自学考试指导委员会. 机电一体化系统设计[M]. 北京：机械工业出版社，2007.

[3] 李梦群，庞学慧，王凡. 先进制造技术导论[M]. 北京：国防工业出版社，2005.

[4] 计时鸣. 机电一体化控制技术与系统[M]. 西安：西安电子科技大学出版社，2009.

[5] 周骥平，林岗. 机械制造自动化技术（第2版）[M]. 北京：机械工业出版社，2007.

[6] 全燕鸣. 机械制造自动化[M]. 广州：华南理工大学出版社，2008.

[7] 刘治华，李志农. 机械制造自动化技术[M]. 北京：机械工业出版社，2009.

[8] 吴天林，段正澄. 机械加工系统自动化[M]. 北京：机械工业出版社，1992.

[9] 倪晓丹，杨继荣，熊运昌. 机械制造技术基础（第2版）[M]. 北京：清华大学出版社，2014.

第6章　机械工程技术的新发展

6.1　增材制造与 3D 打印

6.1.1　概述

增材制造（Additive Manufacturing，AM）技术是集计算机学、光学、材料学及其他学科于一体并且将零件的三维 CAD 模型通过制造设备堆积成具有一定结构和功能的零件或原型的一种先进制造技术。20 世纪 80 年代以来，增材制造取得了快速发展。快速原型制造、增材制造、实体自由制造、3D 打印技术等叫法分别从不同侧面表达了该制造技术的特点。

相对于材料去除技术，增材制造技术采用材料逐渐累加的方法，是一种"自上而下"的制造方法。增材制造不需要传统的刀具、夹具及多道加工工序，可以制造出任意复杂形状的三维实体，使得产品设计、制造的周期大大缩短，被视为"一项将要改变世界的技术"。

当前，世界各国都将增材制造技术作为未来产业发展新的增长点，纷纷制定相关的国家战略，力争抢占未来增材制造技术的制高点。目前，ASTM F42（美国材料与试验协会增材制造技术委员会）和 ISO/TC261（国际标准化组织增材制造技术委员会）在术语和定义、文件格式、工艺和材料分类，以及材料特性及测试方法等方面，发布了近 20 项技术标准，40 余项标准即将完成。

6.1.2　增材制造技术

自 1986 年查尔斯·赫尔研制出第一台上用快速成形机后，经过 30 多年的发展，主流的成形工艺有光固化成形法（Stereo Lithography Apparatus，SLA）、选择性激光烧结（Selective Laser Sintering，SLS）、分层实体制造（Laminated Object Manufacturing，LOM）、熔融沉积成形（Fused Deposition Modeling，FDM）。

1. 光固化成形法（SLA）

SLA 工艺过程如图 6-1 所示：树脂槽中装满液态光敏树脂，激光器按照零件截面分层信息进行扫描，被扫描的光敏树脂区域发生聚合反应，固化形成零件截面对应的薄层。工作台下移一个层厚，继续进行下一层的扫描，新固化的树脂附着在前一层上，并用刮板将树脂刮平，再进行下一层的扫描和固化，重复过程直至三维造型完成。

SLA 法是当前增材制造方法中最成熟的方法，材料利用率高，性能可靠。通过 CAD 建模可形成任意形状的零件，精度可达到 0.1mm，可直接为实验提供试样。不足之处在于 SLA 使用的是精密设备，设备费用和树脂材料价格较高；树脂成形收缩会导致精度下降，树脂具有一定的毒性，不利于环保。

2. 选择性激光烧结（SLS）

SLS 工艺由美国得克萨斯大学奥斯汀分校的 C.R.Deckard 于 1989 年研制成功。

SLS 烧结过程：先用铺粉棍将粉末材料（金属材料或非金属材料）平铺在已成形的零件表面，并加热至刚好低于该粉末烧结点的温度，控制激光按照该层截面轮廓进行扫描，使融化的粉末进行烧结，与成形金属粘结在一起。工作台下移一层厚度，铺粉棍重新铺粉，继续下一层截面轮廓的扫描过程，层层叠加，最终完成三维轮廓造型。

SLS 工艺材料适应性广，可针对塑料、陶瓷、蜡等材料根据不同需要进行加工；成形过程中，烧结的粉末融入造型充当自然支撑，可成形悬臂、内空等复杂结构；材料利用率为100%。缺点是工艺精度不高，主要依赖于材料种类和粒径、产品的形状和复杂程度，一般能达到±(0.05～2.5)mm 的公差；由于成形表面是粉粒状的，因而表面粗糙度不好，不宜做薄壁件；同时粉末容易在烧结过程中挥发异味。SLS 加工工艺原理图如图 6-2 所示。

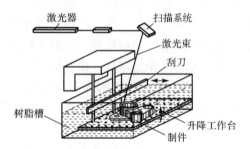

图 6-1 SLA 型 3D 打印工作原理

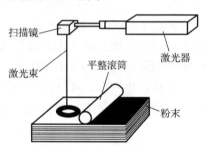

图 6-2 SLS 加工工艺原理图

3. 分层实体制造（LOM）

分层实体制造又称层片叠加制造，由美国 Helisys 公司于 1986 年研制成功。

LOM 工艺：激光首先切割出工艺边框和原型边缘轮廓，然后将不属于原型的材料切割成网状；由于片状材料单面涂有热熔胶，通过热辊加热将片状材料与先前的层片粘贴在一起；然后，上方的激光和刀具利用 CAD 分层截面数据，将片状材料切割成对应的零件轮廓；随后铺上新的片状材料，又通过热辊碾压与先前材料粘贴在一起，进行激光切割，一直重复至整个工件完成。LOM 工艺原理如图 6-3 所示。

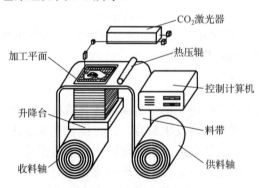

图 6-3 LOM 工艺原理

LOM 工艺采用激光或刀片对片状材料进行切割，与传统整体切削不同的是将零部件模型分割为多层，逐层进行切削。LOM 的关键工艺是激光强度与切割速度的配合，从而得到切口质量的切口深度。

LOM 适合于大中小型产品的概念验证模型和功能测试用原型件，尤其是激光立体固化难以制作的大型零件和厚壁样件，具有尺寸精度高、成形时间短、寿命长、机械性能良好的特点。缺点在于去除模型废料时剥离费时较多。当前普遍用的材料是纸盒 PVC，适用面较窄。

4. 熔融沉积成形（FDM）

FDM 是当前应用最广泛的一种工艺，3D 打印机普遍采用这种工艺。

FDM 加热头把热熔性材料（ABS 树脂、尼龙、蜡等）加热到临界状态，使其呈现半流体状态，然后加热头会在软件控制下沿 CAD 确定的二维几何轨迹运动，同时喷头将半流动状态的材料挤压出来，材料瞬时凝固成有轮廓形状的薄层。熔融沉积成形原理如图 6-4 所示。

这个过程与二维打印机的打印过程很相似，只不过从打印头出来的不是油墨，而是 ABS 树脂等材料的熔融物。同时由于 3D 打印机的打印头或底座能够在垂直方向移动，所以它能让材料逐层进行快速累积，并且每层都是 CAD 模型确定的轨迹打印出确定的形状，所以最终能够打印出设计好的三维物体。

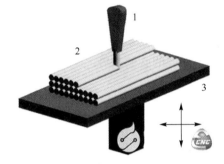

图 6-4　熔融沉积成形原理

6.1.3　发展趋势

增材制造技术的优点很多，能够很好地弥补传统减材制造技术的缺点，在军工、微电子、微机械等多个领域具有广泛的应用前景和巨大的市场潜力，因而是未来高新技术的发展方向之一。随着各类高新技术和增材制造技术的融合与交叉，增材制造技术呈现出如下发展趋势。

1. 产品尺寸向极限发展，"大""小"颠覆想象

随着增材制造技术应用领域的扩展，其产品尺寸正走向两个极端。

一方面往"大"处跨，从小饰品、鞋子、家具到建筑，尺寸不断被刷新，特别是汽车制造、航空航天等领域对大尺寸精密构件的需求较大，如 2016 年珠海航展上西安铂力特公司展示的一款 3D 打印航空发动机中空叶片，总高度达 933mm。

另一方面向"小"处走，可达到微米、纳米水平，在强度、硬度不变的情况下，大大减小产品的体积和质量，如哈佛大学和伊利诺伊大学的研究员 3D 打印出比沙粒还小的纳米级锂电池，其能够提供的能量却不少于一块普通的手机电池。

未来，增材制造的成产品尺寸将不断延伸，从大得不可思议到小得瞠目结舌，"只有想不到的，没有做不到"。

2. 增材制造生产模式与互联网云平台下的共享与融合

发挥并利用全社会智力和生产资源是未来社会形态变革的方向，增材制造正是促进这一社会模式形成的技术动力。新一代生产模式趋向于集散制造发展，实现工艺、数据、报价统一，形成众创、众包、众筹的运作方式。因此，未来增材制造技术的发展需要技术和管理的集成创新，需要开展制造学科与管理学科交叉融合的研究和应用实践。

3. 增材制造与减材制造相互融合，共同满足生产需要

增材制造由于每单位产品成本较高，较高的单价对制造数量与应用领域有较大牵制影响作用，减材制造产品由于单价较低，适合大范围批量生产。那么在将产品进行合理切分规划

的基础上，充分将增材制造复杂部分与减材制造相对简单部分相融合，一方面使产品整体在一定程度上做到了减重、减时与个性定制，另一方面在产品成本方面得到了很好的中和，使批量生产成为可能。增材制造技术与减材制造技术相互融合，减小产品制造工艺的复杂性，降低生产成本，同样是增材制造技术未来的发展趋势之一。

4．产品的成形精度和表面质量进一步提高

产品的成形精度和表面质量是制造技术的研究重点，影响增材制造的成形精度和表面质量的因素贯穿着整个制造过程：前处理中零件 CAD 模型的数据转换、成形方向的选择和切片处理，堆积成形过程中加工策略的规划、工艺参数的选取，后处理中支撑结构的去除和表面处理等多方面制约着产品的成形精度和表面质量，因此提高成形精度和表面质量是增材制造技术发展的必然趋势。

6.2 纳 米 制 造

6.2.1　概述

纳米级是指长度在 0.1～100nm 范围内，1nm 大约等于十个氢原子并列排成一条直线的长度。纳米技术是 20 世纪 80 年代末期兴起的新技术，它以现代先进科学技术为基础，融合机械、电子、生物、物理、光学等多个领域高新技术而发展起来，是通过直接操纵和安排原子、分子而在纳米尺度上研究物质（包括原子、分子的操纵）的特性和相互作用，以及如何利用这些特性和相互作用的具有多学科交叉性质的科学和技术。

纳米技术的研究内容包括：纳米物理学、纳米化学、纳米材料学、纳米生物学、纳米电子学、纳米制造、纳米力学等学科。

纳米制造技术主要是指纳米加工技术。所谓加工，就是运用各种工具将材料改造成具有用途的形状。纳米加工的含义是达到纳米级加工精度，包含：纳米级尺寸精度、纳米级几何形状精度、纳米级表面质量。

6.2.2　纳米制造的加工原理

纳米加工的主要方法有：直接利用光子、电子、离子等基本能子的加工。目前主要的纳米加工技术有：纳米级机械加工技术、电子束离子束和激光加工技术、扫描隧道显微加工技术等。

1．纳米级机械加工技术

采用机械加工的方法获得 R_a 0.02～0.002μm 的镜面，刀具微细研磨时可切 1nm 切削厚度的切屑。主要用平面、圆柱面和非球曲面的镜面加工。例如，采用金刚石刀具超精密切削加工有色金属和非金属可能获得 R_a 0.02～0.002μm 的镜面；采用金属结合剂砂轮的在线电解修整砂轮的 ELID 镜面磨削技术可以加工出 R_a 0.02～0.002μm 的镜面；精密研磨抛光可以加工出 R_a 0.01～0.002μm 的镜面。集成电路的硅基片等都是用精密研磨得到高质量表面的。

如图 6-5 所示，将单颗金刚石加持在刀柄上，通过控制刀柄的运动控制刀尖切入工件表面的深度，通过工件的旋转和刀具的运动实现对工件表面材料的切除，其刀尖的运动轨迹如图 6-6 所示。

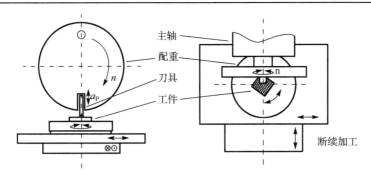

图 6-5　金刚石飞刀切削的加工原理

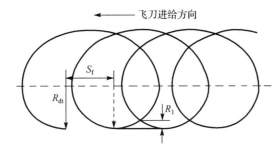

图 6-6　金刚石飞切刀尖的运动轨迹

如图 6-7 所示，砂轮通过电刷接电源正极，电极与砂轮表面之间设置一定的间隙，从喷嘴中喷出的具有电解作用的磨削液进入缓间隙后，在电流的作用下，砂轮的金属基体作为阳极被电解，使砂轮中的磨粒露出表面，形成一定的出刀高度和容屑空间，随着电解过程的进行，在砂轮表面逐渐形成一层钝化膜，阻止电解过程的继续进行，使砂轮损耗不致太快。当砂轮表面的磨粒磨损后，钝化膜被工件材料刮擦去除继续进行，以对砂轮表面进一步修整。上述过程是一个动态平衡过程，既避免了砂轮的过快消耗，又自动保持了砂轮表面的磨削能力。采用该方法进行磨削可以获得纳米级的工件表面。

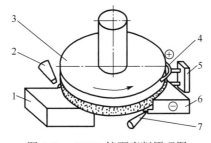

图 6-7　ELID 镜面磨削原理图

1—工件　2—冷却液　3—超硬磨料砂轮　4—电刷　5—支架　6—负电极　7—电解液

2．电子束离子束和激光加工技术

电子束加工时，被加速的电子将其能量转化成热能以去除穿透层表面的原子，电子束可以聚焦成很小的束斑（中等束斑的大小为 $0.1\mu m$），照射敏感材料，用电子刻蚀可加工出 $0.1\mu m$ 的线条宽度而在制造集成电路中实际应用。离子束加工时，因离子直径为 $0.1nm$ 数量级，故可以直接将工件表面原子碰撞出去达到加工的目的。用聚焦的离子束进行刻蚀，可以得到精确的形状和纳米级的线条宽度。激光束是利用热效应进行加工，当激光束照射工件时，光能被吸收转化为热能，产生瞬时高温、局部熔化、汽化。控制激光束光斑的大小，可以获得纳米级的加工精度。

电子束利用热效应进行加工，其加工原理如图 6-8 所示。由旁热阴极产生的电子经加速阳极加速、聚焦系统聚焦后形成能量密度为 $106\sim109 W/cm^2$ 的极细束流高速，冲击到工件表面上极小的部位。由于电子束能量密度高，作用时间短，所产生的热量来不及传导、扩散，就将工件被冲击部分局部熔化、汽化、蒸发成雾状粒子而飞散，从而实现了对工件表面材料的微纳去除。

离子束加工利用具有较高能量的离子束射到材料表面时所发生的撞击效应、溅射效应和注入效应来进行不同的加工，其加工原理如图 6-9 所示。离子束加工是在真空条件下，先由电子枪产生电子束，再引入已抽成真空且充满惰性气体的电离室中，使低压惰性气体离子化。由负极引出阳离子，又经加速、集束等步骤，获得具有一定速度的离子投射到材料表面，产生溅射效应和注入效应。由于离子带正电荷，其质量比电子大数千倍、数万倍，所以离子束比电子束具有更大的撞击动能，可以依靠微观的机械撞击能量实现对工件的加工。

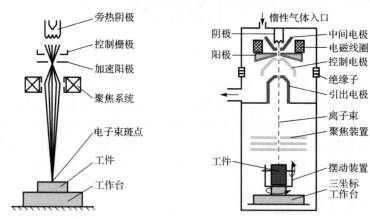

图 6-8　电子束加工原理图　　　　图 6-9　离子束加工原理图

激光加工也是利用热效应进行加工的，其加工原理如图 6-10 所示。激光器产生的激光束经光路系统传输并聚焦到工件的待加工表面，利用工件材料吸收光能的特性，使工件表面产生瞬时高温，从而使材料局部熔化、汽化，实现对工件材料的去除和改性。由于激光的光斑可以聚焦到 $1\mu m$ 以下，所以利用激光加工也能够实现纳米级的加工精度。

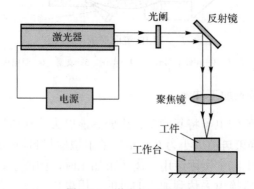

图 6-10　激光加工原理图

3．扫描隧道显微加工技术

扫描隧道显微（Scanning Tunneling Microscope，STM）加工技术是纳米加工的最新发展技术，可实现原子、分子的搬迁、去除、增添和排列重组，可实现极限的精加工，即原子级的精加工。

扫描隧道显微加工技术是基于量子力学的隧道效应对工件材料进行加工的，其加工原理如图 6-11 所示。当扫描隧道显微镜的探针对准试件表面某个原子并非常接近时，由于原子间的作用力，探针针尖可以带动该原子随针尖移动，而不脱离试件表面，实现试件表面原子搬迁。

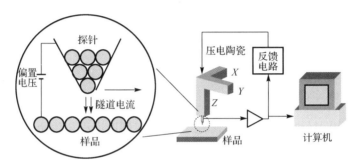

图 6-11　扫描隧道显微加工原理图

6.2.3 纳米制造的应用实例

1．纳米机械零件

如图 6-12 所示为采用纳米制造技术制备的一种纳米齿轮部件，可以将其应用在纳米机械设备上实现传动功能。

如图 6-13 所示为采用纳米制造技术制备的一种纳米秤，其可以用来秤量单个原子和单个病毒的质量。

图 6-12　纳米齿轮　　　　　　　　　图 6-13　纳米秤

2．移动原子

1990 年，IBM 公司的科学家展示了一项令世人瞠目结舌的成果——世界上最小的广告，他们在金属镍表面用 35 个惰性气体氙原子组成"IBM"三个英文字母，如图 6-14 所示。

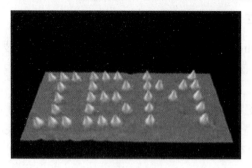

图 6-14　IBM 的原子广告

6.3　生物制造

6.3.1　概述

随着人类对生物运行机理的进一步研究,人们发现制造过程与生命过程有很强的相似性。生物体能够通过诸如自我识别、自我发展、自我恢复和进化等功能,使自己适应环境的变化来维持自己的生命并得以发展和完善。生物体的上述功能可以通过 DNA 类型信息和 BN 类型信息来实现。这两种生物信息的协调统一使生物体能够适应复杂的、动态的生存环境。

在生物体运行的过程中,生物的细胞分裂、个体的成长和种群的繁衍,都涉及遗传信息的复制、转录和解释等一系列复杂的过程,该过程实际上是利用遗传信息复制出准确的生物个体。这个过程与人类制造产品和零件的过程非常相似。在现代制造过程中,制造系统已更加复杂化、动态化和高度非线性化,因此,利用生命科学的基础研究成果,同制造科学结合起来,建立新的制造模式和加工方法,将为制造科学提供新的研究课题并丰富制造科学的内涵。所以,研究人员根据生物体的运行机理和方式,结合制造科学提出了新的制造方法——生物制造。

生物制造(Biological Manufacturing)是指通过制造科学与生命科学相结合,在细胞和分子尺度的科学层次上,通过受控组装完成器官、组织和仿生产品的制造科学和技术的总称。

6.3.2　生物制造的主要研究方向

目前,生物制造工程的研究方向是如何把制造科学、生命科学、计算机技术、信息技术、材料科学各领域的最新成果组合起来,彼此沟通,用于制造业,是生物制造工程的主要任务。归纳下来,生物制造主要有两大类的研究方向:仿生制造和生物成形制造。

1. 仿生制造

仿生制造(Bionic Manufacturing)是指模仿生物的组织结构和运行模式的制造系统与制造过程。它通过模拟生物器官的自组织、自愈、自增长与自进化等功能,以迅速响应市场需求并保护自然环境。

仿生制造的研究方向主要有三个:生物组织和结构的仿生、生物遗传制造和生物控制的仿生。

(1)生物组织和结构的仿生

生物组织和结构的仿生一般是指生物活性组织的工程化制造和类生物智能体的制造。

生物活性组织的工程化制造是指将组织工程材料与快速成形制造结合，采用生物相容性和生物可降解性材料，制造生长单元的框架，在生长单元内部注入生长因子，使各生长单元并行生长，以解决与人体的相容性和与个体的适配性，以及快速生成的需求，实现人体器官的人工制造。

类生物智能体的制造是指利用可以通过控制含水量来控制伸缩的高分子材料，能够制成人工肌肉。类生物智能体的最高发展是依靠生物分子的生物化学作用，制造类人脑的生物计算机芯片，即生物存储体和逻辑装置。

（2）生物遗传制造

生物遗传制造是指依靠生物 DNA 的自我复制，利用转基因实现一定几何形状、各几何形状位置不同的物理力学性能、生物材料和非生物材料的有机结合，并根据生成物的各种特征，以人工控制生长单元体内的遗传信息为手段，直接生长出任何人类所需要的产品，如人或动物的骨骼、器官、肢体，以及生物材料结构的机器零部件等。

（3）生物控制的仿生

生物控制的仿生是指应用生物控制原理来计算、分析和控制制造过程。例如，人工神经网络、遗传算法、鱼群算法、人工智能体、仿生测量研究、面向生物工程的微操作系统原理等。

2．生物成形制造

生物成形制造是指利用生物形体和机能进行制造及制造出具有生物功能的类生物体或生物体结构。例如，找到"吃"某些工程材料的菌种，实现生物去除成形；复制或金属化不同标准几何外形与亚结构的菌体，再经排序或微操作，实现生物约束成形；甚至通过控制基因的遗传形状特征和遗传生理特征，生长出所需的外形和生理功能，实现生物生长成形。

（1）生物去除成形

生物去除成形是指利用生物的机能实现对材料的去除控制并达到成形的目的。例如，氧化亚铁硫杆菌 T-9 菌株是中温、好氧、嗜酸、专性无机化能自氧菌，其主要生物特性是将亚铁离子氧化成高铁离子，以及将其他低价无机硫化物氧化成硫酸和硫酸盐。加工时，可掩膜控制去除区域，利用细菌刻蚀达到成形的目的。具体制造过程如图 6-15 所示。

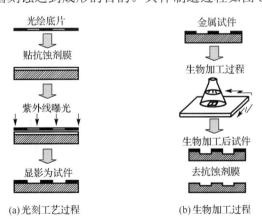

图 6-15　生物去除成形制造过程

（2）生物约束成形

机械微小结构的形状很小，常规的机械加工方法很难实现。然而，目前已发现的微生物中大部分细菌直径只有 1μm 左右，菌体有各种各样的标准几何外形。采用合适的方法使这些微小细菌金属化，可以实现微小机械结构的成形制造。例如，构造微管道、微电极、微导线等；构造蜂窝结构、复合材料、多孔材料等；去除蜂窝结构表面，构造微孔过滤膜、光学衍射孔等。

（3）生物生长成形

生物体和生物分子具有繁殖、代谢、生长、遗传、重组等特点。未来将现实人工控制细胞团的生长外形和生理功能的生物生长成形技术。可以利用生物生长技术控制基因的遗传形状特征和遗传生理特征，生长出所需外形和生理功能的人工器官，用于延长人类生命或构造生物型微机电系统。

6.3.3　生物制造的应用实例

1．生物计算机

大规模集成电路（计算机核心元件）的材料为硅。提高集成度后，引起了难以解决的散热问题，生物计算机则可以避免以上缺点。它采用生物制造技术制造出生物芯片，能够让大量的 DNA 分子在某种酶的作用下进行化学反应，从而使生物计算机同时运行几十亿次，它的芯片本身还具有并行处理的功能，其运算速度要比当今最新一代的计算机快 10 万倍，能量消耗仅相当于普通计算机的十亿分之一，存储信息的空间仅占百亿亿分之一。生物芯片出现故障后，可以进行自我修复，所以具有自愈能力。因此，它的优越性远远高于普通无机材料制备的计算机。

2017 年，微软与华盛顿大学的研究小组已经联手制备出了新型的生物计算机（如图 6-16 所示），它仅用了 7 分钟就完成运行包含 3 个输入链的与门，而之前的设备完成同样的工作量需要 4 小时。目前，该项成果已经发布在 2017 年 7 月 24 日的《自然——纳米技术》上。

2．视网膜芯片

美国加利福尼亚大学伯克利分校和匈牙利国家科学院采用生物制造技术研制出了能够模拟人眼视网膜功能的生物视网膜芯片（如图 6-17 所示）。该芯片是由一个无线录像装置和一个激光驱动的、固定在视网膜上的微型电脑芯片组成的。在计算机系统中，方形光束被转化为 12 幅由兴奋性和抑制性信号构成的时空图片，和真正视网膜中所产生的影像十分相似。只要视神经没有损坏，能植入这一有半颗米粒大小的视网膜芯片，就可以看到光线和图像。

图 6-16　生物计算机

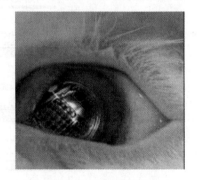

图 6-17　视网膜芯片

3．个性化人造器官

采用生物制造技术可以实现一种更简单的人造器官方法：把作为支架的高分子材料、细胞和生长因子混合在一起，注射到患者体内需要修复的部位，让这些原料"长"出一个完整的器官来。到时，去医院修补器官就像现在打针一样方便。这种新的方法称为"可注射工程"（如图 6-18 所示）。

我国的曹谊林教授采用生物制造技术在裸鼠身上移植了世界上第一个个性化人造耳（如图 6-19 所示）：先用高分子化学材料聚羟基乙酸做成人造耳的模型支架，然后让细胞在这个支架上繁殖生长。支架最后会自己降解消失。将裸鼠的背上割开一个口子，然后将已经培养好的人造耳植入后缝合。目前，该技术已经开始用于临床实验。

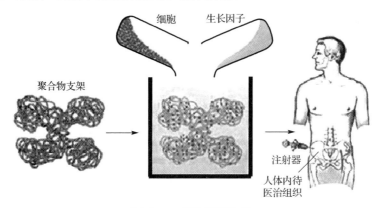

图 6-18　可注射工程图

图 6-19　个性化人造耳

6.4　智　能　制　造

6.4.1　智能制造的概念

近年来，随着计算机技术、互联网技术、人工智能技术和控制技术的发展，制造技术与之融合迎来了新的发展趋势。以智能化、柔性化和高度集成化为特点的智能制造技术成为现代制造技术的热门发展方向。

所谓智能制造，是指在制造工业的各个环节以一种高度柔性与高度集成的方式，通过计算机模拟人类专家的智能活动，进行分析、判断、构思和决策，旨在取代或延伸制造环境中人的部分脑力劳动；并对人类专家的制造智能进行收集、存储、完善、共享、继承与发展。

　　未来工业生产的基本特征应该是知识密集型，制造自动化的根本应该是智能化。所谓智能化，就是要将人工智能技术和现代控制技术等先进技术应用到制造过程中。例如，专家系统技术可以用于工程设计、工艺过程设计、生产调度、故障诊断等；人工神经网络和模糊控制技术等先进的计算机智能方法应用于产品配方、生产调度等，实现制造过程智能化。智能制造技术尤其适合于解决特别复杂和不确定的制造场合，必将引起制造技术的重大革新。

6.4.2　智能制造系统

　　智能制造技术离不开智能制造系统，智能制造系统是实现智能制造的"大脑"。所谓智能制造系统（Intelligent Manufacture System），是指由部分或全部具有一定自主性和合作性的智能制造单元组成的、在制造活动全过程中表现出相当智能行为的制造系统。

　　智能制造系统最主要的特征是在工作过程中知识的获取、表达与使用智能制造系统。根据其知识来源的不同，可分为两种类型：（1）以专家系统为代表的非自主式的制造系统，其特点是系统的知识是根据人类的制造知识总结归纳而来的，系统知识依赖于人工进行扩展，因而有知识获取瓶颈、适应性差、缺乏创新能力等缺陷；（2）建立在系统自学习、自进化与自组织基础上的自主型的智能制造系统，其特点是系统的知识可以在使用过程中不断自动学习、完善与进化，从而具有很强的适应性及开放式的创新能力。

6.4.3　智能制造的发展现状

　　目前，智能制造技术方兴未艾，但总体而言，智能制造尚处于概念和实验阶段。智能制造技术的发展正在经历如下三个阶段。

1. 第一阶段——车间、企业集成

　　这是一种贯穿车间、跨越企业的全局制造业数据集成，将显著改善成本、安全和环境的影响，具有重大的意义。

　　在这一阶段，智能制造将工厂、企业互联，更好地协调制造生产的各个阶段，推进车间生产效率的提高。典型的制造车间使用信息技术、传感器、智能电动机、电脑控制、生产管理软件等来管理每个特定阶段或生产过程的操作。然而，这仅仅解决了一个局部制造岛屿的效率，并非全企业智能制造将整合这些制造岛屿，使整个工厂共享数据。机器收集的数据和人类智慧相互融合，推进了车间级优化和企业范围管理目标，包括经济效益大幅增加、人身安全和环境可持续性的实现。这种"制造智能"的出现将开启智能制造的第二阶段。

2. 第二阶段——从车间优化到制造智能

　　这些数据配合先进计算机仿真和建模，将创建强大的"制造智能"，实现生产节拍的变化、柔性制造、最佳生产速度和更快的产品定制。

　　这一阶段应用高性能计算平台（云计算）连接各个工厂和企业，进行建模、仿真和数据集成，可以在整个工厂内建立更高水平的制造智能。为了节约能源、优化产品的制造交付，整条生产线和全车间将实时、灵活地改变运行速度，当然现在是不可行的。企业可以开发先

进的模型并模拟生产流程，改善当前和未来的业务流程。例如，制造商能使用纳米技术开发大量制造产品和设备的模型。

3．第三阶段——制造知识重整市场秩序

制造智能技术的进步将激励制造过程和产品创新，实现智能制造，颠覆主要市场秩序。这一阶段将广泛应用信息技术来改变商业模式，消费者习惯的 100 多年的大规模生产工业供应链将完全颠覆。灵活可重构工厂和 IT 最优化供应链将改变生产过程，允许制造商按个人需求定制产品，如同生产药物特定剂量和配方一样，客户会"告诉"工厂生产什么样式的汽车、构建什么功能的个人计算机、如何定制一款完美的牛仔裤等。

目前，智能制造技术的发展仍处于第一阶段，正向第二阶段迈进，并在此基础上提出了多个全新技术概念，如柔性制造、智能车间、数字化设计等。

6.4.4 智能制造的关键技术

要实现智能制造技术，需要在许多方向和技术上实现突破和发展。具体归纳起来，智能制造的关键技术如下。

1．数字化制造

数字化制造是指制造领域的数字化，它是制造技术、计算机技术、网络技术与管理科学的交叉、融和、发展与应用的结果，也是制造企业、制造系统与生产过程、生产系统不断实现数字化的必然趋势，其内涵包括：产品开发的数字化、数字控制、生产管理数字化、企业协作数字化等（如图 6-20 所示）。

产品开发	数字控制	生产管理	企业协作
• 数字化建模 • 虚拟设计 • 创新设计 • 数字样机设计 • 面向制造DFM	• 智能控制技术 • 高速高精度驱动 • 嵌入式数字制造 • 远程诊断 • 智能维护	• 控制传感技术 • 实时信息管理技术 • 数字化车间技术 • 制造系统建模 • 决策控制	• 高速通信网络协议 • 信息集成技术 • 资料共享技术 • 信息安全技术

图 6-20 数字化制造的内涵

2．工业机器人

工业机器人是面向工业领域的多关节机械手或多自由度的机器装置，它能自动执行工作，是靠自身动力和控制能力来实现各种功能的一种机器，如图 6-21 所示。它可以接受人类指挥，也可以按照预先编排的程序运行。现代的工业机器人是智能制造最重要的末端执行机构，因此工业机器人技术是实现智能制造的关键技术。

图 6-21　现代工业机器人

3．无线传感网络

无线传感网络是由许多在空间分布的自动装置组成的一种无线通信计算机网络，这些网络使用传感器监测不同位置的物理或环境状况（如温度、声音、振动、压力、运动或污染物等），如图 6-22 所示。无线传感网络的每个节点除配备 1 个或多个传感器外，还装备 1 个无线垫收发器、1 个微控制器和 1 个电源。

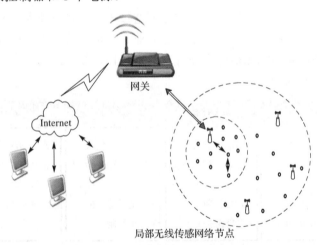

图 6-22　无线传感网络

无线传感网络构成了一个信息物理融合系统——连接互联网的网络空间和现实物理世界。它能够与环境进行交互，进而规划和调整自己以适应环境，并且学习新的行为模式和策略，从而实现自我优化。无线传感网络是智能制造信息传递的重要环节，是实现智能制造的关键技术。

4．信息物理融合系统

信息物理融合系统也称为"虚拟网络-实体物理"生产系统，它将彻底改变传统制造业的逻辑。在这样的系统中，一个工件能算出自己需要哪些服务。通过数字化逐步升级现有生产设施，生产系统就可以实现全新的体系构架。

信息物理融合系统是一个综合计算、网络和物理环境的多维复杂系统，它通过计算机、信息和控制技术的有机融合和深度协作，实现大型工程系统的实时感知、动态控制和信息服务。它实现计算、通信与物理系统的一体化设计，可使系统更加可靠、高效、实时协调，具有广泛的应用前景，是智能制造的关键技术之一。

6.4.5　智能制造的发展方向

中国工程院院士李伯虎指出，未来智能制造的发展将会集中在以下几个方向。

（1）基础理论与技术——行业统一标准与规范、关键智能基础共性技术、核心智能装置与部件、工业领域信息安全技术等。

（2）智能装备——典型行业数控机械装备、智能工业机器人、智能化高端成套设备等。

（3）智能系统——信息物理融合系统、智能制造执行系统、智能柔性加工成形装配系统、绿色智能连续制造系统、3D 生产系统等。

（4）智能服务——数据分析与决策支持、智能监控与诊断、智能服务平台、产业链横向集成等。

6.5　工业 4.0 发展战略

6.5.1　工业 4.0 的概念

工业 1.0 是指机械化，以蒸汽机为标志，用蒸汽动力驱动机器取代人力，从此手工业从农业中分离出来，正式进化为工业，被称为工业 1.0。

工业 2.0 是指电气化，以电力的广泛应用为标志，用电力取代蒸汽动力驱动机器，从此零部件生产与产品装配实现分工，工业进入大规模生产时代，被称为工业 2.0。

工业 3.0 是指自动化，以 PLC（可编程逻辑控制器）和 PC 的应用为标志，从此机器不但接管了人的大部分体力劳动，同时也接管了一部分脑力劳动，工业生产能力也自此超越了人类的消费能力，被称为工业 3.0。

工业 4.0 是由德国政府首先提出的，他们开展了一个高科技战略计划项目，由德国联邦教育局及研究部和联邦经济技术部联合资助，投资预计达 2 亿欧元。旨在提升制造业的智能化水平，建立具有适应性、资源效率及人因工程学的智慧工厂，在商业流程及价值流程中整合客户及商业伙伴。其技术基础是网络实体系统及物联网。

德国所谓的工业四代（Industry 4.0），是指利用物联信息系统（Cyber Physical System，CPS）将生产中的供应、制造、销售信息数据化、智慧化，最后达到快速、有效、个人化的产品供应。工业 4.0 的核心是"互联网+制造"。它是德国推出的概念，在美国叫"工业互联网"，在我国叫"中国制造 2025"，这三者本质内容是一致的，都指向一个核心，就是智能制造。

6.5.2　工业 4.0 的特点

互联：工业 4.0 的核心是连接，要把设备、生产线、工厂、供应商、产品和客户紧密地联系在一起。

数据：工业 4.0 和产品数据、设备数据、研发数据、工业链数据、运营数据、管理数据、销售数据、消费者数据连接。

集成：工业 4.0 将无处不在的传感器、嵌入式中端系统、智能控制系统、通信设施通过 CPS 形成一个智能网络。通过这个智能网络，使人与人、人与机器、机器与机器，以及服务与服务之间，能够形成互联，从而实现横向、纵向和端到端的高度集成。

创新：工业 4.0 的实施过程是制造业创新发展的过程，制造技术、产品、模式、业态、组织等方面的创新将会层出不穷，从技术创新到产品创新，到模式创新，再到业态创新，最后到组织创新。

转型：对于中国的传统制造业而言，转型实际上是从传统的工厂，从 2.0、3.0 的工厂转型到 4.0 的工厂，整个生产形态从大规模生产，转向个性化定制。实际上整个生产的过程更加柔性化、个性化、定制化。这是工业 4.0 的一个非常重要的特征。

6.5.3 工业 4.0 的三大主题

1. 智能工厂

智能工厂是在数字化工厂的基础上，利用物联网技术和监控技术加强信息管理和服务，提高生产过程可控性、减少生产线人工干预，以及合理计划排程。同时集智能手段和智能系统等新兴技术于一体，构建高效、节能、绿色、环保、舒适的人性化工厂。其本质是人机有效交互。

2. 智能生产

智能制造是基于新一代信息技术，贯穿设计、生产、管理、服务等制造活动各个环节，具有信息深度自感知、智慧优化自决策、精准控制自执行等功能的先进制造过程、系统与模式的总称。具有以智能工厂为载体、以关键制造环节智能化为核心、以端到端数据流为基础、以网络互联为支撑等特征，可有效缩短产品研制周期、降低运营成本、提高生产效率、提升产品质量、降低资源能源消耗。

3. 智能物流

智能物流是以物联网广泛应用为基础，利用先进的信息采集、信息传递、信息处理、信息管理技术、智能处理技术，通过信息集成、技术集成和物流业务管理系统的集成，实现贯穿供应链过程中生产、配送、运输、销售及追溯的物流全过程优化及资源优化，并使各项物流活动优化、高效运行，为供方提供最大化利润，为需方提供最佳服务，同时消耗最少的自然资源和社会资源，最大限度地保护好生态环境的整体智能社会物流管理系统。

参 考 文 献

[1] 王国彪.纳米制造前沿综述[M].北京：科学出版社，2009.

[2] 张德元.微纳制造技术与应用[M]. 北京：科学出版社，2015.

[3] 何丹农.纳米制造[M].上海：华东理工大学出版社，2011.

[4] 陈明.智能制造之路[M].北京：机械工业出版社，2016.

[5] 卢秉恒，林忠钦，张俊，等.智能制造装备产业培育与发展研究报告[M].北京：科学出版社，2018.

[6] 谭建荣.智能制造：关键技术与企业应用[M].北京：机械工业出版社，2017.

[7] 杨占尧，赵敬云.增材制造与 3D 打印技术及应用[M].北京：清华大学出版社，2017.

[8] 魏青松.增材制造技术原理与应用[M].北京：科学出版社，2017.

[9] 王广春.增材制造技术及应用实例[M].北京：机械工业出版社，2014.

第7章 现代机械工程教育

7.1 机械工程教育体系

7.1.1 机械工程教育发展历程

机械工程教育的发展经历了一个不断增长、调整、改革和完善的历程。在 1949 年之前，我国仅有十几所高等学校开设有机械工程专业。在 1953—1957 年第一个国民经济五年计划期间，根据国民建设的需要，很多高校增设了机械工程方面的专业或专业点，同时也开办了很多中专和技工类学校。到 1954 年，高等学校中机械专业的在校生达到 20788 人。到 1958 年，该专业在校学生人数达到 65733 人，同时教育教学质量也得到不断提高。随着国民经济的进一步发展，全国高校机械工程专业的在校生人数于 1965 年达到新高，达 88593 人。后来 20 世纪 70 年代该专业人数迅速缩减，教学质量也急剧下降。1978 年以后，教育被纳为四个现代化建设的战略重点之一，该专业也进入了快速发展时期，多层次、多形式、多规格的办学模式随之出现。很多机构还通过设立分校、举办夜大、函授教学、电视大学、干部专修学校等形式，扩大招生人数。机械工程教育类专业在校生人数于 1984 年达到 134687 人。

在发展本专科学历层次的同时，研究生的培养工作也得到了一定的加强。到 1984 年底，全国共有机械工程专业博士研究生培养点 78 个，硕士研究生培养点 214 个，有上千名学生在攻读博士和硕士学位。国家还派遣了许多机械工程专业的学生到其他国家学习。

在 1998 年扩招之前，全国高校在校学生数量达 340.87 万人，其中工科在校学生 135.46 万人，工科生比例近 40%。1999 年开始，中国的高等教育开始了跨越式的发展，很多高校都进行了大量扩招，当年的扩招比例高达 47%。经过六七年的扩招，到 2006 年中国高等教育入学率从 1998 年的 9.8%扩大到 22%，其中工科在校生人数突破 600 万人。《国家中长期教育改革和发展规划纲要（2010—2020 年）》预计高等教育在校生人数到 2020 年将达到 3300 万人，届时我国工程教育方面的学生将达 1000 万人左右。由此看来，我国工程教育规模空前超大，已经成为世界之最。

7.1.2 机械工程教育体系

经过多年的调整和完善，我国的高等工程教育告别单一模式，形成了一种多元化、多样化、组合化的体系，建立了一个包含不同学历层次和不同学位类型的高等工程教育组织体系框架，既有高职高专教育，又有普通本科教育，还有研究生教育，其中研究生教育还包括学术型学位和专业型学位两种学位类型。

1. 高职高专教育

在中国，大学专科教育主要由高职和高专院校承担，部分本科高校也开设专科。为了加大实践教学力度，培养既有大学文化程度，又有高级专门技能的所谓应用型人才，根据教育部相关规定，从 20 世纪末起，非师范、非医学、非公安类的专科层次全日制普通高等学校应逐步规范校名后缀为"职业技术学院"或"职业学院"，而师范、医学、公安类的专科层次全日制普通高等学校则应规范校名后缀为"高等专科学校"。"职业技术学院"或"职业学院"为高职院校的特有校名后缀，是中国高等教育的重要组成部分。一些老中专或技校经过重新改造、升格，也变成了高职。相对于普通高等教育培养学术型人才而言，高等职业教育偏重于培养高等技术应用型人才，高职在中国大陆主要是专科层次，经中华人民共和国教育部批准，亦有部分国家示范性高职院校建设单位从 2008 年秋季开始举办四年制本科教育；而高职学历在台湾地区如今已上升到博士研究生层次。高职学生毕业时颁发国家承认学历的普通高等学校专科（三年制）或本科（四年制）毕业证书，并享受普通高校毕业生的一切待遇。

高职高专院校的大专毕业证书，前一个时期由教育部统一印制内芯、并授权省级教育主管部门统一验印。随着高等教育管理体制改革的深化，高职高专院校的大专毕业证书将由省级教育行政部门统一管理由学校颁发。目前在这个层面，只存在学历即毕业证书，而不涉及学位问题。其组织专业教学的原则是以职业岗位群或行业为主，兼顾了学科分类。

为响应中国教育部构建现代职业教育体系的规划，部分国家示范性高等职业院校从 2012 年起开始试办本科层次的专业（与本科院校合办）。高等职业教育已包括本科和专科两个学历教育层次；而在其他许多国家和地区的高等职业教育体系则完整地囊括了专科、本科、硕士、博士等层次的学历教育。

2. 普通本科教育

普通本科教育一般由大学或学院开展，部分高等职业院校也开展了应用型本科教育。本科教育与专科教育不同，其主要侧重于理论上的专业化通识教育，应用型本科侧重于应用上的专业教育和实际技能教育，学生正常毕业后一般可获本科毕业证书和学士学位证书。

在中国，本科学历主要分为全日制普通本科、成人本科和高等教育自学考试本科三种。全日制普通本科通常由全国各地的普通高等学校招生全国统一考试、自主招生或保送等方式进行招生，学制 4、5 年；另外，应届专科毕业生可以通过统招专升本选拔考试接受本科阶段教育，学制 2 年。

成人本科分为通过成人高等学校招生全国统一考试接受本科阶段教育、远程教育、业余教育、开放教育多种类型，其中后三种目前无入学统一考试。

高等教育自学考试本科（又称自考本科），通过一门一门的课程学习和考试，修完所有课程获得高等院校本科毕业证书，是宽进严出的考核方式，通过率低，考取难度大。自考本科无固定修业年限，其均有 3～5 年不同的学制。学习方式也多种多样，学生可以在高等院校全日制学习，也可以在社会助学单位学习，个人自学难度更大。

根据教育部 2012 年 9 月公布的《普通高等学校本科专业目录（2012 年）》，工学是最大的学科门类，共分 31 个二级类，其中机械类下设 8 个专业，如表 7-1 所示。

表 7-1　普通高等学校专业目录：机械类及其专业名称

0802	机 械 类		
080201	机械工程	080205	工业设计
080202	机械设计制造及自动化	080206	过程装备与控制工程
080203	材料成形及控制工程	080207	车辆工程
080204	机械电子工程	080208	汽车服务工程

3．研究生教育

研究生教育是学生本科毕业之后继续进行深造和学习的一种教育形式，工程教育中的研究生教育又分为硕士、博士两个学历层次，对应于工学硕士、工学博士和工程硕士、工程博士两种学位类型。工程硕士和工程博士属于专业学位。

相对于本科教育来说，研究生教育虽然也是培养高级专门人才的专业教育，但它侧重于在加深加宽基础理论的基础上，通过科学研究实践，使学生深入探索某一学科领域，并实现新的认识甚至创造。

7.2　机械工程类专业人才培养

7.2.1　机械工程人才的素质

机械工程类专业人才的培养，既要考虑当前社会的实际需求，又要兼顾长远，因此培养人才的素质要有前瞻性。在 20 世纪 50 年代，美国的蓝领工人占劳动力队伍的 65%，而现在却仅有 10% 的劳动力在直接制造领域工作，人工已大部分被自动化技术和机器人代替了。在中国，由于目前我国大部分制造业智能化程度还比较偏低，各行业的智能化改造任重道远，这就给机械工程类专业人才提供了发挥才干的机会和空间。

在传统产品生命周期中，对机械工程类专业人才的需要主要集中在物质转化和资源消耗过程当中，即产品的加工、装配和销售环节，如图 7-1 所示。而在现代产品生命周期中，对机械工程类专业人才的需要贯穿于整个周期过程。自动化生产程度的大幅提高，机器人代替了生产工人，生产制造过程中人工需要大幅下降，而生产效率却得到显著提高。相反在产品创新与软件开发及后期培训、服务及回收再造阶段人才需求量急剧上升，如图 7-2 所示。

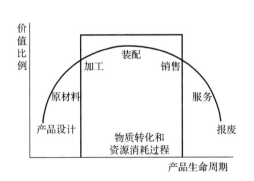

图 7-1　传统产品生命周期和价值比例

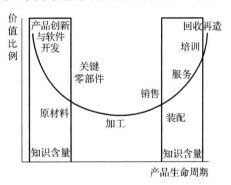

图 7-2　现代产品生命周期和价值比例

为了适应信息化社会知识爆炸、需求个性化、市场转化迅速的情况，在市场调研、新产品设计研发、新技术培训、生产系统维护、售后服务、经营管理等方面都需要大量专业技术型人才。

在智能制造时代，产品会朝向多品种、小批量、智能化、个性突出、高精度、高品质方向发展，相应地要求现代机械工程人才具有信息化时代的思维方法和掌握多种信息化工具的能力。智能制造时代是合作交流的时代，各种专业知识的撞击、融合不断产生边际效应，各种人才的汇集、合作将成为常态，要求机械类工程人才是复合型人才。智能制造时代是创新的时代，新思想、新技术、新产品层出不穷，新情况、新机遇不断出现，要求机械工程人才目光敏锐，善于发现和应用最新科研成果。因此现代社会及智能时代对机械类工程人才的素质要求包括：（1）要有一定的创新意识和创新精神；（2）要具有深度学习能力，并能及时吸收、灵活运用和迅速更新知识；（3）要有适应世界不断变化的快速反应能力；（4）要有一定的合作意识及沟通能力；（5）要有"一专多闻"的知识结构和能力；（6）要有优秀的人文素质及个人魅力。

7.2.2　机械工程人才的知识结构和能力

机械类是工学门类中的重要学科，属于自然科学范畴。机械工程学科是帮助人类更高更快更强、不断拓展人类社会空间和地域的技术与工程。合理的知识结构与能力是工程师应该具备的业务素质，也是造就机械工程帅的先决条件。这就要求机械类工程技术人才应具有以下能力。

（1）具有较好的人文艺术和社会科学素养，较强的社会责任感和良好的职业道德。

人文艺术是人的灵性所在，是人之所以为人的核心所在。人之所以能够被称为万物之灵，就是因为人类是理性和感性的统一体，是人文与科学的共同拥有者。所以，人首先要有人性，也就是要有人文关怀、有道德，这样才能够对社会负责；其次要有知性，也就是要有知识、有智慧，这样才能够掌握科技的发展并实现科学的创新；最后要实现人性和知性的统一，这样才能够避免人性的异化，避免以高科技手段造成危害人类的后果。一流的人才不仅要有知识，更要有文化，不仅要有智慧，更要有责任，一流的人才在掌握了知识的基础上，有修养、有境界、有能力、有视野。教育的本质和核心就是教化每个人的潜质，激发和彰显人的本善，培养每个人自由全面发展的能力。大学教育的目标不能仅限于为学生提供职业的训练，更重要的是要培养他们具有较高的文化素养、文化品格和全面发展的能力，要教会他们"成人"。在实现大学教育目标的过程中，人文艺术教育必不可少。

（2）能够综合运用数学、自然科学及机械工程科学知识解决机械工程实际问题的能力。

机械类专业技术人才必须具备相应的数学、物理、化学等基础知识，另外还要掌握并能够应用机械工程科学的基础知识，相关课程主要如下。数学与自然科学类课程：工科数学分析、代数与几何、复变函数与积分变换、大学化学Ⅱ和大学物理Ⅲ。工程基础类课程：大学计算机Ⅱ、C语言程序设计Ⅰ、理论力学Ⅰ、材料力学Ⅰ、电工力学Ⅰ、电子力学Ⅰ、工程流体力学Ⅱ、机械工程材料、工程材料成形技术基础、传热学Ⅳ、画法几何及机械制图和互换性与测量技术基础Ⅰ。专业基础类课程：机械设计制造及其自动化、机械设计、机械原理、机电控制系统、液压传动和机械制造技术基础Ⅰ。专业类课程：国内外知名专家学者讲座、专业模块课、专业任选课和专业限选课

（3）制订实验方案、进行实验、处理和分析数据的能力。

实验是机械工程教育的重要环节，也是培养学生工程实践能力和创新意识的基础平台，学生应该能够根据所学的理论知识，结合相关的实验教学大纲、实验指导书和实验设备制订实验方案并进行相关实验。实验过程中应能够根据实验现象进行分析、判断，并能对实验结果进行分析。学生还应该能够通过对数据的分析，判断数据的正确性与可靠性，对实验数据给出科学合理的解释。

（4）设计机械系统、部件和工艺的能力。

通过系统的学习和训练，学生能应用所学的知识、掌握各种机构的设计分析能力，功能

设计与优化能力；掌握机械零件的工艺设计能力、数控加工能力；掌握机械系统动、静力学分析计算，机械结构的应力应变分析及失效、寿命分析等能力；掌握各种材料尤其是金属材料的组织与性能的选择能力，根据机械结构要求选择合适的性能处理方法的能力。

（5）对机械工程问题进行系统表达、建立模型、分析求解和论证的能力。

现代机械工程涉及机械学、力学、材料学、电工学、电子学、计算机学、信息学、控制理论、管理学等多门学科的理论和技术，要求学生能够利用工程制图、CAD 模型及数学模型对机械系统、部件、过程进行表达与建模，其次能够应用力学、机构学及工程材料等相关知识对机械设计方案中的结构强度、刚度、运动学和动力学进行表达，另外还要利用电工电子、信息学、计算机及控制等方面知识对机电传动和测控等相关问题进行表达。能够将实际当中的工程问题抽象为相应的物理模型和数学模型，采用计算机进行仿真求解及有限元分析，对机械设计方案的合理性及结构强度的可靠性等问题进行论证。

（6）初步掌握机械工程实践中的各种技术和技能，具有使用各种现代化工程工具的能力。

学生应该能初步掌握机械制造过程中使用的主要结构设备，并能熟练应用与机械设计制造相关的计算机软件、硬件，还应能够正确使用机械零部件加工精度与制造质量的检测仪器设备等。

（7）至少掌握一门外语，能熟练阅读本专业外文资料，具有一定的听说能力和跨文化交流与合作的能力。

（8）具有创新意识和从事科学研究、科技开发的初步能力，具有团队合作精神和较强的交流沟通能力。

智能时代产品的设计及生产组织已经不局限在单一的、固定的、集中的某个具体单位，而是在更大的范围内实现合作的优化，广开门路，拓展合作机会，各种专业知识的撞击、融合不断产生边际效应，各种人才的合作交流成为常态，如果仅有本专业知识，对其他一无所知，就无法同其他专业人员进行有效交流。这就要求机械工程专业的技术人才必须善于与团队人员的合作、沟通与交流，相互取长补短、帮助和促进，才能确保任务的完成。

（9）具有国际视野、终身教育的意识和继续学习的能力。

经济全球化的深入发展和国际竞争的日趋激烈，越来越需要更多具有国际竞争力的拔尖创新人才。大学教育应扩大教育开放，加强国际交流与合作，适应国家经济社会对外开放的要求，培养大批具有国际视野、通晓国际规则、能够参与国际事务和国际竞争的国际化人才。终身学习是指社会每个成员为适应社会发展和实现个体发展的需要，贯穿于人的一生的持续的学习过程。终身学习既是一种积极的生活态度，又是 21 世纪的基本生存素质。学校教育可以使我们系统地获取知识，但学校教育在技术日新月异的当今社会不能满足个人终身发展的需要。当今世界，科技水平飞速发展、信息量呈爆炸态势增长，社会每一个领域的发展所需要的知识都在由单一走向多元，向着更深更广的层面发展。21 世纪是"知识爆炸"的时代，每一个人都通过需要终身学习获取足够的知识，以应对日益激烈的竞争的需要。学习是人类生存和发展的重要手段，终身学习是自身发展和适应职业需求的必由之路。

（10）能正确认识机械工程对于客观世界和社会的影响，了解与本专业相关的法律、法规，熟悉环境保护和可持续发展等方面的方针和政策。

7.2.3　当前机械类工程教育中遇到的问题

当前，党和国家通过制度供给和改革引领，将科技创新作为基本战略，不断提高科技创新能力，科技进步和技术创新在产业发展和国家的财富增长中起到了越来越重要的作用，形成了日益强大的竞争优势。其中，制造业直接体现了一个国家的生产力水平，在我国国民经济发展中占有重要的地位，"中国制造2025"是中国政府实施制造强国战略第一个十年的行动纲领，提出了坚持"创新驱动、质量为先、绿色发展、结构优化、人才为本"的基本方针及通过"三步走"实现制造强国的战略目标，为我国制造业进一步发展指明了方向。

机械设计制造及其自动化专业是直接面向生产制造的专业，是我国工科类院校开设范围最广的专业之一，肩负着培养制造业创新型人才的重任。而传统的以理论讲授为主的人才培养模式忽视了社会对人才规格和能力的需求，培养目标定位不准确、课程体系僵化、教学内容陈旧及考核方式单一等问题逐渐显现，已经越来越不适应应用型创新人才培养的需求，需要全面深化的专业综合改革来改变这一现状。

7.3　创新型人才培养的改革与实践

工程教育专业认证标准的核心是以学生为中心，强调成果（目标）导向、持续改进的教育理念，依据这一理念，河南科技学院对教学体系进行反向设计，根据社会人才需求及学校定位重新审定培养目标，结合工程认证毕业要求标准制定本专业的毕业要求，并根据毕业要求整合课程体系内容，创新专业核心课程，架构创新型实践教学平台，逐步形成"以学生为主体，以培养创新与创业能力为导向"的人才培养模式。具体改革模式如下。

1. 人才培养目标

河南科技学院地处中原，应立足于区域经济社会发展。通过用人单位访谈、毕业生问卷调查等多种形式的调研后发现，随着机械制造业的不断发展，其投资方向、产业结构正逐步向高自动化、高速、高精、低污染的方向发展，具体体现在：机械产品升级换代，生产工艺不断改进，设备的技术含量不断提高。这些都对从业人员的专业水平、创新能力及社会适应性提出了更新、更高的要求。

结合区域经济社会发展对高层次、高素质工程技术人才的需求，满足学生全面成长的需求，并突出专业培养特色，机械设计制造及其自动化专业的人才培养目标确定为：培养德、智、体、美全面发展，掌握机械工程的基本理论、专业知识及基本技能，能综合考虑社会、法律和环境等因素，使用现代工具对复杂机械工程问题提出合理的解决方案并组织实施，具备在机械设计制造与机电控制等相关领域从事研究开发、工程应用及运营管理等方面的工作能力，能在团队中认识角色定位，进行有效交流与合作，具有人文社会科学素养、社会责任感、职业道德、创新意识、可持续发展理念、国际化视野和善于学习实践的应用型高级专门人才。

2. 创新人才培养模式

根据学校办学定位和人才培养目标，机械设计制造及其自动化专业人才培养模式改革以学生的创新意识和实践能力培养为重心，以优化课程体系、改革教学内容、创新实践教学体系等为途径，构建多元化的人才培养模式，增强学生的实践能力、适应能力和创新精神，全面提高人才培养质量，突出应用型人才教育特色。

（1）重构专业培养方案

为了实现专业的培养目标，深化产教融合，学校邀请相关领域和行业的项目经理、工程师和人事部门的负责人与学校共同成立校企合作专业建设委员会，对机械设计制造及其自动化职业岗位知识结构和能力结构进行系统分析，结合工程教育认证的评估要求，协同制定培养方案。为了适应市场的需求，扩大专业的适应面及学生的特色发展，在一个专业基础上设置了机电一体化、数控技术两个方向，同时建立起完善的理论与实践教学体系，构建综合素质、学科基础、专业特色和实践能力有机衔接、比例协调、层次分明的知识体系。

（2）整合课程体系，创新专业核心课程

合理地设置课程体系是整体优化知识结构的关键环节，是实现专业定位和人才培养目标的重要保证。新修订的培养方案侧重于专业基础能力、工程实践能力和创新创业能力的培养，设置了通识教育课程、学科基础课程、专业教育课程、实践教学课程四大模块。通识教育课程和学科基础课程让学生具备必要的人文社科、企业管理、法律法规和环境保护知识，以及扎实的专业基础知识。专业教育课程培养学生的专业核心能力，并根据专业方向开设专业选修课程，培养学生专业特长，拓宽专业口径。实践教学课程包括课程设计、实习、工程训练等，与理论教学课程相互贯通，有机融合，贯穿于人才培养的整个过程。

依据工程教育专业认证标准中对毕业生的要求，结合社会人才需求制定出本专业的毕业要求，并将专业培养目标和毕业生能力要求与课程一一对应，形成学生能力与课程设置对照表，如表 7-2 所示，以能力产出为目标，以毕业要求为标准构建起应用型课程体系。专业核心课程是培养专业人才的核心环节，要注意发挥核心课程在能力培养中的作用。经校企合作专业建设委员会的研究讨论，整合了课程体系内容，确定本专业的专业核心课程包括机械原理、机械设计、液压与气动技术、机械制造工艺学、机械制造技术基础、机械工程控制基础等。

表 7-2　毕业生能力要求与课程设置对照表

序号	毕业生能力要求	课　程　设　置
1	数学、自然科学、工程基础和专业知识的应用能力	高等数学、线性代数与概率、大学物理、基础化学、工程制图、机械原理、机械设计、理论力学、材料力学、热力基础及流体力学、电工电子技术、机械制造技术基础、液压与气动技术、机械制造工艺学、机械工程控制基础、机床电气控制与 PLC、数控机床与编程等专业选修课
2	识别、表达、并通过文献研究分析复杂机械工程问题的能力	机械设计、机械原理、计算方法、机械工程控制基础 测绘实习、课程设计、毕业设计、创新创业实践等
3	设计满足特定需求的机械系统、零部件或制造工艺流程的能力	工程制图、机械原理、机械设计、机械制造工艺学、机械制造技术基础、互换性与技术测量、工程材料及成形技术基础 工程训练、课程设计、毕业设计、创新创业实践等
4	通过设计实验、分析与解释数据、信息综合对复杂机械工程问题进行研究的能力	课程实验、课程设计、毕业设计、创新创业实践等
5	在工程实践中实用各种技术、技能和现代化工具的能力	C 语言程序设计、计算方法、机械工程导论、互换性与技术测量、机床电气控制与 PLC、数控机床与编程 课程实验、课程设计、工程训练、毕业设计、创新创业实践
6	具备用工程问题对社会、环境、健康、安全、法律、文化及社会可持续发展的影响进行评价的能力	思想道德修养与法律基础、形势与政策、马克思主义基本原理、毛泽东思想和中国特色社会主义理论体系概论 传统文化选修课、人文社科选修课 职业规划与就业指导、机械工程导论、制造企业管理基础、环境保护与可持续发展 认识实习、生产实习

续表

序号	毕业生能力要求	课　程　设　置
7	具有社会责任感，遵守职业道德和规范，履行责任的能力	思想道德修养与法律基础、中国近现代史纲要、马克思主义基本原理、毛泽东思想和中国特色社会主义理论体系概论、 大学生心理健康教育、创新创业基础、职业规划与就业指导、传统文化选修课、人文社科选修课 军事训练
8	具有在多学科背景下的团队中发挥作用的能力，进行有效沟通和交流的能力	大学英语、课程设计、工程训练、生产实习、创新设计（团队做项目）、毕业设计 学科竞赛、文体活动、创新创业实践
9	在多学科环境中应用工程管理原理与经济决策方法的能力	制造企业管理基础 生产实习、毕业设计
10	具有自主学习和终身学习的能力	马克思主义基本原理、大学英语 创新创业基础、职业规划与就业指导、机械工程导论 工程训练、生产实习、毕业设计

（3）创新实践教学体系，提高学生工程实践能力

实践教学是创新型人才培养的关键环节。将实验、实训、实习、课程设计、创新设计、技能训练、毕业设计进行合理配置，结合学科竞赛、课外科技活动、职业技能鉴定等，构建以综合性、应用性、设计性为主，包含基本技能、专业技能、综合技能三大模块的实践教学体系（如图7-3所示），循序渐进，逐步培养学生的综合运用能力、创新能力和解决复杂工程问题的能力。第1～3学期以培养学生的基本规范和基本技能为重点，第4～6学期以培养学生工程设计理念、创新思维为重点，第7、8学期重点培养学生综合运用所学知识解决复杂工程问题能力和创新能力。

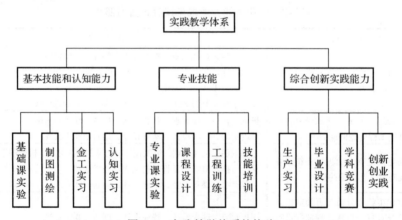

图7-3　实践教学体系的构建

实验教学可以有效促进学生对理论知识的理解和掌握。要想达到预期效果，第一要加大实验设备的投入，保证实验开出率；第二要注重内容创新，增加创新性、综合性和设计性实验项目；第三要积极推进开放型实验室建设，对于基础性实验项目，学生可直接与实验室预约，自主进行实验，对于创新性、综合性和设计性实验项目，需要学生先提交实验方案和步骤，经老师审核通过后即可进行实验。

集中型实践环节包括工程训练、课程设计、实习实训和毕业设计。合理规划机电学院工程实训中心，融教学、实训、职业技能鉴定和技术研发功能于一体，构建包含工程认知、工

程基础实训、综合工程实训、创新实训的阶梯式工程训练实践教学体系，将创新理念融入实践教学中，将实践教学带入生产过程中，强化学生工程实践能力和科研创新能力的培养。课程设计、毕业设计改革的重点放在选题来源上，课程设计题目可由教师结合生产实际、科研项目、新产品开发等方面来源，提供设计实物模型和指导方案，由学生独立完成设计任务。实习实训环节重点培养学生问题分析能力、团队协作能力、沟通能力和管理能力。

开展多样化的课外实践能力培养活动，通过奖学金、科研创新训练基金、奖励学分、创新创业实践学分等多种措施激励学生申报大学生创新创业项目、参加各级各类学科竞赛、发表学术论文、申报专利和参与教师教科研项目。以学生兴趣为引导，结合相关课程成立学生科技创新社团（如机械创新协会、机器人协会、三维制图协会和电子创新协会），在社团的基础上搭建课外科研创新训练平台，由专业教师帮助和指导学生，以学生自主管理为主，以项目为中心，以赛事为依托，实现平台的良性运作。根据学生申报项目级别和竞赛成绩，给予资金和学分的奖励。通过科研创新训练平台给广大学生提供开展科研创新训练的活动空间，开拓学生视野，进一步培养学生的创新思维，提高学生的创新能力。

3. 全面推进产学研合作，培养高素质工程应用型创新人才

开展工程教育专业认证对产学研合作育人有较高的要求，专业认证规范了合作育人的环节和内容，合作育人促进专业认证标准的达成，两者相辅相成，相互促进。产学研合作培养人才，就是最大限度地实现学校和企业资源、环境的共享，有效发挥学校和企业各自的优势，共同培养高素质创新型人才。校企联合开展专业建设工作，共同制定培养方案，改革教学内容，将学科建设与地方经济发展紧密结合；校企联合开展教科研工作，聘请企业、行业的专家能手与教师共同开发实践教学项目库和案例库，直接参与实践性强的课程教学和课程设计、毕业设计的指导工作，给予学生更具针对性、实践性的培训，学校也积极与企业联合申报课题，联合技术攻关，服务地方经济发展；校企共建校外实习基地，学校已在新乡市鼎力矿山设备有限公司、新乡市长城机械有限公司、河南省宏远起重机械有限公司、新乡新能电动汽车有限公司等十余家企业建立了稳定的校外实习基地，为学生提供接受现代化工业技术训练的良好工程环境，很好地保障了专业校外实践教学的实施与指导。

通过全面推进产学研良好的合作，使企业、高校在各自不同利益的基础上寻求共同发展、谋求共同利益，促使双方快速发展，既能推动企业发展，服务地方经济，又能提升教师科研水平，同时也能很好地培养学生的创新能力，实现企业、教师与学生三者之间互惠互利、共同发展。

4. 加强师资队伍建设，注重教师创新能力培养

师资力量是培养目标达成的重要保障。培养一支具有高尚师德修养、学术水平高、教学经验丰富、科研能力强、具有创新精神的师资队伍是高等学校创新人才培养的关键。重点通过人才引进、教师深造和校内培养三种途径，逐步提高师资队伍的整体水平。充分利用学校人才引进政策，采用多种措施，吸引高学历、高素质人才到校从事专业课程教学，同时邀请行业、企业具有丰富工程实践经验的专家能手担任兼职教师；学校制定了《河南科技学院关于印发"在职人员报考和攻读学位规定"的通知》《教师进修培训暂行办法》及《河南科技学院关于印发"教师企业实践办法（试行）"的通知》等相关制度，鼓励中青年教师以读博、访学和出国进修等多种形式进行深造，不断提高教师的学历和教科研水平；实行导师制，以老

带新，快速提高青年教师的业务素质。注重教师团队的工程实践能力培养，将教师的工程实践经历与教师的聘任考核、晋职晋级挂钩，要求教师通过企业挂职锻炼、承担解决工程实际问题的科研项目等途径获得实践经历，实现双师型师资队伍建设。不断提高教师自身业务水平和科研创新能力，进而促进对学生工程实践能力和创新能力的培养。

参 考 文 献

[1]　许崇海. 机械工程学科专业概论. 北京：电子工业出版社，2015.

[2]　刘惠恩. 机械工程导论. 北京：北京理工大学出版社，2016.